普通高等教育智慧海洋技术系列教材

海洋机器人环境感知

王 博 主编

科学出版社

北京

内 容 简 介

本书从系统架构、理论方法、应用特性等方面,系统地介绍了海洋机器人环境感知。本书首先概述了海洋机器人环境感知的需求、概念、内涵及发展现状;然后介绍了相关传感器原理、特点和性能,以及计算分析方法;接着分析了环境感知系统设计要素、流程和方法,介绍了信息增强、场景分割、目标检测、目标定位等理论方法;最后探讨了不同传感器多模态信息融合、环境建模和态势感知的主要方法,展望了未来环境感知能力水平的提升。

本书可作为海洋机器人、船舶与海洋工程等专业本科生和研究生的专业课程教材或参考用书,也适用于从事船舶与海洋工程、人工智能装备、机器人技术等相关领域的研究人员、工程技术人员阅读。

图书在版编目(CIP)数据

海洋机器人环境感知 / 王博主编. -- 北京:科学出版社, 2024.12.
(普通高等教育智慧海洋技术系列教材). -- ISBN 978-7-03-080221-7

Ⅰ.TP242.3

中国国家版本馆 CIP 数据核字第 2024KX3060 号

责任编辑:朱晓颖 / 责任校对:王 瑞
责任印制:师艳茹 / 封面设计:马晓敏

科学出版社 出版

北京东黄城根北街 16 号
邮政编码:100717
http://www.sciencep.com

三河市骏杰印刷有限公司印刷
科学出版社发行 各地新华书店经销

*

2024 年 12 月第 一 版 开本:787×1092 1/16
2024 年 12 月第一次印刷 印张:12 3/4
字数:320 000

定价:69.00 元
(如有印装质量问题,我社负责调换)

前　言

　　我国是一个海洋大国，拥有广泛的海洋战略利益。加快建设海洋强国对推动经济持续健康发展，维护国家主权、安全、发展利益，对以中国式现代化全面推进强国建设、民族复兴伟业具有重大而深远的意义。

　　作为海洋科技进步和创新的代表，海洋机器人能够在海洋资源开发、海洋经济发展中发挥重要作用，推动了海洋生物研究、海洋牧场建设、资源勘探开发以及深海探测等方面取得关键性突破，是我国海洋事业的重要支撑，未来必然拥有更广阔的应用需求和发展前景。

　　海洋机器人环境感知主要是指海洋机器人采用各种类型传感器，获取周围环境、任务目标信息并进行处理，形成关于环境和目标的知识表示。环境感知是海洋机器人的核心关键技术，只有实现对复杂海洋环境的准确理解、任务目标的精确认知，才能够完成后续的任务规划、行为决策等智能行为，关系到海洋机器人在任务过程中的航行安全性和完成效率，因此环境感知能力对海洋机器人的智能化水平产生决定性影响，也是评价海洋机器人任务能力的核心要素。

　　然而，海洋机器人环境感知的相关内容涉及物理学、数学分析、信号系统、图像处理、机器学习、模式识别等多学科知识，学习者获得的知识多呈碎片化，难以自主构建形成完整的知识体系。因此，本书密切结合海洋机器人的平台特性和任务环境特点，依据海洋机器人环境感知的典型任务内容和流程，由浅入深、循序渐进地介绍了环境感知系统架构、信息增强、检测识别、跟踪定位、信息融合等方面的相关理论方法，使学习者不但能够快速建立知识体系，而且能够在一定程度上掌握海洋机器人相关研究前沿和主要挑战，有利于继续深入开展相关研究。

　　本书主要取材于作者近年来承担国家级、省部级科研项目和本科生、研究生教学任务的相关工作，根据研究、教学经验组织确定行文逻辑和章节结构。第 1 章概述了海洋机器人的分类、特点和典型应用，分析了环境感知的需求、内涵和发展现状。第 2 章主要介绍了海洋环境中常用传感器的基本原理和成像模型，以及针对这些传感器数据的空间域、频域、统计分析基本方法，最后介绍了机器学习方向的部分相关基础知识。第 3 章主要分析了传感器信息在海洋环境中出现退化的原因、形式和特点，对信息质量进行了评价，并分别从噪声去除、信息增强、信息恢复的角度介绍了相关预处理方法。第 4 章主要面向传感器信息中场景分析的需求，介绍了典型的聚类分析、相似性分析、语义分析和实例分割方法。第 5 章主要面向目标检测识别任务，介绍了典型的特征设计、特征提取和特征降维方法，以及人工神经网络原理和模型。第 6 章主要针对海洋环境中目标运动状态理解的需求，介绍了用于目标跟踪的特征模型、目标跟踪的基本原理与分类，具体分析了单目标跟踪与多目标跟踪的主要原理、方法及特点。第 7 章主要面向海洋环境中特定目标的测量定位需求，介绍了感知模型定位方法的原理和技术，并基于声学、光学探测机理详细分析了多基地声呐定位、单目视觉定位和双目视觉定位方法。第 8 章主要面向感知能力提升的需求，介绍了前沿的多传感器信息融合方法，给出多传感器标定基本原理，如何分别从数据层、特征层和决策层实现多传感器信息的有效融合。第 9 章主要介绍如何实现海洋环境在数据处理系统中的模型表达，用于支持海洋机器人实现后续的智能行为，并进一步基于环境模型实现态势感知分析和推演预测。另外，作者依托智慧树平台构建"海洋机器人环境感知"AI 课程（免登录网址:http://t.zhihuishu.com/MzPRV0Al），提供课程图谱、问题图谱与能力图谱等，供读者从多维度、多层面理解知识点。

课程图谱
学习演示

在本书撰写过程中，得到了哈尔滨工程大学船舶工程学院和智能海洋航行器技术全国重点实验室的鼎力支持，真诚感谢各位同仁给予的指导与建议。特别感谢海洋机器人环境感知课题组的研究生，他们在理论研究、试验验证、成果凝练等环节中发挥了重要作用，部分研究生为本书撰写提供了重要素材。参与本书素材整理与校对的有毛晨雨、武雪宜、汪立志、孙久然、李雲峰、刘卓研六位研究生，同时一并感谢成书过程中做出贡献的课题组其他研究生。

限于作者水平，书中难免存在疏漏或不当之处，敬请专家批评指正。衷心希望本书能起到抛砖引玉的作用，为读者提供一些有益的借鉴。

作　者
2024 年 7 月

目 录

第1章 绪论 ··········· 1
1.1 海洋机器人应用概述 ··········· 1
1.1.1 海洋机器人的分类 ··········· 1
1.1.2 海洋机器人的应用 ··········· 2
1.1.3 海洋机器人的主要特征 ··········· 5
1.2 海洋机器人的感知需求 ··········· 5
1.3 智能感知技术概念内涵、研究方向及发展现状 ··········· 6
1.3.1 智能感知技术概念内涵 ··········· 6
1.3.2 智能感知技术研究方向 ··········· 7
1.3.3 智能感知技术发展现状 ··········· 9
本章小结 ··········· 10

第2章 海洋感知信息处理与分析基础 ··········· 11
2.1 海洋探测成像模型 ··········· 11
2.1.1 大气光学成像模型 ··········· 11
2.1.2 水下光学成像模型 ··········· 12
2.1.3 水声传输模型 ··········· 14
2.1.4 化学物质扩散模型 ··········· 15
2.2 感知信息空间域分析 ··········· 16
2.2.1 空间域平滑方法 ··········· 16
2.2.2 空间域锐化方法 ··········· 18
2.2.3 数学形态学方法 ··········· 20
2.3 感知信息频域分析 ··········· 22
2.3.1 频域滤波器设计 ··········· 22
2.3.2 频域平滑方法 ··········· 23
2.3.3 频域锐化方法 ··········· 25
2.4 感知信息统计分析 ··········· 26
2.4.1 统计分析模型 ··········· 26
2.4.2 直方图方法 ··········· 28
2.4.3 概率模型理论 ··········· 29
2.5 机器学习基础 ··········· 31
2.5.1 决策树与随机森林 ··········· 31
2.5.2 神经网络原理 ··········· 34
2.5.3 支持向量机 ··········· 36
2.5.4 贝叶斯理论方法 ··········· 37
2.5.5 聚类原理 ··········· 39
本章小结 ··········· 40

第3章 海洋信息预处理方法 ··········· 41
3.1 信息质量评价方法 ··········· 41
3.1.1 无参考评价方法 ··········· 41
3.1.2 全参考评价方法 ··········· 43
3.1.3 部分参考评价方法 ··········· 45
3.2 海洋感知信息去噪方法 ··········· 45
3.2.1 空间域去噪方法 ··········· 46
3.2.2 频域滤波方法 ··········· 49
3.2.3 噪声模型方法 ··········· 51
3.3 海洋感知信息增强方法 ··········· 53
3.3.1 空间域增强方法 ··········· 54
3.3.2 频域增强方法 ··········· 55
3.3.3 模型增强方法 ··········· 56
3.4 损失信息恢复方法 ··········· 60
3.4.1 信息模型方法 ··········· 60
3.4.2 压缩感知与稀疏表达 ··········· 62
本章小结 ··········· 63

第4章 海洋场景分割方法 ··········· 64
4.1 感知数据分割聚类方法 ··········· 64
4.1.1 K 均值聚类方法 ··········· 64
4.1.2 模糊 C 均值聚类方法 ··········· 65
4.1.3 高斯混合模型方法 ··········· 66

4.2 相似性分析与分割方法·················67
 4.2.1 特征评价方法·················67
 4.2.2 超像素区域方法···············68
 4.2.3 相似性分割方法···············69
4.3 语义分析与分割方法·················71
 4.3.1 语义区域分割与合并···········71
 4.3.2 语义特征表达·················72
 4.3.3 语义神经网络·················73
4.4 海洋目标实例分割···················73
 4.4.1 实例分割概念·················74
 4.4.2 实例分割方法原理·············74
 4.4.3 实例分割优化·················81
本章小结·······························84

第 5 章 海洋目标检测识别方法·········85

5.1 目标特征设计与分析·················85
 5.1.1 目标直方图特征···············85
 5.1.2 目标局部区域特征·············86
 5.1.3 目标边界特征·················87
5.2 典型人工特征原理···················90
 5.2.1 HOG 特征原理·················90
 5.2.2 SIFT/SURF 特征原理···········92
 5.2.3 Haar 特征原理·················96
5.3 经典特征模型方法···················98
 5.3.1 特征的可分性测度·············98
 5.3.2 基于类内散布矩阵的特征
    提取··························100
 5.3.3 K-L 变换特征提取············102
 5.3.4 特征降维方法·················104
5.4 人工神经网络······················104
 5.4.1 感知机原理···················105
 5.4.2 前馈神经网络·················107
 5.4.3 反向传播神经网络·············109
 5.4.4 深度神经网络·················110
本章小结······························115

第 6 章 海洋目标跟踪方法···············116

6.1 目标跟踪特征模型···················116
 6.1.1 特征模型分类·················116
 6.1.2 特征模型表达·················117
 6.1.3 特征模型实时更新·············118
6.2 目标跟踪基本原理与分类·············120
 6.2.1 目标跟踪框架·················120
 6.2.2 目标跟踪原理与实现···········121
 6.2.3 目标跟踪分类及特点···········122
6.3 单目标跟踪方法····················124
 6.3.1 单目标跟踪原理···············124
 6.3.2 主要单目标跟踪方法及特点····124
6.4 多目标跟踪方法····················129
 6.4.1 多目标跟踪原理···············129
 6.4.2 主要多目标跟踪方法及特点····130
本章小结······························134

第 7 章 海洋目标定位方法···············135

7.1 侧扫声呐技术······················135
 7.1.1 基本原理·····················135
 7.1.2 关键应用·····················137
7.2 多基地声呐定位算法················137
 7.2.1 T/R-R^n 型多基地定位系统····137
 7.2.2 T-R^n 型多基地定位系统······139
 7.2.3 $(T/R)^n$ 型多基地定位系统·····141
7.3 单目视觉定位······················142
 7.3.1 图像坐标系、摄像机坐标系与
    世界坐标系·················142
 7.3.2 摄像机成像模型···············144
 7.3.3 基于点特征的单目视觉定位
    算法··························146
7.4 双目视觉定位······················147
 7.4.1 双目立体视觉原理·············147
 7.4.2 双目立体视觉的精度分析······150
 7.4.3 双目立体视觉系统标定········152
本章小结······························153

第 8 章 多传感器信息融合方法 ·············· 154
8.1 多传感器标定方法 ·············· 155
8.1.1 多传感器标定原理 ·············· 155
8.1.2 多传感器联合标定方法 ·············· 160
8.2 多传感器信息数据融合 ·············· 161
8.3 多传感器信息特征融合 ·············· 163
8.3.1 传感器特征融合 ·············· 163
8.3.2 融合特征处理方法 ·············· 168
8.4 多传感器信息决策融合 ·············· 172
本章小结 ·············· 177

第 9 章 海洋环境建模与态势感知方法 ·············· 178
9.1 海洋环境模型构建方法 ·············· 178
9.1.1 三维静态模型 ·············· 178
9.1.2 三维动态模型 ·············· 179
9.1.3 二维栅格地图 ·············· 180
9.1.4 二维拓扑地图 ·············· 180
9.2 目标状态分析判别方法 ·············· 181
9.2.1 特征提取方法 ·············· 182
9.2.2 数据融合技术 ·············· 183
9.2.3 目标行为识别 ·············· 184
9.3 局部环境态势分析方法 ·············· 186
9.3.1 环境状态监测 ·············· 186
9.3.2 危险预测 ·············· 187
9.3.3 决策支持 ·············· 187
9.4 态势推演预测方法 ·············· 188
9.4.1 动态模型建立 ·············· 188
9.4.2 态势推演算法 ·············· 189
9.4.3 预测结果验证 ·············· 190
本章小结 ·············· 190

参考文献 ·············· 191

第1章 绪　　论

1.1 海洋机器人应用概述

我国是一个海洋大国，拥有漫长的海岸线和极其广阔的领海，按照《联合国海洋法公约》规定，我国享有主权和管辖权的海域几乎相当于我国陆地面积的三分之一。党的十八大以来，海洋成为高质量发展的战略要地，海洋在国家经济发展格局和对外开放中的作用更加重要，在维护国家主权、安全、发展利益中的地位更加突出，在国家生态文明建设中的角色更加显著，在国际政治、经济、军事、科技竞争中的战略地位也明显上升[1]。党的二十大报告中指出："发展海洋经济，保护海洋生态环境，加快建设海洋强国"。

在建设海洋强国的过程中，海洋机器人作为人类认识海洋、经略海洋、开发海洋、利用海洋的重要智能装备[2]，能够深入有人装备难以到达或危险性大的区域，在国防安全领域，可用于执行岛礁巡逻、情报侦察、火力打击、反雷反潜等使命任务，是未来海上智能作战体系的核心力量，是维护我国海洋权益和保障国防安全的有力手段；在国民经济领域，可用于应急救援、海洋科考、海底采矿、气象监测等重要任务，是推动我国经济增长的重要途径[3]，是实施海洋强国战略的重要支撑，也是提升国家综合实力、加强国际竞争力、保护生态环境以及应对全球变化的重要手段。

1.1.1 海洋机器人的分类

海洋机器人是一种工作于海洋环境中的作业机器人，它的出现极大地拓展了人类探索海洋的深度和广度。海洋机器人的种类各式各样，可以依照工作时所处的空间、自主工作水平、任务功能等方面进行分类[4]。

现有的海洋机器人按照工作时所处的空间，可以分为水面航行式(图 1-1(a))、水中浮游式(图 1-1(b))、底栖移动式和多种航态式。

(a) 水面航行式　　(b) 水中浮游式

图 1-1　水面航行式和水中浮游式海洋机器人

按照自主工作水平，可以分为遥控型(图 1-2(a))、编程型、半自主型、自主型(图 1-2(b))和智能型($L_1 \sim L_7$)。

按照任务功能，可以分为科学考察型(图 1-3(a))、工程作业型、应急救援型[5](图 1-3(b))和军事作战型。

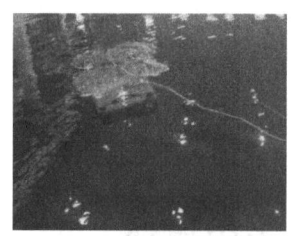

(a) 遥控型　　　　　　　　　(b) 自主型

图 1-2　遥控型和自主型海洋机器人

(a) 科学考察型　　　　　　　(b) 应急救援型

图 1-3　科学考察型和应急救援型海洋机器人

1.1.2　海洋机器人的应用

根据不同的任务需求,海洋机器人可以应用到多种任务场景中,具体如下。

1. 情报、监视、侦察任务

海洋机器人能够充分发挥其隐身性能好、机动能力强等优势,潜入敌方军事设施、舰队附近海域,截获情报信息,监视关键目标,侦察敌方部署计划,将各种信息实时反馈给我方指控中心,实现战场态势透明化,从而建立对敌信息优势,如图 1-4 所示。海洋机器人也可以部署在我方重要军事基地、保障设施、敏感岛礁等附近海域,长时间执行巡逻警戒任务,防范各种可能的威胁,对可疑目标予以警告驱离,对确认的敌方目标予以"发现即摧毁",保障我方基地设施的正常运行和敏感海域的控制权。

(a) 航行中的海洋机器人　　　　　(b) 获取的水下地形信息

图 1-4　海洋机器人执行监视、侦察任务

2. 反水雷、反潜作战任务

海洋机器人能够搭载反水雷、反潜载荷模块部署到指定海域,在大范围海域内快速识别、定位水雷和潜艇目标,自主完成引爆水雷、攻击潜艇的行动,或者协助我方其他作战力量清除水雷、摧毁潜艇,显著提升反水雷、反潜作战的效能,如图 1-5 所示。

 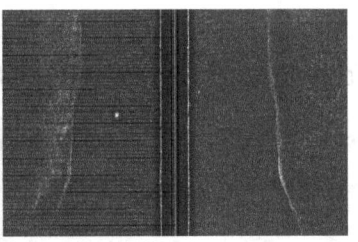

图 1-5 海洋机器人执行反水雷、反潜作战任务

3. 海中作战任务

海洋机器人搭载具备不同毁伤能力的武器系统,潜伏至敌对目标附近发起突袭,狙杀重要人员、摧毁指控中心、破坏关键装备等,实现高精度的"点穴式手术打击",或者以集群编组的方式,围绕预定作战目标,自适应实施战术战法,整体协同,联合行动,实现对敌方目标的高度毁瘫。

4. 信息支援任务

海洋机器人可以搭载通信中继载荷模块,使天空作战体系与水下作战体系有机融合在一起,整体作战效能得到倍增,同时可以搭载信息对抗载荷模块,干扰敌方通信导航系统,使敌方电子设备和信息系统失效,诱导敌方精确打击武器等,实施反干扰措施,如图 1-6 所示。

 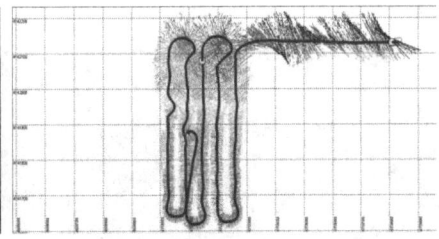

图 1-6 海洋机器人执行水下信息支援任务

5. 搜救、救援、打捞任务

海洋机器人充分发挥机动能力强、续航能力持久等优势,快速部署到指定海域,利用搭载的搜索救援载荷模块,以独立个体或集群协同方式进行搜索,及时发现落水人员并予以救助,对水面漂浮物或水下失事装备进行打捞回收等,如图 1-7 所示。

 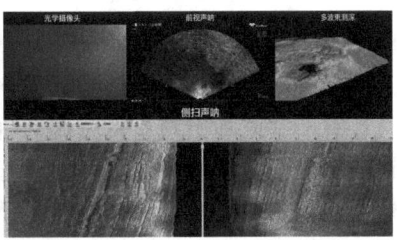

图 1-7 海洋机器人执行搜救、打捞任务

6. 环境监测、气象观测、海洋科考任务

如图 1-8 所示,海洋机器人可以对沿海、湖泊环境污染进行常态化监测,对核生化污染等紧急状况做出快速响应,对沿岸企业排污治理情况进行取证调查;也可以搭载有关载荷进

行气象观测，追踪台风、热带风暴等形成、发展的规律，为气象灾害预警提供资料；还可以开展海洋水文调查[3]、海底地质勘探、海洋生物研究等科考任务。

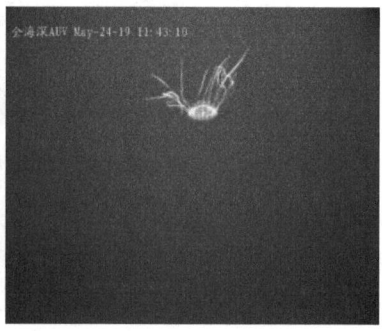

图 1-8　海洋机器人执行深海科考任务

7. 海产养殖、海工保障任务

海洋机器人可以在海产养殖水域进行长期驻守巡逻，对可能导致减产的各种气象因素和次生灾害及时预警，或者代替潜水人员直接完成海产品捕捞活动，如图 1-9 所示；也可以参加风电场、海洋工程平台等海上重大设备检修，为海上施工提供支援，辅助进行海洋资源的勘探与开采等。

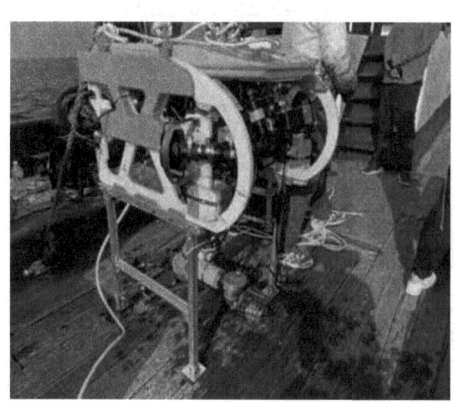

图 1-9　海洋机器人执行海产捕捞任务

8. 资源调查、海底采矿

海洋机器人可以在深海海底进行地质、矿产调查和矿产开采，海洋中几乎含有陆地上的各种资源，而且还有一些陆地上没有的资源。许多贵重矿物储量极为丰富，如含有发射火箭用的固体燃料钛的金红石，含有火箭、飞机外壳用的铌和反应堆及微电路用的钽的独居石，含有核潜艇和核反应堆用的耐高温和耐腐蚀的锆铁矿、锆英石，某些海区还有黄金、白金和银等。海底矿产资源的再生速度极快，远远超过人类的开采进度。

9. 远洋运输行业

无人化远洋运输货船既可以降低人员投入，又可以节省船员生活空间来载货，能够以更低的成本收获更高的利润。在所有海上事故中，75%～96%都是由人为错误引起的，无人驾驶技术的应用能够避免很多人为因素导致的事故发生，从而提升运输安全性。

1.1.3 海洋机器人的主要特征

随着科学技术的发展，目前已经研制出了多种多样的海洋机器人。海洋机器人的主要特征有以下几点。

1. 系统结构差异性大

移动方式：不同的海洋机器人采用不同的推进方式，包括螺旋桨推进、喷水推进、仿生推进、自然能推进等。

航行方式：不同的海洋机器人航行方式不同，根据航行范围可以分为水面航行、半潜航行、水下航行、底栖航行。

体积重量：由于不同的任务需求，海洋机器人的体型也有很大的差别，主要有微小型、小型、中型、大型。

能量来源：不同的海洋机器人具有不同的能量来源方式，通常采用蓄电池、发动机、自然界来对海洋机器人提供能量。

2. 环境影响因素特殊

感知受限：天气、海况、介质、对抗环境都会影响海洋机器人的感知能力。

控制扰动：海浪运动、洋流作用、海水密度、地形起伏会对海洋机器人的控制系统产生扰动，影响其航行和作业。

通信困难：信号衰减、海浪杂波、多径效应、带宽时延会影响海洋机器人的通信，造成通信困难。

3. 任务场景多样化

功能设计：海洋机器人可以用于多种任务中，如海洋科考、海洋工程、救助打捞、军事作战等。

生存能力：为了保证海洋机器人的安全，它们一般都具有自主避障、态势评估、威胁预测的能力。

1.2 海洋机器人的感知需求

海洋环境复杂多变，海洋机器人需要感知并适应这种复杂的环境，从而有效地执行任务和保证自身安全。海洋机器人需要感知周围目标，以便对海洋中的目标进行检测、识别和跟踪。海洋机器人需要理解附近环境，从而能够有效地躲避障碍物，保障自身安全与稳定。海洋机器人还需要具备导航定位的功能，从而能够准确地确定自身位置，选择更优的航行路径。

1. 海洋机器人的目标感知需求

海洋机器人作业的过程中需要感知其周围的海洋环境，目标感知使得海洋机器人能够完全自主地处理并理解传感器数据，实现对周围环境中的目标、障碍物、环境特征的快速检测并对运动的目标进行实时跟踪，完成局部最优路径规划，做出准确的行为决策，对局部环境准确理解并建模，能够有效保障海洋机器人准确执行使命任务的能力和航行的安全性[6]。

2. 海洋机器人的环境理解需求

环境理解为海洋机器人提供更加精准的感知能力，使得海洋机器人能够更好地识别出海洋中的不同物体和环境。海洋环境是一个复杂多变的空间，包括海流、潮汐、海底地形、海洋生物等多种因素，海洋机器人需要具备环境理解能力，以便进行有效的航行规划，避开障碍物，并选择最优的航行路径。另外，对海洋环境的深入理解能够帮助海洋机器人更好地执行海洋调查、环境监测、搜索救援等任务。

3. 海洋机器人的导航定位需求

在复杂的海洋环境，如海流、涡旋、风浪等影响下，海洋机器人需要具备高精度、高可靠性的导航定位技术，才能实现稳定、高效的任务执行。通过导航定位技术，海洋机器人可以确定自身位置和方向，进而实现自主控制和路径规划。导航系统在海洋机器人的整个体系结构占有举足轻重的地位，它可以为海洋机器人在复杂的海洋环境中执行作业任务与使命时提供必需的位置、姿态等导航定位信息，这不仅关系到海洋机器人作业任务的成功与否，甚至影响其安全与生存[7-9]。

海洋机器人的导航定位技术根据不同的作业环境又可以分为水面导航和水下导航。目前比较成熟的水面导航定位系统包括卫星导航、惯性导航以及组合导航系统。水下导航最常用、最有效的方法有航位推算法、声学方法、惯性导航及组合导航方法。

1.3 智能感知技术概念内涵、研究方向及发展现状

在当今数字化时代，智能感知技术已经成为海洋机器人领域的焦点之一。智能感知技术能够使海洋机器人系统具备感知、理解和响应环境的能力，从而实现对复杂信息的智能处理和决策。本节内容针对智能感知技术的概念内涵、研究方向及其在研究和应用中的发展现状展开。通过对智能感知技术的深入探讨，可以更好地理解其在实践中的应用前景和发展趋势，为推动海洋机器人的人工智能和智能系统的发展做出贡献。智能感知技术的不断创新和突破将引领人类迈向更加智能化和便捷化的未来，成为构建智能社会的重要支撑。

1.3.1 智能感知技术概念内涵

海洋机器人智能感知技术是指海洋机器人在实际传感技术条件下，获取周围海洋环境信息并进行不同层次的数据处理，形成关于海洋环境的知识表示，可为海洋机器人的路径规划、运动控制、行为决策等智能行为提供必要的信息支持。

海洋机器人的海洋环境感知技术是决定其自主性水平的关键因素，也是评价其任务能力的核心指标。

海洋机器人环境感知的技术特征有以下几点。

(1)感知方法的智能性。利用人工智能前沿技术，自适应地提取更加本质、稳定的特征，有效解决海洋环境中的数据受限、信息损失、尺度变化等问题。

(2)复杂的环境适应性。对于海洋中昼夜交替、天气变化、海况变化等环境因素的改变具有更好的鲁棒性，智能感知能力不会发生明显改变。

(3)信息处理的深层性。对海洋环境信息进行深度加工，能够获得关于目标状态、属性、意图等认知层次的关键信息。

(4)环境信息的精确性。构建周围局部海洋环境的数字模型，精确描述环境要素与目标信息，同时实时性满足智能控制需求。

1.3.2 智能感知技术研究方向

1. 海洋信息预处理

在水面环境中，当面临大雾、雨、雪等天气时，海洋机器人拍摄到的图像质量会严重退化。在水下环境中，由于水体的光学特性，水下成像环境和空气中的成像环境具有较大的区别，水体散射以及水下悬浮物的影响也会使图像的质量严重下降，如颜色失真、模糊、对比度失真等。这会导致图像中提取的有效特征不足，特征的细节信息不丰富、表达能力和判断能力不足，如果直接用于目标检测，则会影响目标检测的精度，从而影响海洋机器人的作业效果。

海洋信息预处理包括信息质量评价、海洋感知信息去噪、海洋感知信息增强、损失信息恢复等，可以对退化图像的亮度、对比度、色彩等进行处理，减少图像中的噪声干扰，提高目标检测的精度，其中信息质量评价能够对处理后的图像质量进行评价，对评估图像复原效果具有重要作用。

2. 海洋场景分割

海洋场景分割是将海洋环境中的图像或视频按照不同的语义类别进行分割和识别的过程，可以帮助海洋研究人员、监测人员理解海洋环境中的各种物体、结构和特征，为海洋资源管理、生态保护、科学研究和应急响应提供重要支持。

目前常见的场景分割方法有传统的分割方法和基于深度学习的分割方法。传统的分割方法有分割聚类方法和相似性分割方法，其中分割聚类方法包括 K 均值聚类方法、超像素区域方法和高斯混合模型方法，传统的方法易于理解和实现，但是在复杂的场景下效果有限。基于深度学习的分割方法是利用深度神经网络对海洋图像进行分割，需要提取图像的语义特征，在复杂的场景中也能表现出较好的分割能力，泛化能力较好。

3. 海洋目标检测识别方法

海洋机器人要感知周围环境，目标检测识别是必不可少的一环。海洋目标检测识别是海洋机器人视觉系统不可或缺的一部分，其功能的优劣决定着水下机器人视觉系统是否具有良好的性能。目标检测识别需要对目标的特征进行提取，常见的目标特征有目标直方图特征、目标局部区域特征、目标边界特征和目标统计特征。现有的目标检测方法有传统方法和基于深度学习的方法[8]。

1) 传统目标检测

传统的目标检测方法通过人工提取特征，然后人工设计分类器对特征进行分类和回归，从而实现目标的检测识别，具体可以分为三个步骤：候选区域生成、特征提取和分类器训练。在候选区域生成阶段，利用滑动窗口等方法遍历整张图像，并生成一系列的候选区域，这些区域可能包含目标的部分；在下个阶段，对这些区域提取特征；最后，针对每个目标类别训练一个二分类器，将特征输入进去进行分类判断，从而实现目标检测的任务。典型的人工特征有 HOG 特征、SIFT/SURF 特征和 Haar 特征，经典的特征模型有基于类内散布矩阵的特征提取、K-L 变换特征提取。传统的目标检测方法具有计算量小、计算速度快的优点，但是识别的准确率较低且只能在小样本数据集中进行学习处理。

2) 基于深度学习的目标检测

由于深度学习的广泛应用，基于深度学习的目标检测方法获得了飞速的发展。基于深度学习的目标检测方法利用卷积神经网络提取目标特征，能够学习到不同层次的特征，识别的准确率高，方便快捷。目前常见的基于深度学习的目标检测算法主要分为两类：一种是直接进行定位和分类的单阶段目标检测算法；另一种是先产生候选框，再对候选框定位与分类的双阶段目标检测算法。单阶段目标检测算法没有二次采样的操作，检测速度要优于双阶段目标检测算法，但是精度有所降低，典型的单阶段目标检测算法有 OverFeat 算法、YOLO(you only look once)系列算法、SSD(single shot multibox detector)算法等。双阶段目标检测算法包含二次采样的操作，检测精度比单阶段目标检测算法要高，但是检测速度较慢，典型的双阶段目标检测算法有 R-CNN、SPP-Net、Fast R-CNN、Faster R-CNN 等。对基于深度学习的目标检测的研究除了针对结构方面，还有功能方面，如小目标检测、轻量化目标检测。

深度学习目标检测方法利用卷积神经网络来提取特征，在经过多层的卷积之后，网络输出的特征图分辨率较低，小目标的信息量有限，甚至在特征提取的过程中丢失，因而对小目标的分类和边框回归就比较困难。海参、海胆、扇贝等海生物以及距离较远的目标在图像中所占的像素面积小，在目标检测的过程中容易出现漏检的现象。

4. 海洋目标跟踪

海洋目标跟踪的主要目的是模仿生理视觉系统的运动感知功能，通过对图像序列进行分析，计算出运动目标在每一帧图像中的位置；然后根据运动目标相关的特征值，将图像序列中连续帧间的同一运动目标关联起来，得到每帧图像中目标的运动参数以及相邻帧图像间运动目标的对应关系，从而得到各个运动目标完整的运动轨迹。简单来说，目标跟踪就是一种在下一帧图像中找到目标的确切位置并反馈给跟踪系统进行跟踪，进而为海洋机器人平台隧洞控制、视频序列的分析和理解等提供运动信息和数据的手段。

在海洋目标跟踪任务中，目标的描述与特征模型的选择密切相关，选择适当的特征在目标跟踪中具有重要的作用，通常情况下，好的特征应该具有可区别性好、可靠性高、独立性好、数量少等特点，因此可以更容易将目标从特征空间中区分出来。根据跟踪目标的数目，海洋目标跟踪还可以分为单目标跟踪和多目标跟踪。

5. 海洋目标定位

海洋目标定位是指在给定环境中确定特定目标的位置和姿态，通常包括目标的空间位置、方位角、姿态角等信息，目标既可以是静态的，也可以是动态的。对海洋机器人而言，目标定位对海洋资源勘探、海洋科学研究、海洋安全防护等多个领域具有关键作用。另外，海洋目标定位对目标检测和目标跟踪都具有重要的作用，它可以为这两种任务提供基础信息，包括目标的位置、运动状态、尺度等，为后续的检测和跟踪过程提供重要的支持和指导。目前常见的目标定位方法有感知模型定位方法、参考信息定位方法、多基地测量定位方法和立体视觉定位方法。

6. 多传感器信息融合

多传感器信息融合是 20 世纪 70 年代提出来的，最早应用于军事领域。传感器信息融合是用机器对人类由感知到认知的过程进行模仿，将多个传感器感知到的时间或空间上互补或冗余的信息，依据某种准则进行自动综合与分析，以获得单个或类传感器无法获得的有价值的综合信息，从而形成对观测对象客观的描述。

多传感器信息融合是指对来自多源的局部信息进行总结组合、综合分析，将多传感器收集到的信息之间存在的不一致性、不确定性进行多维度处理，实现对信息的综合处理。多传感器信息融合系统是集侦测、关联、估计、滤波、预测、识别等多方面多层次于一体的系统，现在广泛用于各种领域,如军事领域、传感器网络、机器人、视频和图像处理以及智能系统设计等。在单传感器系统中,受限于单传感器的侦测范围、侦测精度以及在测量中可能遇到的噪声或者干扰,单部传感器侦测的信息往往是不精确的、不完整的,并且有些侦测任务是需要多部传感器协同工作的,因此单传感器系统局限性较大。在多传感器系统中,多部传感器同时对一个目标进行侦测,所得侦测数据之间存在冗余性以及互补性,最终的融合结果不依赖于某一部传感器,即便有一部传感器出现问题,也可以利用其余有效传感器的侦测信息进行融合,所以多传感器可以有效提高融合系统的可靠性以及稳定性。

7. 海洋环境建模与态势感知

海洋环境建模是利用传感器和数据处理技术对特定环境进行建模和描述的过程。环境建模通常被用于海洋机器人导航、智能监控系统、虚拟现实和其他自主系统中。从信息获取的不同途径上讲,环境建模是一种利用声、光、电和磁设备获取信息,以恢复物体的位置、尺寸和形状等信息的技术手段,这里的信息通常指的是相对于基准坐标系的坐标。但从广义上讲,环境建模还包括建立物体表面的颜色纹理信息、反射属性以及光照条件等多种属性。常见的环境模型构建方法有三维静态模型、三维动态模型、二维栅格地图、二维拓扑地图[10,11]。

态势感知是一种基于环境的、动态的、全面的洞察安全风险的能力。它以安全大数据为基础,从全局的角度提高对安全威胁的发现识别、理解分析和处理反应能力。海洋态势感知是指利用各种传感器和技术手段对海洋环境进行监测、感知和分析,以获取海洋环境中的物理特征、生物特征、化学特征等信息的过程。这对海洋军事防御、海上交通安全等具有重要意义。

1.3.3 智能感知技术发展现状

美国海军研究办公室(ONR)研发的"机器人智能指挥与感知的控制体系架构"(CARACaS)自主技术,使 USV 集群协同、自主地实施了巡逻任务。2014 年 8 月,ONR 在弗吉尼亚州詹姆斯河上完成了第一次 CARACaS 技术演示验证,共使用了 13 艘 USV,其中包含 5 艘安装了自主技术设备的刚性充气艇(RHIB)以及 8 艘采用远程遥控的 USV。2016 年 10 月,ONR 在切萨皮克湾进行了第二次演示验证,验证了协同任务分配、USV 行为和战术、自动舰船识别等能力,共使用了 4 艘 USV 执行固定港口区域防护任务。

美国空间和海战系统中心(SSC San Diego)的 Jacoby Larson 等通过雷达图像和航海图创建基于视觉等各种传感器的世界模型,然后 USV 利用这个世界模型,通过使用远场协商避障和近场反应式避障来避开障碍物。SSC San Diego 还使用了立体视觉测试图像处理和障碍物检测算法,结果非常有效。

美国喷气推进实验室(JPL)研发了一套适用于无人驾驶船舶的水面自主视觉分析与跟踪系统(SAVAnT),包含相机、船用雷达、激光雷达、陀螺仪、全球定位系统(GPS)等设备,利用船用雷达或激光雷达提示光电系统进行图像捕获,能够感知环境并制定任务规划,也可安装在其他海洋运载器平台上实现"即插即用"。

美国蒙特利湾研究所(MBARI)研制了可用于执行海洋生物多样性调查等海洋探索和调查任务的 Imaging AUV 系统,高分辨率摄像机能够每 1.8s 采集一次 4m 宽海底区域内的高分辨率彩色图像,采用了基于离线机器学习的特征检测方法,从以往的统计推断产生可辨识的显著环境特征集的数据聚类,利用基于实时数据的在线分类算法提取显著特征并在线分类和估计,从而能够实现对水下目标尤其是海洋生物的检测、辨识、测量、计数和跟踪任务。

美国海军利用 Bluefin 系列 AUV 组建反水雷无人水下航行器(SMCM UUV)系统,主要包括两台 Bluefin-21 AUV 和相应的布放回收装置。Bluefin-21 配备了多波束声呐、侧扫声呐以及高分辨率摄像机，它能够以 3kn 的速度在水下连续作业 20h 以上。它首先利用多波束声呐和侧扫声呐进行大范围、远距离的搜索和定位，在发现疑似水雷目标后，再接近疑似目标并利用高分辨率摄像机获取关键特征数据用于对疑似水雷目标的辨识和行为决策。

Kambara 是澳大利亚国立大学研制成功的一款开架式结构的 AUV，主要采用立体视觉系统对 AUV 进行导航和控制。该系统的视觉传感器由两台 Pulnix-TMC-73 摄像机和一台 Sony EVI-D30 pan-tilt-zoom 摄像机构成，立体视觉系统能够计算出目标的距离和相对运动状态，并通过视觉伺服控制实现对多个运动目标的跟踪和保持相对静止状态，获得的水下目标的信息用于对 AUV 进行导航和对惯性导航系统的修正。

美国华盛顿大学提出了一个水下鱼类识别框架，包括完全无监督的特征学习和容错分类器。基于显著性和松弛标记进行目标组件初始化，然后基于适应度、分离度和判别准则学习柔性部件模型，采用无监督聚类方法形成级联分类器结构，即使在高不确定性、类别不平衡时，仍能在粗标记情况下获得优化的分类识别性能。

2016 年初，以色列埃尔比特系统公司推出"海鸥"无人水面艇(USV)，其配备了 C4I 网络，具备多任务能力和高度自主能力，可使用光电和红外传感器以及各种声呐来搜索海上威胁，可执行水下猎雷、灭雷、反蛙人和反潜作战(ASW)等任务。对于 ASW 任务，"海鸥"配备了吊放声呐和鱼雷，能够补充甚至取代造价高昂且需要大量人力操作的护卫舰和反潜机。

新加坡南洋理工大学提出了一种基于视觉的 USV 的障碍物检测系统，旨在实现海面上的实时和高性能障碍物检测，首先在低分辨率图像上粗略估计海平面和物体位置，然后将检测位置或感兴趣区域(ROI)投影到原始高分辨率图像，最后在原始图像中进行立体匹配。通过使用单目视觉和立体视觉方法，该系统可以检测距离最远 300m 的障碍物，能够以 12Hz 实时处理 640×480 像素图像。

2014 年，哈尔滨工程大学在国家 863 计划项目的支持下，以高性能船舶、智能控制、导航、通信、海洋探测等相关学科为依托，研制出一台具有自主知识产权的全自主式 USV "天行一号"。该艇是一种同时具备燃油推进和电力推进两种推进方式的自主式水面无人平台，满载排水量为 7.5t，最大航速为 50kn[①]，续航力为 1000km。其高自主性、快速性和大航程的特点，使其能够轻松胜任长时间大范围的海洋观测的需求，可在利用、开发和保护海洋等方面发挥积极作用。

本 章 小 结

本章主要介绍了海洋机器人的应用、感知需求和智能感知的相关概念。通过学习本章内容，可以了解到海洋机器人在海洋领域的重要性和广泛应用，以及海洋机器人面临的感知需求，同时智能感知技术的引入为海洋机器人提供了更加高效、智能的解决方案，有望进一步提升海洋机器人的性能和应用范围。在未来的研究和实践中，可以进一步深入研究海洋机器人的感知需求，并结合智能感知技术的发展，不断完善海洋机器人的感知能力和应用效果。通过不断地创新和探索，海洋机器人将在海洋科学研究、资源勘探开发、环境监测与保护等领域发挥更加重要的作用。

注：① 1kn=1.852km/h。

第 2 章　海洋感知信息处理与分析基础

水下光学图像可以提供直观丰富的海洋信息,但受水下恶劣环境影响而普遍存在质量下降严重的问题,对比度低、图像模糊以及颜色失真等严重制约水下智能处理系统的性能和应用。本章从大气以及水下成像模型出发,分析了水下图像的退化机理,介绍了基于空间域、频域及概率统计领域的图像基本处理方法以及机器学习领域的基本分类决策方法,旨在为后续章节的深入探讨提供一定的理论基础。

2.1　海洋探测成像模型

2.1.1　大气光学成像模型

光是一种电磁波,大气对电磁波的作用主要可归纳为散射及吸收这两种物理过程[12],从而使光学传感器接收到的信息受到影响,其中散射是影响图像质量的主要原因,如图 2-1 所示。大气中影响光学成像的主要物质有 3 类:大气分子、气溶胶以及水颗粒。在粒子散射的主要参数中,根据颗粒粒径可以分为瑞利散射以及米氏散射,约定 α 为无量纲数,r 为粒子半径,λ 为波长,有

$$\alpha = \frac{2\pi r}{\lambda} \quad (2\text{-}1)$$

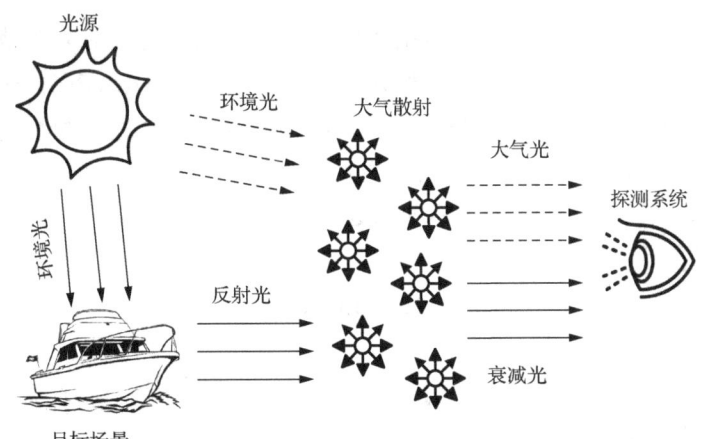

图 2-1　大气成像过程示意图

当 α 远小于 0.1 时,散射为瑞利散射,由于散射光能量不发生变化,故也称为弹性散射;当 α 大于等于 0.1 时,称为米氏散射,米氏散射的适用范围更加宽泛并描述了粒子的相对折射率、粒径及波长关系;而当 α 大于 50 时,称为衍射现象,属于几何光学的范畴。在海洋环境中,通常认为水体的等效颗粒物粒径大于波长,并将海水环境散射看作米氏散射模型。

1976 年,McCartney[13]提出粒子的散射作用造成了光在目标和探测系统之间的传输过程

发生衰减并增加了一层大气散射光这一观点。1999 年，Nayar 等[14]通过建立数学模型解释了雾天图像的成像过程以及图像所包含的要素。该模型认为在强散射介质下，引起探测系统成像结果降质的主要原因有两种：一是目标反射光受大气悬浮粒子的吸收和散射作用造成目标反射光能量的衰减，这导致探测系统的成像结果亮度降低，对比度下降；二是太阳光等环境光受大气中散射介质作用形成背景光，通常背景光强度大于目标光，因而造成探测系统的成像结果模糊不清。

1. 大气衰减模型

根据 McCartney 提出的衰减模型，假设太阳照射到目标物上的反射光是平行光，经过空气中的悬浮粒子产生散射，悬浮粒子区域横截面为单位圆，厚度为 dx，场景目标到探测系统景深为 d，能量的变化表示为

$$\frac{dE_d(x,\lambda)}{E_d(x,\lambda)} = -\beta(\lambda)dx \tag{2-2}$$

其中，$dE_d(x,\lambda)$ 为光的辐照度经过 dx 厚度粒子时光通量的变化，$E_d(x,\lambda)$ 为衰减后的光强，λ 为光波长；$\beta(\lambda)$ 为大气光散射系数，用于描述介质对于波长为 λ 的大气光的散射能力。

若假设未经衰减的光强为 $E_0(\lambda)$，对式(2-2)从 $x=0$ 到 $x=d$ 积分可得到平行光束在 $x=d$ 处衰减后的光强：

$$E(d,\lambda) = E_0(\lambda)e^{-\beta(\lambda)d} \tag{2-3}$$

若输入光为点光源，设未衰减的光束光强为 I，同样在 $[0,d]$ 区间积分可以得到点光源在 $x=d$ 处衰减后的光强：

$$E(d,\lambda) = \frac{I(\lambda)e^{-\beta(\lambda)d}}{d^2} = \frac{E_\infty \rho(x)}{d^2}e^{-\beta(\lambda)d} \tag{2-4}$$

2. 大气光模型

探测系统接收到的大气光成分主要包括太阳直射光、大气漫反射光和地面反射光，体积微元 $dV = dwx^2 dx$ 内的介质被看作一个光源，其强度 $dI(x,\lambda) = dVk\beta(\lambda) = dwx^2 dk\beta(\lambda)$，其中 k 为光源常数，dw 为大气锥立体角。根据 Allard 定律，到达探测系统的光辐照度为 $k\beta(\lambda)dxe^{-\beta(\lambda)x}$，在 $[0,d]$ 区间积分可以得到总的大气光强值 $E(d,\lambda) = k(1-e^{-\beta(\lambda)d})$，由于实际光源来自于无穷远处的天空，所以 k 表示无穷远处的大气光强值，令 $k = E_\infty(\lambda)$，则 $x=d$ 处的大气光强值表示为

$$E(d,\lambda) = E_\infty(\lambda)(1-e^{-\beta(\lambda)d}) \tag{2-5}$$

3. 大气散射模型

综合上述讨论，为方便计算，令大气透射率系数 $t(x) = e^{-\beta(\lambda)dx}$，目标未衰减的总反射光为 $J(x) = E_\infty \rho(x)/d^2$，目标衰减反射光为 $D(x) = J(x)t(x)$，大气光为 $A = A_\infty[1-t(x)]$，整理可得到最终简化的大气散射模型的数学表达式为

$$I(x) = D(x) + A = J(x)t(x) + A_\infty[1-t(x)] \tag{2-6}$$

2.1.2 水下光学成像模型

本节主要介绍经典的水下光学成像模型，包括 McGlamery-Jaffe 模型、Schechner-Karpel 模型以及修正的 Akkaynak-Treibitz 模型。

1. McGlamery-Jaffe 模型

McGlamery-Jaffe 模型建立了水下图像像素亮度与照明条件、物体反射特性、水介质及相机传感器特性间的映射。McGlamery[15]于 1980 年首次提出了该模型的理论基础,Jaffe[16]在 1990 年对模型进行拓展并系统应用到了水下成像设备的设计中。

到达相机成像平面的光线 I 可线性分解为直接分量 E_d、前向散射分量 E_f 及后向散射分量 E_b 三个部分:

$$I = E_d(x,y) + E_f(x,y) + E_b(x,y) \tag{2-7}$$

其中,E_d 是指自然光经物体反射直接到达成像平面的分量;E_f 是指反射过程中发生微小角度散射后仍能到达成像平面的散射分量;E_b 是指未经目标反射直接到达成像平面的散射分量,分别如式(2-8)~式(2-10)所示。

$$E_d(x,y) = E_I(x',y') \exp(-cR_c) \frac{M(x',y')}{4F} T_l \cos^4\theta \left(\frac{R_c - F_l}{R_c}\right)^2 \tag{2-8}$$

其中,E_I 表示场景表面某点辐照度;R_c 表示场景点到相机的距离;M 表示场景表面反射图;F 表示相机透镜数量;T_l 表示透镜透光率;F_l 表示相机焦距;θ 表示相机与场景连线和反射图平面的夹角。

$$\begin{cases} E_f(x,y) = E_d(x,y) * g(x,y,R_c,G,c,B) \\ g(x,y,R_c,G,c,B) = \left[\exp(-GR_c) - \exp(-cR_c)\right] \mathcal{F}^{-1}\left[\exp(-BR_c w)\right] \end{cases} \tag{2-9}$$

其中,G 表示经验系数;B 表示经验阻尼系数;$\mathcal{F}^{-1}$ 表示傅里叶逆变换;w 表示径向频率。

$$\begin{cases} E_b(x,y) = E_{bd}(x,y) + E_{bd}(x,y) * g(x,y,R_c,G,c,B) \\ E_{bd}(x,y) = \sum_{i=1}^{N} \exp(-cZ_{ci})\beta(\phi_b)E_s(x',y',z') \frac{\pi \Delta Z_i}{4F^2} \cos^3\theta T_l \left(\frac{Z_{ci} - F_l}{Z_{ci}}\right)^2 \end{cases} \tag{2-10}$$

其中,N 表示切片数量;ΔZ_i 表示散射体积元厚度;Z_{ci} 表示相机到体积元的距离;ϕ_b 表示光源-体积元-相机连线夹角;β 表示体积散射函数;E_s 表示三维空间照度分布。

McGlamery-Jaffe 模型涵盖了广泛的成像条件,参数众多且计算复杂,主要用于水下导航以及具备专业参数测量设备的后处理分析中。

2. Schechner-Karpel 模型

Schechner-Karpel 模型由 Schechner 和 Karpel[17]于 2004 年提出,其在诸多对于 McGlamery-Jaffe 模型的简化修改模型中最具代表性且应用最为广泛。该模型将直接分量和前向散射分量视为有用信号,将后向散射分量视为干扰。考虑到前向散射分量近似于直接分量,可以表示为直接分量与点扩散函数的卷积,从而将两者合并。定义有效场景亮度 J 为未衰减反射光,对 J 沿着物体到相机的传播路径衰减过程进行建模。将均匀全局背景光记为 B_∞,退化模型为

$$I = J \cdot T + B_\infty(1-T) = J \cdot e^{-\eta z} + B_\infty \cdot (1 - e^{-\eta z}) \tag{2-11}$$

其中,T 是透射率,表征 J 的退化程度,即散射或吸收后到达相机的残余光线比;η 是衰减系数,即吸收系数 α 与散射系数 β 的线性和;z 是目标到相机成像平面的距离;I、J、T、B_∞、η、α、β 都是关于波长的函数。

不同颜色通道透射率符合式(2-12)：

$$\boldsymbol{T}^k = \boldsymbol{T}^b \frac{\eta^k}{\eta^b}, \quad k \in \{r, g, b\} \tag{2-12}$$

其中，η^k 表示 RGB 各通道的衰减系数。

Schechner-Karpel 模型考虑了不同波长光的选择性衰减，形式相对简单，参数较少，因此广泛应用于基于物理模型的水下图像复原方法设计中。此外，大多数基于深度学习的水下图像处理算法也基于此模型处理数据集以及设计网络架构。

3. Akkaynak-Treibitz 模型

2018 年，Akkaynak 和 Treibitz[18]的研究指出，通用的水下成像模型忽略了关键的依赖关系：①直接分量和后向散射分量的衰减系数不同；②后向散射分量的衰减系数强烈地依赖于背景光；③后向散射分量的衰减系数与时刻、水深、水体吸收与散射的主导因素有关。为此提出了一种改进的水下图像成像模型，表达式为

$$\boldsymbol{I} = \boldsymbol{J} \cdot \boldsymbol{T}^D + \boldsymbol{B}_\infty \cdot (1 - \boldsymbol{T}^B) = \boldsymbol{J} \cdot \mathrm{e}^{-\eta^D \boldsymbol{v}_D \cdot z} + \boldsymbol{B}_\infty (1 - \mathrm{e}^{-\eta^B \boldsymbol{v}_B \cdot z}) \tag{2-13}$$

其中，$\boldsymbol{T}^D$、$\boldsymbol{T}^B$ 表示直接透射率和后向散射率；η^D、η^B 表示直接分量和后向散射分量的衰减系数，均与波长有关；向量 $\boldsymbol{v}_D$、$\boldsymbol{v}_B$ 表示系数依赖。具体而言，$\boldsymbol{v}_D = \{z, \rho, E, S_\lambda, \beta\}$，$\boldsymbol{v}_B = \{E, S_\lambda, b, \beta\}$，$\rho$ 是反射系数，E 是辐射度，S_λ 是传感器光谱响应，b 是波束散射系数。此外，与后向散射有关的系数随传感器、环境照明和水的类型而变化。

综上所述，McGlamery-Jaffe 模型和 Akkaynak-Treibitz 模型参数更多，结果更加精细准确，往往用于具备专业测量设备的水下图像后处理精细任务中。大多数水下成像及图像处理算法采用 Schechner-Karpel 模型。

2.1.3 水声传输模型

水声通信是目前实现水下远距离信号传输的最佳方式，声波在水下传播的问题主要利用波动理论及射线理论进行研究。其中，波动理论主要研究声信号的振幅和相位在声场中的变化，而射线理论在高频情况下将声波看作射线束，从而研究声场中的声强随射线束的变化。

从波动理论及射线理论发展而来的典型水下声场计算方法包括：简正波模型、射线模型、抛物近似模型以及传播损失模型等。

1. 简正波模型

简正波模型可用于描述声波在分层海洋中的传播。声波在不同深度和频率下形成特定的振动模式，称为简正模态。每个模态都有特定的相速度和群速度。声压场 $p(r,z)$ 可表示为水平距离 r 和深度 z 的函数，通过正弦波展开如下：

$$p(r,z) = \sum_n A_n \psi_n(z) \mathrm{e}^{\mathrm{i}(k_n r - \omega t)} \tag{2-14}$$

其中，A_n 为模态幅度；$\psi_n(z)$ 为深度模态函数，可由 Sturm-Liouville 方程[19]确定；k_n 为模态波束；ω 为角频率。

简正波模型适用于分层海洋环境基于简正模态叠加的低频率计算场景，模型可以捕捉到低频声波在多层海洋环境中的模态特征并对声速剖面进行反演，以用于声学测深以及层析成像等技术，由于边界值求解复杂，所以对于高频和复杂环境的适应性较差。

2. 射线模型

射线模型是基于几何声学的计算理论模型。该模型认为声波在介质中沿直线传播,并在不同介质界面上发生反射和折射,声波传播路径又称为声射线。假定波动方程的解可表示为 $A(x,y,z)\exp[jP(x,y,z)]$,其中 $A(x,y,z)$ 为幅度函数,$P(x,y,z)$ 为相位函数,j 为虚数,代入波动方程后,可得到:

$$\begin{cases} \dfrac{1}{A}\nabla^2 A - (\nabla P)^2 + k^2 = 0 \\ 2(\nabla A \cdot \nabla P) + A\nabla^2 P = 0 \end{cases} \tag{2-15}$$

其中,k 是波数。式(2-15)确定了声线的轨迹和强度。

射线模型不考虑传输中能量的衰减,可给出声场直观的理解,但若声线在一个波长范围内发生弯曲或声强变化,就无法给出可信的声场,且只适用于高频声源短距传输情况,对低频声波和多径传播描述的准确性较差。

3. 抛物近似模型

抛物近似模型将全波方程简化为抛物型的偏微分方程,适用于中远程声传播的复杂海洋环境(如湍流、内波等)和环境噪声模拟预测中,特别是在变速层和路程变化较大(如海洋温度梯度显著变化)的环境中。

声压场 $p(r,z)$ 以及抛物近似方程分别可表示为

$$\begin{cases} p(r,z) = \psi(r,z)\mathrm{e}^{\mathrm{i}k_0 r} \\ \dfrac{\partial \psi(r,z)}{\partial r} = \dfrac{\mathrm{i}}{2k_0}\left[\dfrac{\partial^2 \psi(r,z)}{\partial z^2} + k^2(r,z)\psi(r,z)\right] \end{cases} \tag{2-16}$$

其中,k_0 为局部波束,可表示为 $\omega/c(r,z)$。

4. 传播损失模型

水下信息感知主要通过声场特性及声传播过程来表征,在水声学中,声场信号强度随距离变化的标准度量是传播损失(TL)。传播损失是声场中某一点声强 $I(r,z)$ 与距离声源 1m 处的声强 I_0 之比,可表示为

$$\mathrm{TL} = -10\lg\dfrac{I(r,z)}{I_0} = -20\lg\dfrac{|p(r,z)|}{|p_0|} \tag{2-17}$$

其中,$p(r,z)$ 为声场中某一点的声压,r 为从声源位置到声场中某一点的距离,z 为声场中某一点的接收深度;p_0 为距离声源 1m 处的声压值,为声场传播损失值,单位为分贝(dB)。

2.1.4 化学物质扩散模型

海洋环境中的气液等化学物质泄漏扩散可能会对水面船舶、水下潜航器以及平台等浮式结构物的正常作业以及水下信息感知产生影响。水下气液扩散模型以及运动机制研究能够为水下感知模型知识表示能力提供重要的理论基础。下面介绍随机扩散模型[20]中典型的拉格朗日和欧拉模型。

1. 拉格朗日扩散模型

拉格朗日扩散模型是一种用于描述和模拟颗粒或污染物在流体(如空气或水)中扩散和传输的数学模型。基于拉格朗日坐标系,模型通过跟踪单个粒子或质点运动来模拟整个粒子群

的扩散行为。该模型广泛应用于大气科学、海洋学、环境工程等领域,用于模拟污染物扩散、气溶胶传播、海洋浮游生物分布等。

拉格朗日扩散模型描述单个粒子的运动,可以通过以下随机微分方程表示:

$$\boldsymbol{X}(t+\Delta t) = \boldsymbol{X}(t) + \boldsymbol{U}(t)\Delta t + \boldsymbol{W}(t)\sqrt{2K\Delta t} \tag{2-18}$$

其中,$\boldsymbol{X}(t)$ 是粒子在时间时的位置向量;$\boldsymbol{U}(t)$ 是流场在粒子位置处的速度向量;$\boldsymbol{W}(t)$ 是表示布朗运动随机扰动的随机向量;K 是扩散系数,描述粒子扩散速度的参数,通常取决于流体的性质和环境条件。扩散系数越大,粒子的扩散速度越快。

拉格朗日扩散模型的模拟过程包括以下步骤。

(1) 初始化粒子位置:在初始时刻,将一组粒子分布在感兴趣的区域内。粒子的初始位置可以是随机的,也可以根据某种分布规律确定。

(2) 计算流场速度:在每个时间步长上,计算流场在每个粒子位置处的速度。

(3) 更新粒子位置:根据运动方程,更新每个粒子的当前位置。

(4) 重复迭代:重复上述步骤,直至达到模拟的总时间。

拉格朗日扩散模型直接跟踪粒子的运动,物理意义明确;能够适应非均匀、非稳定的复杂流场;可以方便地加入各种变化过程,如化学反应、沉降等。但由于跟踪粒子数量的因素,模拟过程总计算量大,且对初始条件和参数敏感。

2. 欧拉扩散模型

欧拉扩散模型是另一种常用于描述和模拟颗粒或污染物在流体中扩散的数学模型。与拉格朗日扩散模型不同,欧拉扩散模型在固定空间网格上描述流体或颗粒运动和浓度变化,而拉格朗日法关注质点本身的运动。

扩散方程描述了污染物在流体中的浓度变化,其基本形式如下:

$$\frac{\partial C}{\partial t} = \nabla \cdot (K \nabla C) - \boldsymbol{U} \cdot \nabla C + S \tag{2-19}$$

其中,C 为污染物浓度;K 为扩散系数;$\boldsymbol{U}$ 为流场速度向量;S 表征污染物生成或消失。

欧拉扩散模型的模拟过程包括以下步骤。

(1) 建立网格:在研究区域内建立空间网格。

(2) 初始化条件:设定初始时刻的污染物浓度分布。

(3) 求解方程:利用数值方法(如有限差分法、有限体积法)求解扩散方程。

(4) 迭代更新:重复迭代,直至达到模拟的总时间。

综上所述,拉格朗日法适用于复杂的流场和几何形状中的微观尺度稀疏粒子模拟,方式灵活,不受固定网格的限制,模拟结果对初始条件和模型参数敏感,需要精确的初始分布和参数设定,在处理高梯度区域时,需要考虑数值解的稳定性;欧拉法基于偏微分方程在固定的空间网格上进行计算,易于高性能并行化处理,更适用于大尺度、宏观流体力学层面的扩散模拟,数值稳定性高,处理边界条件也更加方便。

2.2 感知信息空间域分析

2.2.1 空间域平滑方法

空间域一般是指由图像的常规表示组成的像素阵列。在空间域中的像素值可以根据与原始像素值相关的规则来进行修改,以更好地响应人类视觉系统的感受和需求,预定义一个邻域并对该邻域所包围的图像像素执行相关规则的操作组合称为空间滤波器。空间滤波器在图像 f 和滤波器核 w 之间执行的是对应元素相乘求和的运算。滤波器核 w 可以形象地理解为一个窗口,该窗口在图像上进行滑动,每滑动一次都会执行一次运算。这种线性运算可分为两类,第一类是空间相关,第二类是卷积[21]。不同之处在于滤波器核 w 是否旋转 180°,其数学表达式为

$$\begin{cases} 空间相关:(w \otimes f)(x,y) = \sum_{s=-a}^{a}\sum_{t=-b}^{b} w(s,t)f(x+s,y+t) \\ 卷积:(w * f)(x,y) = \sum_{s=-a}^{a}\sum_{t=-b}^{b} w(s,t)f(x-s,y-t) \end{cases} \quad (2-20)$$

式中,$\otimes$ 代表空间相关运算,$*$ 代表卷积运算。

在滤波器中心滑动访问图像上的每一点新像素后,即可生成滤波后的新图像。

基于空间域的平滑方法目的是消除高频噪声和降低对比度,会在一定程度上忽略图像细节,图像直方图趋于平缓。

1. 均值滤波

均值滤波通过对每个像素及其邻域像素取平均值来平滑图像并减少噪声,其优点在于实现简单且计算成本较低,仅需将卷积核参数调整一致即可,对随机噪声具有一定的抑制作用;缺点在于会随机模糊图像特征细节与边缘。

对于原图像 $I(i,j)$ 中的每个像素,用 $n \times n$ 窗口对其邻域进行均值计算得到的滤波后图像 $I'(i,j)$ 为

$$I'(i,j) = \frac{1}{n^2} \sum_{k=-\frac{n}{2}}^{\frac{n}{2}} \sum_{l=-\frac{n}{2}}^{\frac{n}{2}} I(i+k,j+l) \quad (2-21)$$

2. 中值滤波

中值滤波是一种非线性滤波方法,通过计算像素邻域内像素值的中值来平滑图像,有效去除椒盐噪声。其基本思想是用邻域内像素值的中位数替代中心像素值,从而在保留边缘细节的同时去除椒盐噪声,但是对高斯噪声的抑制效果不佳,且计算的成本较平均滤波而言更高。

对于原图像 $I(i,j)$ 中的每个像素,用 $n \times n$ 窗口对其邻域进行排序中值计算替代得到的滤波后的图像 $I'(i,j)$ 为

$$I'(i,j) = \mathrm{median}\left\{I(i+k,j+l) \mid -\frac{n}{2} \leqslant k,\ l \leqslant \frac{n}{2}\right\} \quad (2-22)$$

3. 高斯滤波

高斯滤波使用高斯函数作为权重,对图像进行加权平均平滑处理。高斯滤波器的权重随距离的增加而呈指数衰减,使得邻域中心的像素对结果影响更大。这种滤波的优点在于能够有效抑制高斯噪声、平滑图像并保留特征边缘纹理,缺点在于会随机模糊高频有效信息,同时标准差参数 σ 的选取需要仔细考虑。

对于原图像 $I(i,j)$ 中的每个像素,使用高斯函数生成卷积核 $G(k,l)$,用 $n \times n$ 窗口对其邻域进行相应计算得到的滤波后图像 $I'(i,j)$ 为

$$\begin{cases} I'(i,j) = \sum_{k=-\frac{n}{2}}^{\frac{n}{2}} \sum_{l=-\frac{n}{2}}^{\frac{n}{2}} G(k,l) I(i+k, j+l) \\ G(k,l) = \frac{1}{2\pi\sigma^2} e^{-\frac{k^2+l^2}{2\sigma^2}} \end{cases} \qquad (2\text{-}23)$$

4. 双边滤波

双边滤波结合空间域和像素值域的高斯函数,对像素进行加权平均处理[22]。其基本思想是同时考虑像素之间的空间距离和像素值差异,使得边缘附近的像素得到更好的保留。双边滤波的优点在于可以在保留边缘细节的同时平滑噪声,适用于复杂图像的处理;缺点在于计算复杂度高,处理速度慢,对参数的选择比较敏感。对于原图像 $I(i,j)$ 中的每个像素,用 $n \times n$ 窗口对其邻域进行相应计算得到的滤波后图像 $I'(i,j)$ 为

$$I'(i,j) = \frac{\sum_{k=-\frac{n}{2}}^{\frac{n}{2}} \sum_{l=-\frac{n}{2}}^{\frac{n}{2}} W_s(k,l) W_r[I(i,j), I(i+k, j+l)] I(i+k, j+l)}{\sum_{k=-\frac{n}{2}}^{\frac{n}{2}} \sum_{l=-\frac{n}{2}}^{\frac{n}{2}} W_s(k,l) W_r[I(i,j), I(i+k, j+l)]} \qquad (2\text{-}24)$$

其中,$W_s(k,l)$、$W_r(I_i, I_j)$ 分别为空间域和像素值域权重;σ 为标准差,有

$$\begin{cases} W_s(k,l) = e^{-\frac{k^2+l^2}{2\sigma_s^2}} \\ W_r(I_i, I_j) = e^{-\frac{(I_i-I_j)^2}{2\sigma_r^2}} \end{cases} \qquad (2\text{-}25)$$

5. 自适应滤波

自适应滤波根据图像的局部统计特性动态调整滤波器参数,适应图像局部特征[23]。其基本思想是根据图像局部的噪声水平和细节信息自适应调整滤波窗口的大小或权重,常用的方法包括自适应中值滤波和自适应均值滤波。

以自适应中值滤波为例,对于原图像 $I(i,j)$ 中的每个像素,窗口根据噪声水平动态调整的大小为 $n(i,j)$,对其邻域进行相应计算得到的滤波后图像 $I'(i,j)$ 为

$$I'(i,j) = \text{median}\left\{ I(i+k, j+l) \mid -\frac{n(i,j)}{2} \leqslant k, l \leqslant \frac{n(i,j)}{2} \right\} \qquad (2\text{-}26)$$

自适应滤波的优点在于能够针对不同情况进行调整并处理相应的噪声水平,同时可以保留一定的图像细节和边缘;缺点在于实现复杂,计算成本高,参数的选择较为复杂。

2.2.2 空间域锐化方法

锐化与平滑是互逆的操作,平滑类似于积分运算,锐化类似于微分运算。锐化的作用是突出图像中灰度的过渡,使过渡更加明显而剧烈。空间域锐化方法用于增强图像的边缘和细节,使图像看起来更加清晰。本节介绍一些常见的空间域锐化方法。

1. 拉普拉斯锐化

拉普拉斯锐化基于二阶导数，通过计算图像的拉普拉斯算子来检测图像的边缘，然后将边缘信息添加回原图像以增强边缘细节[24]。

对于原图像 $I(i,j)$ 中的每个像素，使用拉普拉斯算子 Laplacian(·) 进行卷积计算，再与原图叠加得到的锐化后图像 $I'(i,j)$ 为

$$\begin{cases} I' = I + \alpha \cdot \text{Laplacian}(I) \\ \text{Laplacian}(I) = \dfrac{\partial^2 I}{\partial x^2} + \dfrac{\partial^2 I}{\partial y^2} \end{cases} \tag{2-27}$$

其中，α 是调整锐化强度的参数。

常用的拉普拉斯算子核有

$$\begin{bmatrix} 0 & 1 & 0 \\ 1 & -4 & 1 \\ 0 & 1 & 0 \end{bmatrix} \text{ 及 } \begin{bmatrix} 1 & 1 & 1 \\ 1 & -8 & 1 \\ 1 & 1 & 1 \end{bmatrix}$$

拉普拉斯锐化的优点在于能够有效增强图像边缘和细节，且实现简单；缺点在于梯度的求解对噪声敏感，可能会导致对某些图像过度锐化。

2. Sobel 锐化

Sobel 锐化基于一阶导数计算图像的梯度[25]。对图像而言，像素是离散的，这意味着图像中某个像素位置的导数等于它指定方向上的两个相邻像素点的像素之差除以 2。由于二维图像垂直方向的边缘在水平方向的梯度幅值较大，而水平方向的边缘在垂直方向的梯度幅值较大，因此在水平和垂直方向上分别计算图像的梯度值，然后将梯度幅值作为边缘信息添加回原图像，即可实现锐化效果。Sobel 算子能有效检测和增强边缘，对边缘方向具有一定的敏感性，但是同时对噪声也具有一定的敏感性，可能会增强噪声。

以尺度为 3 的水平和垂直方向 Sobel 算子为例，分别作用于原灰度图像 $I(i,j)$ 中的每个像素后执行平方和或绝对值线性和运算可得到全体像素梯度图，当某点的梯度大于指定阈值时，即作为特征边缘结果。

水平和垂直方向梯度数学表达式及不同方向的算子结构式为

$$\begin{cases} G_x(i,j) = \sum_{k=-1}^{1}\sum_{l=-1}^{1} I(i+k, j+l) \cdot G_x(k+1, l+1) \\ G_y(i,j) = \sum_{k=-1}^{1}\sum_{l=-1}^{1} I(i+k, j+l) \cdot G_y(k+1, l+1) \end{cases} \tag{2-28}$$

水平及垂直方向算子为

$$G_x = \begin{bmatrix} -1 & 0 & 1 \\ -2 & 0 & 2 \\ -1 & 0 & 1 \end{bmatrix}, \quad G_y = \begin{bmatrix} 1 & 2 & 1 \\ 0 & 0 & 0 \\ -1 & -2 & -1 \end{bmatrix}$$

总梯度计算式、梯度方向及锐化后图像为

$$\begin{cases} G = \sqrt{G_x^2 + G_y^2} \\ \theta = \arctan\left(\dfrac{G_y}{G_x}\right) \\ I' = I + \alpha \cdot G \end{cases} \tag{2-29}$$

3. Highboost 锐化

Highboost 锐化是一种增强未锐化掩模的锐化方法，通过将增强的高频成分添加回原图像，实现更强的锐化效果。其实现步骤如下。

利用高斯卷积核 G 对原图像进行模糊处理：

$$I_{\text{blur}} = I * G \tag{2-30}$$

(1) 计算并按权重 $k(k>1)$ 增强高频信息：

$$I_{\text{high}} = k(I - I_{\text{blur}}) \tag{2-31}$$

(2) 将增强后的高频信息叠加到原图像中得到锐化图像：

$$I' = I + I_{\text{high}} \tag{2-32}$$

通常情况下，Highboost 锐化能够显著地增强图像细节和边缘，对噪声相对不敏感；然而模糊程度以及提升系数的参数选择过程较为烦琐，容易锐化过度而出现伪影。

2.2.3 数学形态学方法

在数学形态学图像处理算法中，最基本的形态运算是腐蚀与膨胀运算，其他运算多为这两种方式的组合，如开运算、闭运算、击中与否运算等[26]，为便于阐述，下面以二值图像为例介绍这些算法的基本内涵。

1. 腐蚀与膨胀运算

腐蚀运算也称为收缩运算，用符号"$\odot$"表示，X 用 B 来腐蚀记为 $X \odot B$，定义腐蚀后的集合为

$$E = X \odot B = \{x | (B)_x \subseteq X\} \tag{2-33}$$

其中，$(B)_x$ 表示结构元素 B，下标 $x = (x_1, x_2)$ 表示参考点在图像中的坐标；X 被 B 腐蚀后形成的集合 E 表示结构元素 B 平移后仍包含在集合 X 中的结构元素的参考点的集合。换言之，用结构元素 B 来腐蚀 X，即将 B 放在图像上类似卷积一样逐点移动，每次移动后，若 B 完全包含在 X 内，则此时参考点所在位置的像素 x 予以保留，否则会被"腐蚀"掉。腐蚀运算可以消除边界点并使边界向内部收缩，用来消除小且无意义的物体或是多余的不规则边界。

膨胀运算也称为扩张运算，用符号"$\oplus$"表示，X 用 B 来腐蚀记为 $X \oplus B$，定义腐蚀后的集合为

$$D = X \oplus B = \{x | (B)_x \cap X \neq \varnothing\} \tag{2-34}$$

与腐蚀运算相反，X 经过 B 膨胀后形成的集合 D 表示结构元素 B 平移后与 X 的交集不为空的结构元素的参考点的集合。类似地，将 B 放在图像上类似卷积一样逐点移动，若移动后的 B 与 X 存在交集且参考点所在位置的像素 x 不在 X 内，则将其加入集合 X。通过将与物体接触的所有背景点合并到该物体中，膨胀运算使边界向外部扩张并可以一定程度填补物体中的空洞。图 2-2 所示为二值图像腐蚀膨胀示意图。

2. 开闭运算

开运算用符号"$\circ$"表示，即

$$X \circ B = (X \odot B) \oplus B \tag{2-35}$$

闭运算用符号"$\bullet$"表示，即

$$X \bullet B = (X \oplus B) \odot B \tag{2-36}$$

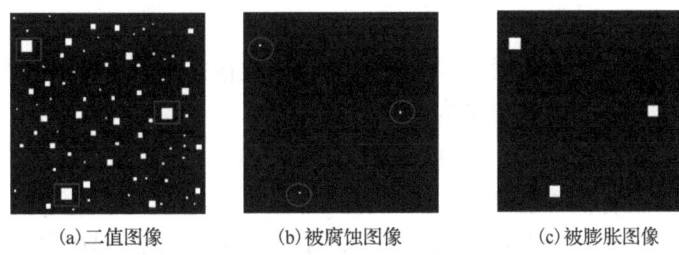

图 2-2 二值图像的形态学腐蚀膨胀运算

由此可知，开运算用结构元素 B 对集合 X 先腐蚀再膨胀；闭运算则相反，是先用结构元素 B 对集合 X 先膨胀再腐蚀。

开运算一般能平滑图像的轮廓，削弱狭窄的部分，去掉细长的突出、边缘毛刺和孤立斑点。闭运算也可以平滑图像的轮廓，但与开运算不同的是其一般融合狭窄缺口和细长弯口，填补图像的裂缝和破洞，起到连通补缺的作用，图像的主要结构保持不变。图 2-3 所示为开运算和闭运算示意图。

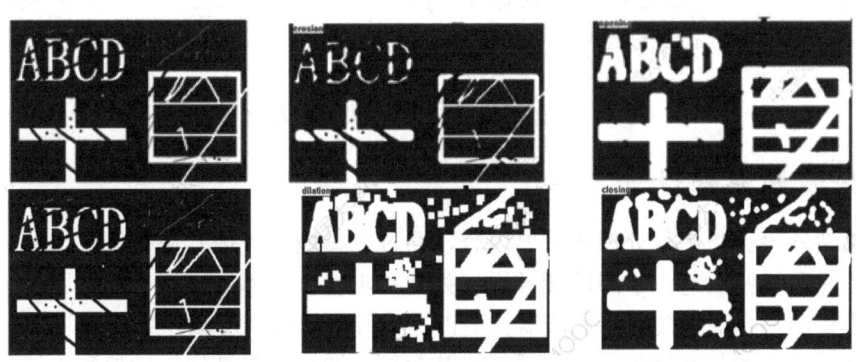

图 2-3 开运算（上）与闭运算（下）

开闭运算具有以下性质。

1) 增长性

开闭运算都具有增长性，当 $X \subseteq Y$ 时，有

$$X \circ B \subseteq Y \circ B, \quad X \bullet B \subseteq Y \bullet B \tag{2-37}$$

式(2-37)表明两个集合与结构元素做开闭运算不改变集合间的包含关系。

2) 外延性和非外延性

闭运算是外延性的，原图像包含在运算结果之内，即

$$X \subseteq X \bullet B \tag{2-38}$$

开运算是非外延性的，其运算结果包含在原图像之内，即

$$X \circ B \subseteq X \tag{2-39}$$

3) 同前性

开闭运算都具有同前性，即对于同一目标用同一结构元素多次进行开闭运算的结果等同于一次开闭运算的结果，即

$$\begin{cases} (X \circ B) \circ B = X \circ B \\ (X \bullet B) \bullet B = X \bullet B \end{cases} \tag{2-40}$$

3. 击中与否运算

击中与否运算是形态学中重要的目标探测方法，它旨在从图像中的多个目标中找到特定形状的目标，其数学形态学运算定义为

$$Y = (A \odot H) \bigcap (A^c \odot M) \tag{2-41}$$

其中，A 是含有多个目标的二值图像；A^c 是 A 的补集，表示二值图像的背景；H、M 为结构元素，H 通常等于特定目标或由特定目标的最小特征尺寸确定，M 通常由特定目标的背景确定，并要求 $H \bigcap M = \varnothing$。检测特定击中与否运算的步骤分为以下三步。

(1) 腐蚀运算 $A \odot H$，腐蚀比特定目标小的物体，找到大于等于特定目标的物体并标注其中包含 H 的参考点，每个参考点代表可能存在的一个特定目标，若结果非空，表明该区域包含大于等于特定目标的物体。

(2) 腐蚀运算 $A^c \odot M$，用背景结构元素 M 作用于 A^c，探测背景中是否有目标的背景存在。标注其中包含 M 的参考点，每一个参考点代表可能存在的一个特定目标的背景，若腐蚀结果非空，表明该区域包含特定目标的背景。

(3) 计算前两步结果的交集(或两次标注共同参考点所指示的位置)，其结果正是在探测区域中同时具有目标形状和目标背景形状的物体。

2.3 感知信息频域分析

2.3.1 频域滤波器设计

频域滤波器设计是信号处理的重要内容，通过在频域内对信号进行操作，能够实现信号的滤波、去噪和增强，对水下降质图像进行处理并丰富水下感知知识表示。本节简单介绍频域滤波器设计的基本变换公式、滤波器类型以及信号处理转换步骤。

频域滤波设计的基本流程是：基于傅里叶变换，通过将时域信号转换到频域，对频谱进行操作，再将处理后的频域信号通过傅里叶逆变换转换回时域。滤波器在频域内的操作通常包括放大或衰减特定频率成分，从而达到滤波的目的。

1. 傅里叶变换和逆变换

二维离散傅里叶变换(DFT)和其逆变换(IDFT)的定义如下：

$$\begin{cases} F(u,v) = \sum_{x=0}^{M-1} \sum_{y=0}^{N-1} f(x,y) e^{-j2\pi \left(\frac{ux}{M} + \frac{vy}{N} \right)} \\ f(x,y) = \frac{1}{MN} \sum_{u=0}^{M-1} \sum_{v=0}^{N-1} F(u,v) e^{j2\pi \left(\frac{ux}{M} + \frac{vy}{N} \right)} \end{cases} \tag{2-42}$$

其中，$f(x,y)$ 是时域信号；$F(u,v)$ 是频域信号；M 和 N 分别是图像的宽和高；(x,y) 是图像中的像素坐标；(u,v) 是频域中的频率坐标。

2. 滤波器函数类型

滤波器函数用于在频域中对信号进行操作。滤波器函数在频域中的作用是放大或衰减特定频率成分。根据不同的应用需求，滤波器可以设计成低通、高通、带通或带阻等类型。

(1) 低通滤波器：通低频，阻高频，常用于噪声去除。

(2) 高通滤波器：通高频，阻低频，常用于边缘增强。

(3) 带通滤波器：允许特定频率范围的信号通过，衰减其他频率信号，常用于信号提取。

(4) 带阻滤波器：衰减特定频率范围的信号，允许其他频率信号通过，常用于去除特定频率的干扰。

3. 频域滤波操作步骤

(1) 使用二维傅里叶变换将时域内图像信号转换为频域信号：

$$F(u,v) = \mathcal{F}\{f(x,y)\} \tag{2-43}$$

(2) 根据滤波器类型以及任务的特定需求，设置合适的截止频率 D_0，构建与任务相对应的滤波器函数 $H(u,v)$，增强特定频率信号，阻滞其他频率信号，以增强特征信息、滤除噪声。

(3) 执行频域内滤波，实现有效信号增强以及噪声滤除：

$$G(u,v) = H(u,v) \cdot F(u,v) \tag{2-44}$$

(4) 使用傅里叶逆变换将频域信号转换回时域信号，还原成图像像素信息：

$$g(x,y) = \mathcal{F}^{-1}\{G(u,v)\} \tag{2-45}$$

2.3.2 频域平滑方法

图像频域平滑方法是通过在频域对图像进行滤波操作来实现平滑处理，主要用于去除噪声和减少图像中的高频成分，下面介绍几种常见的图像频域平滑函数模型。

1. 理想低通滤波器

理想低通滤波器允许低频成分通过并完全抑制高频成分来实现图像的平滑。它使用一个截止频率，将高于该频率的所有频率成分设置为零。在进行滤波器构建时，定义一个半径 D_0，将在频域内所有距离原点小于等于 D_0 的频率保留，大于 D_0 的频率设为零。理想的低通滤波器函数如式(2-46)所示：

$$H(u,v) = \begin{cases} 1, & \sqrt{\left(u-\dfrac{M}{2}\right)^2 + \left(V-\dfrac{N}{2}\right)^2} \leqslant D_0 \\ 0, & \sqrt{\left(u-\dfrac{M}{2}\right)^2 + \left(V-\dfrac{N}{2}\right)^2} > D_0 \end{cases} \tag{2-46}$$

其中，D_0 也称为截止频率。

理想低通滤波器对低频成分信号保留完整，在频域中的截断特性显著，但是实际上难以达到完全理想的实现状态，也难以在有限时间内完全响应。

2. 巴特沃思低通滤波器

巴特沃思滤波器是一种具有最大平坦幅度响应的低通滤波器，它在通信领域里已有广泛应用，在电测中也具有广泛的用途[27]。该法通过一个平滑的函数来实现低频成分的保留，并逐渐衰减高频成分，从而减少振铃效应。在进行滤波器函数的构建时，需要设定方程的阶次 n 以及截止频率 D_0，如式(2-47)所示：

$$H(u,v) = \dfrac{1}{\left\{1 + \left[\dfrac{\sqrt{\left(u-\dfrac{M}{2}\right)^2 + \left(V-\dfrac{N}{2}\right)^2}}{D_0}\right]^{2n}\right\}} \tag{2-47}$$

巴特沃思低通滤波器的优点在于过渡平滑，没有起伏，可有效减小灰度变化梯度，在线性相位、衰减斜率和加载特性三方面特性均衡，其在实际使用中已被列为首选。同时，通过改变阶次可以灵活调整滤波器的相应特性，一般情况下，阶次 n 越高，其幅频特性越好，低频检测信号保真度越高；但是实现方式和合适参数的选取相对复杂，且阶次越高，实现的难度也越大。

3. 高斯低通滤波器

高斯低通滤波器使用高斯函数作为滤波器函数，对低频成分进行平滑保留，并逐渐衰减高频成分。在创建滤波器函数时，需要定义高斯分布标准差参数 σ（可理解为到频率中心的半径）以及截止频率 D_0，数学表达式如下所示：

$$H(u,v) = e^{-\frac{(u-M/2)^2+(v-N/2)^2}{2\sigma^2}} \tag{2-48}$$

高斯低通滤波器也具有良好的过渡特性，可以有效避免振铃现象的产生；但是对于高频细节，会存在随机模糊的问题，且标准差参数的筛选流程复杂。

4. 同态滤波器

同态滤波是一种在频域中可有效增强图像对比度的方法，通过对图像的亮度（光照）和反射（细节）成分分析并对不同频率的分量进行分离处理和滤波调整，以实现增强图像的细节和亮度，适用于处理光照不均匀的图像[28]。

根据图像入射-反射成像模型，图像在空间坐标点处的亮度（能量）为

$$\begin{gathered} f(x,y) = i(x,y) \cdot r(x,y) \\ i(x,y) \in (0,\infty), \quad r(x,y) \in (0,1) \end{gathered} \tag{2-49}$$

其中，$i(x,y)$ 和 $r(x,y)$ 分别表示 (x,y) 处的入射亮度和反射率。取对数做傅里叶变换得到：

$$\begin{gathered} \mathcal{F}[z(x,y)] = \mathcal{F}[\ln i(x,y)] + \mathcal{F}[\ln r(x,y)] \\ Z(u,v) = I(u,v) + R(u,v) \end{gathered} \tag{2-50}$$

其中，$z(x,y) = \ln f(x,y)$。

设滤波器函数为 $H(u,v)$，则有滤波结果：

$$S(u,v) = H(u,v)Z(u,v) = H(u,v)I(u,v) + H(u,v)R(u,v) \tag{2-51}$$

进行逆变换：

$$\begin{cases} s(x,y) = \mathcal{F}^{-1}[S(u,v)] \\ g(x,y) = \exp[s(x,y)] \end{cases} \tag{2-52}$$

$g(x,y)$ 即为同态滤波结果。

5. 维纳滤波器

为了解决高噪声情况下的图像恢复问题，可采用最小均方误差滤波器来解决，其中用得最多的是维纳滤波器[29]。

找到图像对应的估计值，使得均方误差最小：

$$\begin{gathered} e^2 = E\{(f - \hat{f})^2\} \\ g(x,y) = f(x,y) * h(x,y) + n(x,y) \end{gathered} \tag{2-53}$$

其中，e 为噪声均方误差；f 表示实际图像；$\hat{f}$ 表示估计理想图像；$h(x,y)$ 为退化函数；$n(x,y)$ 为噪声函数；$*$ 为空间域中卷积符号。

构建目标函数，采用拉格朗日乘数法，在有噪声的条件下，从退化图像恢复出原图像的估计值：

$$\min \boldsymbol{Qf}, \text{s.t.} \|\boldsymbol{g}-\boldsymbol{Hf}\| = \|\boldsymbol{n}\|$$
$$\min J(\hat{\boldsymbol{f}}) = \|\boldsymbol{Qf}\|^2 + \alpha\left[\|\boldsymbol{g}-\boldsymbol{H}\hat{\boldsymbol{f}}\|^2 - \|\boldsymbol{n}\|^2\right] \quad (2\text{-}54)$$

求解完毕的频域表示形式为

$$\hat{F}(u,v) = \left\{\frac{H^*(u,v)}{|H(u,v)|^2 + \gamma\left[S_n(u,v)/S_f(u,v)\right]}\right\}G(u,v) \quad (2\text{-}55)$$

其中，$H(u,v)$ 为退化函数；$S_n(u,v)$ 为噪声的功率谱；$S_f(u,v)$ 为退化图像的功率谱。

6. 小波去噪

小波去噪是一种利用小波变换对信号进行去噪处理的技术[30]。它通过将信号分解到不同的频率尺度，在每个尺度上对噪声进行抑制，从而实现信号的去噪。小波去噪具有多分辨率分析的优点，可以有效地去除信号中的噪声，同时保留信号的细节和边缘特征。

不同的小波基具有不同的时频特征，分析同一个问题会产生不同的结果，在应用中要把握小波函数的特征，根据应用需要选择合适的小波基。不同信号、不同信噪比下都存在一个去噪效果最好的分解层数。常用的小波变换包括离散小波变换(discrete wavelet transform, DWT)和连续小波变换(continuous wavelet transform, CWT)，其中离散小波变换的基本公式如下：

$$\begin{cases} a_j(k) = \sum_n x(n) \cdot \phi_{j,k}(n) \\ d_j(k) = \sum_n x(n) \cdot \psi_{j,k}(n) \end{cases} \quad (2\text{-}56)$$

其中，$a_j(k)$ 为近似系数；$d_j(k)$ 为细节系数；$x(n)$ 为原始信号；$\phi_{j,k}(n)$ 为尺度函数，表示信号在 j 尺度和 k 位置的低频成分；$\psi_{j,k}(n)$ 为小波函数，表示在 j 尺度和 k 位置的高频成分。

小波去噪分解的层数需要合理选择，若层数过多，系数阈值处理会造成信息丢失严重，信噪比反而下降，运算量增大；若层数过少，则去噪效果不理想，信噪比提高不多。另外，小波阈值的选取和阈值函数的选择直接影响着最后的结果，硬阈值在阈值点不连续，软阈值过渡平滑。阈值函数体现了对超过和低于阈值的小波系数运用不同处理策略。

2.3.3 频域锐化方法

图像频域锐化方法旨在通过在频域中对图像信号进行处理，增强图像中目标特征的细节和边缘纹理。以下介绍两种典型的图像频域锐化方法。

1. 高通滤波器

高通滤波器通过增强高频成分(对应图像中的边缘和细节)来实现图像锐化。它允许高频成分通过，衰减低频成分。高通滤波器在频域内对低频分量进行抑制，从而突出图像的细节和边缘。

在进行高通滤波器构建时，定义一个半径 D_0，与低通滤波器相反，将在频域内所有距离原点大于 D_0 的频率保留，小于等于 D_0 的频率设为零。理想的高通滤波器函数如式(2-57)所示：

$$H(u,v) = \begin{cases} 1, & \sqrt{\left(u-\dfrac{M}{2}\right)^2 + \left(V-\dfrac{N}{2}\right)^2} > D_0 \\ 0, & \sqrt{\left(u-\dfrac{M}{2}\right)^2 + \left(V-\dfrac{N}{2}\right)^2} \leqslant D_0 \end{cases} \quad (2\text{-}57)$$

高频滤波器可以有效地锐化图像中的边缘和细节,使得图像轮廓和特征的形状更加突出,同时可以与其他滤波方式有效结合,但是会损失一部分低频信息,对高频噪声也具有一定的敏感性,因此通常情况下需要与图像降噪预处理方式结合使用,以避免振铃效应。

2. 梯形滤波器

梯形滤波器是一种频域滤波器,通过在频域内应用梯形函数,对信号的频谱进行平滑处理。梯形滤波器介于理想滤波器(具有急剧变化的边界)和平滑滤波器(如高斯滤波器)之间,它提供了一种在保留更多频谱细节和减少频谱泄漏之间的折中方案。

梯形函数 $H(u,v)$ 在频域内定义一个带宽,允许中间频率成分完全通过,而在带宽两端逐渐过渡到零。这种渐变使得滤波器在频域中具有更平滑的过渡区域,其数学表达式如下:

$$H(u,v) = \begin{cases} 1, & D(u,v) \leqslant D_1 \\ \dfrac{D_2 - D(u,v)}{D_2 - D_1}, & D_1 < D(u,v) \leqslant D_2 \\ 0, & D(u,v) > D_2 \end{cases} \quad (2\text{-}58)$$

其中,$D(u,v)$ 为频域点到频域中心的距离;D_1、D_2 为滤波器的内、外截止频率。

梯形滤波器相比理想滤波器而言,在频域内的过渡区域平滑,减少了振铃效应。相比于高斯低通滤波器,梯形滤波器可以保留更多的频谱细节,提供更好的图像保真度,通过调整内外截止频率参数可灵活控制滤波器的带宽以及过渡区域。梯形滤波器的缺点在于滤波器函数的构建难度较大,同时附加计算量以及参数选取的复杂度高。

2.4 感知信息统计分析

2.4.1 统计分析模型

1. 最小二乘法野值剔除

最小二乘拟合,广义上来说其实是机器学习中的平方损失函数:

$$L(Y, f(\boldsymbol{X})) = [Y - f(\boldsymbol{X})]^2 \quad (2\text{-}59)$$

考虑超定方程组:

$$\sum_{j=1}^{n} X_{ij}\beta_j = y_i, \quad i = 1, 2, \cdots, m$$

$$\boldsymbol{X}\boldsymbol{\beta} = \boldsymbol{y} \quad (2\text{-}60)$$

$$\boldsymbol{X} = \begin{bmatrix} X_{11} & X_{12} & \cdots & X_{1n} \\ X_{21} & X_{22} & \cdots & X_{2n} \\ \vdots & \vdots & & \vdots \\ X_{m1} & X_{m2} & \cdots & X_{mn} \end{bmatrix}, \quad \boldsymbol{\beta} = \begin{bmatrix} \beta_1 \\ \beta_2 \\ \vdots \\ \beta_n \end{bmatrix}, \quad \boldsymbol{y} = \begin{bmatrix} y_1 \\ y_2 \\ \vdots \\ y_m \end{bmatrix}$$

采用最小二乘法求解参数 $\boldsymbol{\beta}$ 的最佳估计值，问题转化为

$$L(\boldsymbol{\beta}) = \|\boldsymbol{X}\boldsymbol{\beta} - \boldsymbol{y}\|$$
$$\hat{\boldsymbol{\beta}} = \arg\min(L(\boldsymbol{\beta})) \tag{2-61}$$

通过计算微分方程求极值得到：

$$\boldsymbol{X}^{\mathrm{T}}\boldsymbol{X}\boldsymbol{\beta} = \boldsymbol{X}^{\mathrm{T}}\boldsymbol{y} \tag{2-62}$$

如果矩阵 $\boldsymbol{X}^{\mathrm{T}}\boldsymbol{X}$ 非奇异，则有唯一解：

$$\hat{\boldsymbol{\beta}} = (\boldsymbol{X}^{\mathrm{T}}\boldsymbol{X})^{-1}\boldsymbol{X}^{\mathrm{T}}\boldsymbol{y} \tag{2-63}$$

2. 卡尔曼滤波野值剔除

状态估计：对于受到随机干扰和随机测量误差作用的物理系统，以某种性能指标（准则）为最优的原则，从具有随机误差的测量数据中提取信息，估计出系统的某些参数状态变量。

1) 状态估计的分类

(1) 对目标过去的运动状态进行平滑。

(2) 对目标现在的运动状态进行滤波。

(3) 对目标未来的运动状态进行预测。

2) 主要过程

(1) 系统建模。

(2) 定义准则。

(3) 求解。

离散化的系统状态方程和量测方程为

$$\begin{cases} \boldsymbol{X}_k = \boldsymbol{\Phi}_{k,k-1}\boldsymbol{X}_{k-1} + \boldsymbol{\Gamma}_{k-1}\boldsymbol{W}_{k-1} \\ \boldsymbol{Z}_k = \boldsymbol{H}_k\boldsymbol{X}_k + \boldsymbol{V}_k \end{cases} \tag{2-64}$$

其中，$\boldsymbol{X}_k$ 为时刻的系统状态；$\boldsymbol{\Phi}$ 为状态转移矩阵；$\boldsymbol{\Gamma}$ 为噪声驱动矩阵；$\boldsymbol{W}$ 为过程噪声；$\boldsymbol{Z}$ 为测量状态；$\boldsymbol{H}$ 为测量矩阵；$\boldsymbol{V}$ 为测量噪声。

卡尔曼滤波要求 $\{\boldsymbol{W}_k\}$ 和 $\{\boldsymbol{V}_k\}$ 是互不相关的零均值白噪声：

$$\begin{cases} E\{\boldsymbol{W}_k\boldsymbol{W}_j^{\mathrm{T}}\} = \boldsymbol{Q}_k\delta_{kj} \\ E\{\boldsymbol{V}_k\boldsymbol{V}_j^{\mathrm{T}}\} = \boldsymbol{R}_k\delta_{kj} \end{cases}, \quad \delta_{kj} = \begin{cases} 0, & k \neq j \\ 1, & k = j \end{cases} \tag{2-65}$$

其中，$\boldsymbol{Q}$ 为系统噪声协方差矩阵（非负定矩阵）；$\boldsymbol{R}$ 为测量噪声协方差矩阵（正定矩阵）。

3) 卡尔曼滤波方法

(1) k 时刻状态预测方程：

$$\hat{\boldsymbol{X}}_{k|k-1} = \boldsymbol{\Phi}_{k,k-1}\hat{\boldsymbol{X}}_{k-1} \tag{2-66}$$

其中，$\hat{\boldsymbol{X}}_{k|k-1}$ 为 k 时刻先验状态估计值；$\hat{\boldsymbol{X}}_{k-1}$ 为 $k-1$ 时刻后验状态估计值（滤波最优估计）。

(2) 预测均方误差方程：

$$\boldsymbol{P}_{k|k-1} = \boldsymbol{\Phi}_{k,k-1}\boldsymbol{P}_{k-1}\boldsymbol{\Phi}_{k,k-1}^{\mathrm{T}} + \boldsymbol{\Gamma}_{k-1}\boldsymbol{Q}_{k-1}\boldsymbol{\Gamma}_{k-1}^{\mathrm{T}} \tag{2-67}$$

其中，$\boldsymbol{P}_{k|k-1}$ 为 k 时刻先验状态估计协方差；$\boldsymbol{P}_{k-1}$ 为 $k-1$ 时刻后验估计协方差。

(3) 滤波增益方程：

$$\boldsymbol{K}_k = \boldsymbol{P}_{k|k-1}\boldsymbol{H}_k^{\mathrm{T}}(\boldsymbol{H}_k\boldsymbol{P}_{k|k-1}\boldsymbol{H}_k^{\mathrm{T}} + \boldsymbol{R}_k)^{-1} \tag{2-68}$$

其中，K_k 为滤波增益矩阵；H_k 为状态变量到测量的转换矩阵。

(4) 滤波估计方程：

$$\hat{X}_k = \hat{X}_{k|k-1} + K_k(Z_k - H_k \hat{X}_{k|k-1}) \tag{2-69}$$

其中，Z_k 为测量值；$Z_k - H_k \hat{X}_{k|k-1}$ 为测量预测误差。

实际中常用的滤波均方误差更新方程为

$$P_k = [I - K_k H_k] P_{k|k-1} [I - K_k H_k]^\mathrm{T} + K_k R_k K_k^\mathrm{T} \tag{2-70}$$

2.4.2 直方图方法

直方图方法是图像处理中的重要技术，通过分析图像像素值的分布情况，可以完成图像增强、对比度调整、分割和特征提取等多种处理任务。图像的直方图是一个表示图像中各灰度级像素数量分布的图形。具体来说，直方图是一个统计图表，显示了图像中每个灰度级（或颜色通道）的像素数量。直方图可以用来分析图像的对比度、亮度分布和动态范围等特性。

对于灰度图像，其直方图定义如下。

假设图像的灰度级范围为 $[0, L-1]$，其中 L 为灰度级的数量，通常为 256；直方图 $h(k)$ 表示灰度级为 k 的像素数量：

$$h(k) = \sum_{i=0}^{M-1} \sum_{j=0}^{N-1} \delta(f(i,j) - k) \tag{2-71}$$

其中，δ 是狄拉克函数，当 $f(i,j) = k$ 时，$\delta = 1$，否则 $\delta = 0$。

对于彩色图像，可以分别计算每个颜色通道（RGB）的直方图。

1. 直方图变换理论

对于 $[0,1]$ 区间内任意 r 值，有变换公式：

$$s = T(r) \tag{2-72}$$

式 (2-72) 应满足以下条件：

(1) 对于任意的 $0 \leqslant r \leqslant 1$，有 $0 \leqslant s \leqslant 1$；

(2) 在 $0 \leqslant r \leqslant 1$ 范围内，$s = T(r)$ 单调递增。

逆变换同样满足以上两个条件，表示为

$$r = T^{-1}(s) \tag{2-73}$$

对于直方图变换，灰度级概率密度函数满足：

$$p_s(s) = p_r(r) \frac{\mathrm{d}r}{\mathrm{d}s} \bigg|_{r=T^{-1}(s)} \tag{2-74}$$

直方图变换技术通过选择变换函数使目标图像的直方图具有期望的形状。

2. 直方图均衡化

基本思想：把原始图像的直方图变换为均匀分布的形式，从而增加图像灰度的动态范围，达到增强图像对比度的效果。

理论支撑：经过均衡化处理的图像，其灰度级出现的概率相同，此时图像的熵最大，图像所包含的信息量最大。

直方图均衡化期望：

$$p_s(s) \equiv 1 \tag{2-75}$$

则 $ds = p_r(r)dr$，在区间 $[0,r]$ 上积分式及其离散式分别为

$$s = T(r) = \int_0^r p_r(\omega)d\omega \tag{2-76}$$

$$s_k = T(r_k) = \sum_{i=0}^{k} \frac{n_i}{n} \tag{2-77}$$

3. 直方图规定化

基本思想：寻找一个灰度级变换函数，使图像直方图符合预期分布。假设 $\{r_k\}$ 是原图像灰度级，$\{z_k\}$ 是符合直方图预期分布的灰度级，直方图规定化的目标是寻找灰度级变换：

$$z = H(r) \tag{2-78}$$

分别对 $\{r_k\}$、$\{z_k\}$ 直方图均衡化：

$$\begin{cases} u = G(z) = \int_0^z p_z(\omega)d\omega \\ s = T(r) = \int_0^r p_r(\omega)d\omega \end{cases} \tag{2-79}$$

则灰度级变换函数为

$$\begin{aligned} z &= H(r) = G^{-1}(T(r)) \\ H &= G^{-1}T \end{aligned} \tag{2-80}$$

2.4.3 概率模型理论

概率分析模型通过利用统计学原理和方法，对图像数据进行分析和处理，以实现图像增强、去噪、分割等目标。统计分析模型可以描述图像的统计特性，并在图像处理过程中提供有价值的信息。

常见的概率分析模型包括高斯模型(Gaussian model)、条件随机场(conditional random field, CRF)以及马尔可夫随机场(Markov random field, MRF)等。

1. 高斯模型

高斯模型假设图像中的像素值服从高斯分布(正态分布)，这种假设在许多实际应用中非常有效。高斯分布的概率密度函数如下：

$$p(x) = \frac{1}{\sqrt{2\pi\sigma^2}} \exp\left[-\frac{(x-\mu)^2}{2\sigma^2}\right] \tag{2-81}$$

其中，μ 是均值；σ 是标准差。对于图像处理中的噪声，通常假设噪声服从高斯分布并结合高斯滤波器去噪。

单高斯模型参数学习的步骤如下。

(1) 最大似然法估计参数：

$$\theta = \arg\max_{\theta} L(\theta) \tag{2-82}$$

(2) 似然函数由概率密度函数给出：

$$L(\theta) = \prod_{j=1}^{N} P(\boldsymbol{x}_j \mid \theta) \tag{2-83}$$

(3) 用最大对数似然法计算：

$$\lg L(\theta) = \sum_{j=1}^{N} \lg P(\boldsymbol{x}_j \mid \theta) \tag{2-84}$$

2. 条件随机场

条件随机场(CRF)是一种用于建模预测模型中条件概率分布的统计框架，特别是在考虑上下文依赖关系或邻接序列数据联系的情况下，可有效用于图像的标注和分割任务。

条件随机场是定义在观测序列和标记序列之间条件概率分布的一种无向图 $G=(V,E)$ 模型。其中，V 是节点集合，每个节点对应一个输出标签 Y_v；E 是边的集合，表示标签之间的依赖关系。对于图中的每一节点 v，与之相关的观测是 X，CRF 要求满足局部马尔可夫性质，即给定观测 X 和节点 v 的邻接标签集合 $N(v)$，节点 v 的标签 Y_v 条件独立于图中其他标签：

$$P(Y_v \mid X, Y_w, w \neq v) = P(Y_v \mid X, Y_w, w \in N(v)) \tag{2-85}$$

若设 X 为观测序列，Y 表示对应的输出标记序列，CRF 模型试图建模条件概率 $P(Y\mid X)$，通常通过对数线性模型实现，其中联合分布定义为

$$P(Y \mid X) = \frac{1}{Z(X)} \exp\left(\sum_k \lambda_k f_k(Y, X) + \sum_{k'} \mu_k g_{k'}(Y, X) \right) \tag{2-86}$$

其中，f_k 和 $g_{k'}$ 为特征函数，分别代表观测节点特征和转移特征，描述了观测序列和标记序列之间的关系，节点特征函数 $f_k(Y,X)$ 可以捕获观测 X 和单个标记之间的依赖性；而特征函数 $g_{k'}(Y,X)$ 则描述了标记之间的转移关系或依赖性。λ_k 和 μ_k 为对应的权重参数，$Z(X)$ 为归一化因子，确保概率总和为 1，计算公式为

$$Z(X) = \sum_Y \exp\left[\sum_k \lambda_k f_k(Y, X) + \sum_{k'} \mu_{k'} g_{k'}(Y, X) \right] \tag{2-87}$$

CRF 的参数学习通常采用极大似然估计(MLE)，寻找使对数似然函数取得极值的最优模型参数：

$$L(\theta) = \sum_{i=1}^{N} \lg P(Y^{(i)} \mid X^{(i)}; \boldsymbol{\theta}) - \lambda \| \boldsymbol{\theta} \|^2 \tag{2-88}$$

其中，$\boldsymbol{\theta}$ 表示模型参数(包括 λ_k 和 $\mu_{k'}$)，为正则化项的权重。常用优化方法为梯度下降法。

3. 马尔可夫随机场

1) 马尔可夫随机场模型

马尔可夫随机场(MRF)模型是一种描述图像像素之间空间依赖关系的概率模型，在给定当前状态的情况下，过去的状态与未来的状态相互独立，下一个状态的特征也只依赖于当前状态的特征。通过建模像素间的空间关系，描述和分析图像中的纹理结构，可以实现图像的平滑分割。MRF 模型假设一个像素的值依赖于其邻域像素的值，其概率分布可以表示为

$$P(X) = \frac{1}{Z} \exp\left[-\sum_{c \in C} \phi_c(x_c) \right] \tag{2-89}$$

其中，X 是整个图像的像素值集合；C 是图像的邻域集合；ϕ_c 是与邻域 c 相关的势函数；Z 是归一化常数。

2) 隐马尔可夫模型

隐马尔可夫模型(HMM)是一种特殊的马尔可夫模型，用于描述隐藏状态的过程。假设观察到的图像像素值集合 $V = \{v_1, v_2, \cdots, v_n\}$ 由一系列隐藏状态集合 $Q = \{q_1, q_2, \cdots, q_n\}$ 生成，根据

齐次马尔可夫链假设,任意时刻的隐藏状态只依赖于它的前一个隐藏状态,若时刻 t 的隐藏状态 $i_t = q_i$,时刻 $t+1$ 的隐藏状态 $i_{t+1} = q_j$,则从时刻 t 到时刻 $t+1$ 的状态转移概率矩阵 A_{ij} 可以表示为

$$A_{ij} = [P(i_{t+1} = q_j \mid i_t = q_i)]_{N \times N} \tag{2-90}$$

根据观测独立性假设,任意时刻的观察状态只依赖于当前时刻的隐藏状态,若时刻 t 的隐藏状态 $i_t = q_j$,对应的观察状态 $o_t = v_k$,则该时刻的观测状态概率矩阵为

$$B_{ij} = [P(o_t = v_k \mid i_t = q_j)]_{N \times M} \tag{2-91}$$

此外,初始时刻的隐藏概率分布 $\varPi$ 为

$$\varPi = [P(i_1 = q_i)]_N \tag{2-92}$$

至此,可以由初始的隐藏状态概率分布 $\varPi$、状态转移概率矩阵 A_{ij} 以及观测状态概率矩阵 B_{ij} 决定一个 HMM,决定状态系列和观测序列:

$$\lambda = (A_{ij}, B_{ij}, \varPi) \tag{2-93}$$

2.5 机器学习基础

机器学习是一门致力于研究计算手段、利用训练经验来改善机器系统自身性能的学科。在计算机系统中,"经验"通常以"数据"形式存在,因此机器学习所研究的主要内容是关于在计算机上从数据中产生"模型"(model)的算法,即"学习算法"(learning algorithm)。有了学习算法,将经验数据提供给机器,即能基于这些数据产生模型;在面对新情况时,模型会给我们提供相应的判断。如果说计算机科学是研究关于"算法"的学问,类似地可以说,机器学习是研究关于"学习算法"的学问。

2.5.1 决策树与随机森林

1. 决策树算法

1)基本流程

决策树是一种常见的机器学习算法。顾名思义,决策树基于树结构进行决策,是一种类似人类自然决策问题时的处理机制。

一般而言,决策树包含一个根节点、若干个内部节点和若干个叶节点。叶节点对应于决策结果,其他每个节点则对应于一个属性测试;每个节点包含的样本集合根据属性测试的结果被划分到子节点中;根节点包含样本全集,从根节点到每个叶节点的路径对应了一个判定测试序列。决策树学习的目的是产生泛化能力强(即处理未见示例能力强)的决策树,其基本流程遵循简单且直观的"分而治之"策略。

如图 2-4 所示,首先从开始位置将所有数据划分到一个节点,即根节点;然后经历两个步骤判断条件。若数据为空集,则跳出循环。如果该节点是根节点,返回 null。如果该节点是中间节点,将该节点标记为训练数据中类别最多的类(若样本都属于同一类,则跳出循环,将节点标记为该类别;如果经过判断条件没有跳出循环,应考虑对该节点进行最优属性划分)。经历以上步骤划分后生成新的节点,然后循环判断条件,不断生成新的分支节点,直到所有节点都跳出循环,生成一棵决策树。

2) 最优划分选择

"信息熵"(information entropy)是度量样本集合纯度最常用的一种指标,假设某随机变量的概率分布为

$$P(X = x_i) = p_i, \quad i = 1, 2, \cdots, n \tag{2-94}$$

则其信息熵的计算公式为

$$\text{Ent}(D) = -\sum_{i=1}^{n} p_i \lg p_i \tag{2-95}$$

Ent(D) 的值越小,则 D 的纯度越高。

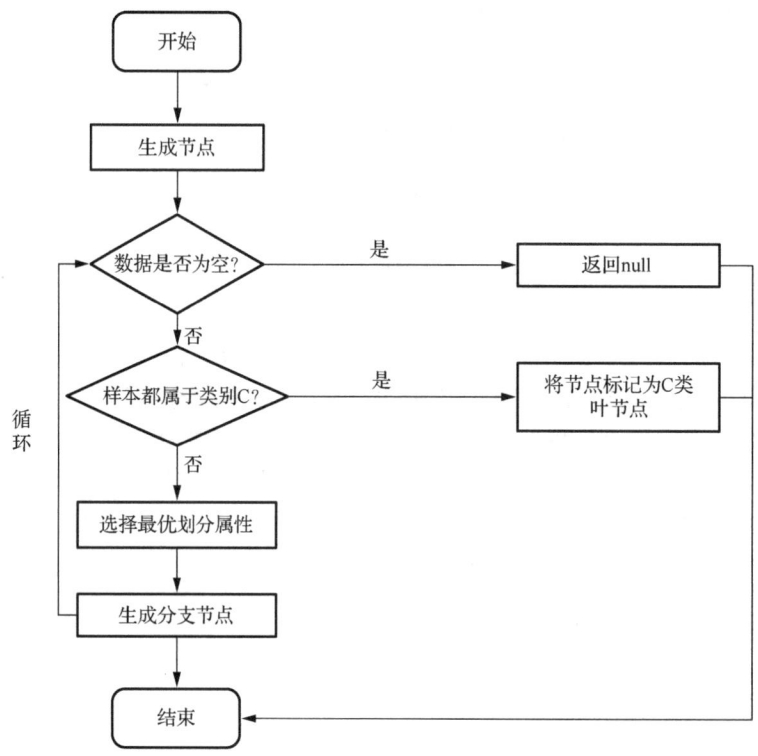

图 2-4 决策树的基本流程

假定离散属性 a 有 V 个可能的取值 $\{a^1, a^2, \cdots, a^V\}$,若使用 a 来对样本集 D 进行划分,则会产生 V 个分支节点,其中第 u 个分支节点包含了 D 中所有在属性 a 上取值为 a^V 的样本,记为 D^V。我们可根据式(2-95)计算出 D^V 的信息熵,再考虑到不同的分支节点所包含的样本数不同,给分支节点赋予权重 $|D^V|/|D|$,即样本数越多的分支节点的影响越大,于是可计算出用属性 a 对样本集 D 进行划分所获得的"信息增益"(information gain):

$$\text{Gain}(D, a) = \text{Ent}(D) - \sum_{v=1}^{V} \frac{|D^v|}{|D|} \text{Ent}(D^v) \tag{2-96}$$

一般而言,信息增益越大则意味着使用属性来划分所获得的纯度提升越大。因此,可以用信息增益来进行决策树的划分属性选择。

此外,划分属性选择也可使用"基尼指数"(Gini index)来衡量。数据集的基尼指数可以表示为

$$\text{Gini}(D) = \sum_{k=1}^{n} \sum_{k' \neq k} p_k p_{k'} = 1 - \sum_{k=1}^{n} p_k^2 \tag{2-97}$$

基尼指数可以通俗理解为在样本集中随机抽出两个样本不同类别的概率。当样本集越不纯时,随机抽出两个样本不同类别的概率越大,即基尼指数越大。这个规律与信息熵相同。

3) 剪枝处理

剪枝(pruning)是决策树学习算法对付"过拟合"的主要手段。在决策树学习中,为了尽可能正确分类训练样本,节点划分过程将不断重复,有时会造成决策树分支过多,这时就可能因训练样本过拟合,以至于把训练集自身的一些特点当作所有数据都具有的一般性质。因此,可通过主动去掉一些分支来降低过拟合的风险。

决策树剪枝的基本策略有"预剪枝"(pre-pruning)和"后剪枝"(post-pruning)。预剪枝是指在决策树生成过程中,对每个节点在划分前先进行估计,若当前节点的划分不能带来决策树泛化性能提升,则停止划分并将当前节点标记为叶节点;后剪枝则是先从训练集生成一棵完整的决策树,然后自底向上地对非叶节点进行考察,若将该节点对应的子树替换为叶节点能带来决策树泛化性能的提升,则将该子树替换为叶节点。

4) 连续与缺失值

由于连续属性的可取值数目不再有限,因此不能直接根据连续属性的可取值来对节点进行划分。此时,应采用连续属性离散化技术。

给定样本集 D 和连续属性 a,假定 a 在 D 上出现了几个不同的取值,将这些值从小到大进行排序,记为 $\{a^1, a^2, \cdots, a^n\}$。基于划分点 t 可将 D 分为子集 D_t^- 和 D_t^+,其中 D_t^- 包含那些在属性 a 上取值不大于 t 的样本,而 D_t^+ 则包含那些在属性 a 上取值大于 t 的样本。显然,对相邻的属性取值 a^i 与 a^{i+1} 来说,t 在区间 $[a^i, a^{i+1})$ 中取任意值所产生的划分结果相同。因此,对于连续属性 a,可考察包含 $n-1$ 个元素的候选划分点集合:

$$T_a = \left\{ \frac{a^i + a^{i+1}}{2} \Big| 1 \leqslant i \leqslant n-1 \right\} \tag{2-98}$$

即将区间 $[a^i, a^{i+1})$ 的中点作为候选划分点,然后即可像离散属性值一样考察划分点,选取最优划分点进行样本的划分。

2. 随机森林算法

1) Bagging 算法

Bagging 算法是一种集成学习算法,其全称为自助聚集算法(Bootstrap Aggregating),顾名思义,该算法由 Bootstrap 与 Aggregating 两部分组成。图 2-5 展示了 Bagging 算法使用自助取样(Bootstrapping)生成多个子数据的示例。

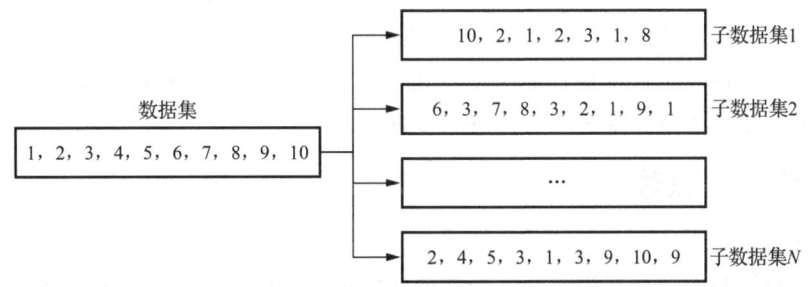

图 2-5 Bagging 算法生成子数据示例

算法的具体步骤为：假设有一个大小为 N 的训练数据集，每次从该数据集中有放回地取选出大小为 M 的子数据集，一共选 K 次，根据这 K 个子数据集，训练学习出 K 个模型。当要预测时，使用这 K 个模型进行预测，再通过取平均值或者多数分类的方式，得到最后的预测结果。

2）决策树的集成

随机森林(random forest, RF)算法是 Bagging 算法的一个扩展变体。RF 在以决策树为基学习器构建 Bagging 集成的基础上，进一步在决策树的训练上引入了随机属性选择，其主要流程如图 2-6 所示。

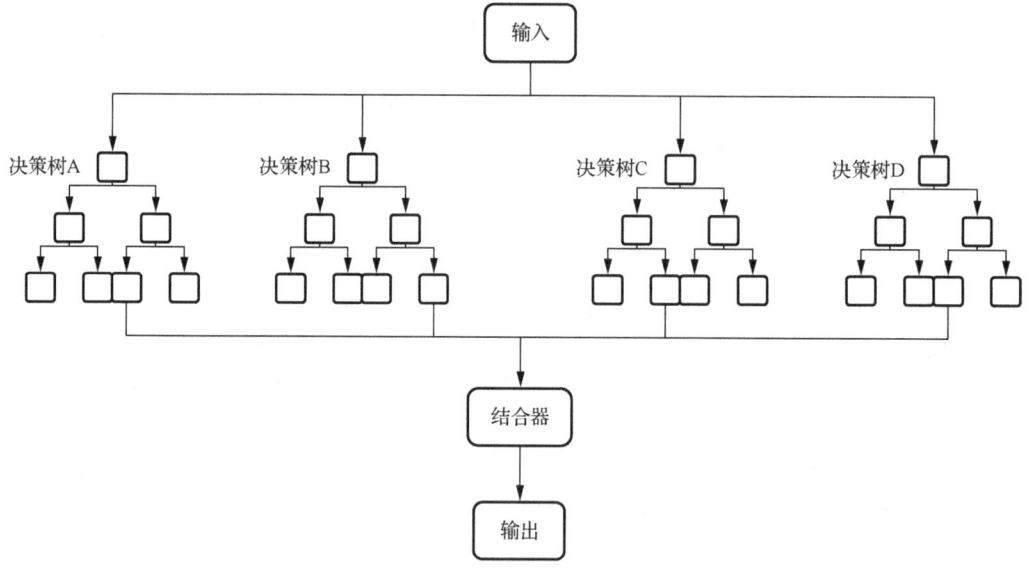

图 2-6 随机森林算法流程

具体来说，传统决策树在选择划分属性时是在当前节点的属性集合(假定有 d 个属性)中选择一个最优属性；而在 RF 中，对于基决策树的每个节点，先从该节点的属性集合中随机选择一个包含 k 个属性的子集，然后从这个子集中选择一个最优属性用于划分。参数 k 控制了随机性的引用程度：若令 $k=d$，则基决策树的构架与传统决策树相同；若令 $k=1$，则随机选择一个属性用于划分；一般情况下，推荐值 $k=\log_2 d$。

随机森林简单，容易实现，计算开销小，在很多现实任务中展现出强大的性能，被誉为"代表集成学习技术水平的方法"。可以看出，随机森林对 Bagging 只做了小改动，但是不同于 Bagging 中基学习器的"多样性"仅通过样本扰动(通过对初始训练集采样)而来，随机森林中基学习器的多样性不仅来自样本扰动，还来自属性扰动，这就使得最终集成的泛化性能可通过个体学习器之间差异度的增加而进一步提升。

2.5.2 神经网络原理

1. 神经元模型

神经网络的最基本成分是神经元，经典的"McCulloch-Pitts"神经元(简称 M-P 神经元)

模型如图 2-7 所示。在模型中，神经元接收到来自几个其他神经元传递过来的输入信号，这些输入信号通过带权重的连接进行传递，神经元接收到的总输入值与神经元的阈值进行比较，然后经过"激活函数"处理以产生神经元的输出。

将多个神经元按一定层级关系连接就得到了神经网络。从数学角度来看，神经网络可以看作包含多层参数的若干函数嵌套映射模型的集合。

2. 感知机与多层网络

1) 感知机

感知机由两层神经元组成，如图 2-8 所示。输入层接收和传递外界信号，输出层为 M-P 神经元，感知机又称为"阈值逻辑单元"(threshold logic unit)。

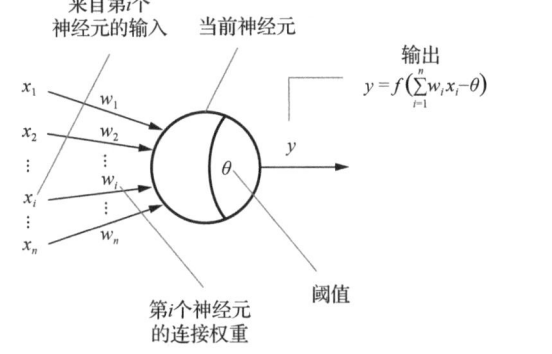

图 2-7 M-P 神经元模型

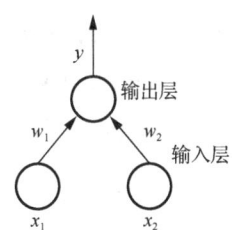

图 2-8 感知机结构示意图

感知机易于实现逻辑运算中线性可分的"与""或""非"运算。若给定训练数据集，则权重 $w_i(i=1,2,\cdots,n)$ 以及阈值 θ 可通过学习得到。阈值 θ 可看作一个固定输入为 -1 的"哑节点"(dummy node) 所对应的连接权重 w_{n+1}，这样权重和阈值的学习就可统一为权重的学习。感知机的学习规则简单，对于训练样例 (x,y)，若当前感知机的输出为 $\hat{y}$，则感知机权重将如下调整：

$$w_i \leftarrow w_i + \Delta w_i \tag{2-99}$$

其中，$\Delta w_i = \eta(y-\hat{y})x_i$，$\eta \in (0,1)$ 称为学习率，由此可以看出，若感知机的预测准确，即 $\hat{y}=y$，则感知机不发生变化，否则将会根据错误程度进行权重调整。

感知机只有输出神经元进行激活函数处理，即只有一层功能神经元，故学习能力十分有限，只适用于解决线性可分的问题。

2) 多层网络

要解决非线性可分的问题，需要考虑使用多层功能神经元。例如，使用两层感知机可以进行逻辑"异或"运算，如图 2-9 所示，图中输入层与输出层间的神经元称为隐藏层，隐藏层与输出层一样都是拥有激活函数的功能神经元，因此通常称为"两层网络"。更一般地，常见的神经网络是形如图 2-10 所示的复杂层级结构，每层神经元与下一层神经元全连接，神经元间不存在同层连接或跨层连接，这样的神经网络结构称为"多层前馈神经网络"(multi-layer feedforward neural network)，其中输入层神经元接收外界输入，不进行函数处理，隐藏层与输出层神经元对信号进行加工，最终结果由输出层神经元输出。

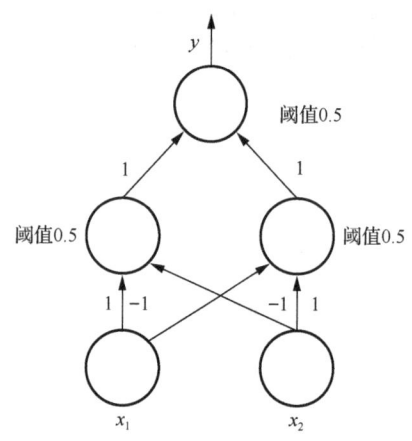

图 2-9 两层网络拟合异或运算

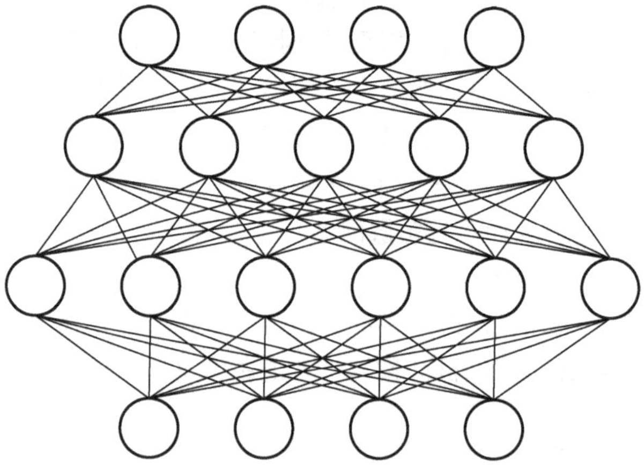

图 2-10 多层前馈神经网络结构

神经网络的学习过程,从数学角度来看就是根据训练数据来调整神经元之间的"连接权重"以及每个功能神经元的阈值的过程。

2.5.3 支持向量机

1. 支持向量与间隔

给定训练样本集 $D = \{(\boldsymbol{x}_1, y_1), (\boldsymbol{x}_2, y_2), \cdots, (\boldsymbol{x}_m, y_m)\}$,$y_i \in \{-1, 1\}$,分类学习的基本思想是在样本空间中寻找一个划分超平面将不同类别的样本分开。如图 2-11 所示,直观上来看,位于两类类别样本"中间"位置的超平面对于局部扰动的"容忍性"最好,即受到训练集局限性以及噪声因素的干扰最小,所产生的分类结果最鲁棒。

在样本空间中,划分超平面的线性方程可表述为

$$\boldsymbol{\omega}^{\mathrm{T}} \boldsymbol{x} + b = 0 \tag{2-100}$$

其中,$\boldsymbol{\omega} = (\omega_1, \omega_2, \cdots, \omega_d)$ 为法向量,决定超平面方向;b 为偏置项,决定超平面与原点的距离。用 $(\boldsymbol{\omega}, b)$ 代表超平面,假设超平面能够正确分类,即对于 $(\boldsymbol{x}_i, y_i) \in D$,若 $y_i = 1$,则 $\boldsymbol{\omega}^{\mathrm{T}} \boldsymbol{x}_i + b > 0$;若 $y_i = -1$,则 $\boldsymbol{\omega}^{\mathrm{T}} \boldsymbol{x}_i + b < 0$。令

$$\begin{cases} \boldsymbol{\omega}^{\mathrm{T}} \boldsymbol{x}_i + b \geq 1, & y_i = 1 \\ \boldsymbol{\omega}^{\mathrm{T}} \boldsymbol{x}_i + b \leq -1, & y_i = -1 \end{cases} \tag{2-101}$$

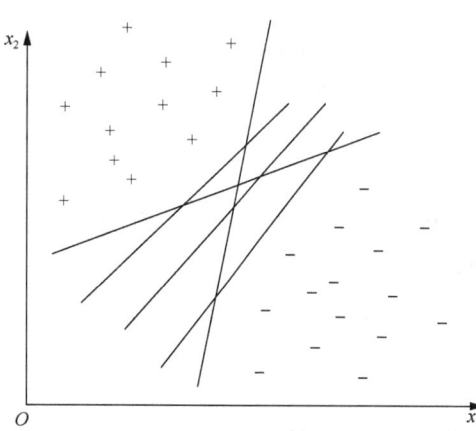

图 2-11 样本空间和多个划分超平面

距离超平面最近且使得式(2-101)等号成立的样本点称为"支持向量"(support vector),两类支持向量到超平面的距离之和被称为"间隔"(margin),数学表达式为

$$\gamma = \frac{2}{\|\boldsymbol{\omega}\|} \tag{2-102}$$

此时，要找到具有最大间隔的划分超平面，即要在满足式(2-101)的情况下取得尽可能大的参数 γ，为方便计算，等价于最小化 $\|\boldsymbol{\omega}\|^2$，即可得到支持向量机(support vector machine, SVM)问题的基本型：

$$\min_{\boldsymbol{\omega}} \frac{1}{2} \|\boldsymbol{\omega}\|^2$$
$$\text{s.t.} y_i(\boldsymbol{\omega}^{\mathrm{T}} \boldsymbol{x}_i + b) \geqslant 1, \quad i = 1, 2, \cdots, m \tag{2-103}$$

2. 对偶问题

注意到，式(2-103)本身是一个凸二次规划问题，因此可使用拉格朗日乘子法转化为其对偶问题。具体而言，对于每一条约束条件添加拉格朗日乘子 $\alpha_i \geqslant 0$，$i = 1, 2, \cdots, m$，则拉格朗日函数为

$$L(\boldsymbol{\omega}, b, \boldsymbol{\alpha}) = \frac{1}{2} \|\boldsymbol{\omega}\|^2 + \sum_{i=1}^{m} \alpha_i [1 - y_i(\boldsymbol{\omega}^{\mathrm{T}} \boldsymbol{x}_i + b)] \tag{2-104}$$

对参数求偏导数等于 0 可以得到：

$$\begin{cases} \boldsymbol{\omega} = \sum_{i=1}^{m} \alpha_i y_i \boldsymbol{x}_i \\ \sum_{i=1}^{m} \alpha_i y_i = 0 \end{cases} \tag{2-105}$$

联立式(2-104)、式(2-105)即可得到对偶问题：

$$\max_{\boldsymbol{\alpha}} = \sum_{i=1}^{m} \alpha_i - \frac{1}{2} \sum_{i=1}^{m} \sum_{j=1}^{m} \alpha_i \alpha_j y_i y_j \boldsymbol{x}_i^{\mathrm{T}} \boldsymbol{x}_j$$
$$\text{s.t.} \sum_{i=1}^{m} \alpha_i y_i = 0, \quad \alpha_i \geqslant 0, \quad i = 1, 2, \cdots, m \tag{2-106}$$

解出 $\boldsymbol{\alpha}$ 即可求出 $\boldsymbol{\omega}$、b，得到最终的超平面模型。由于存在不等式约束，因此求解过程中需要满足 KKT 条件，要求：

$$\begin{cases} \alpha_i \geqslant 0 \\ y_i(\boldsymbol{\omega}^{\mathrm{T}} \boldsymbol{x}_i + b) - 1 \geqslant 0 \\ \alpha_i [y_i(\boldsymbol{\omega}^{\mathrm{T}} \boldsymbol{x}_i + b) - 1] = 0 \end{cases} \tag{2-107}$$

现实任务中往往存在训练样本线性不可分的情况，这需要在求解过程中引入核函数(kernel function)的概念。退一步而言，即便找到了某个核函数使得训练集在特征扣减中线性可分，也难以断定结果是否由过拟合引起，因此还需要引入"软间隔"和"松弛变量"的概念，以允许个别样本的分类错误，增强现实情况下支持向量机的鲁棒性。

2.5.4 贝叶斯理论方法

1. 贝叶斯决策论

1) 贝叶斯定理

贝叶斯定理陈述了随机取样的条件概率关系，假设有样本集 $D(\boldsymbol{x})$ 和类别标记 c，则有

$$P(c|\boldsymbol{x}) = \frac{P(\boldsymbol{x}|c)P(c)}{P(\boldsymbol{x})} \tag{2-108}$$

其中，$P(c)$ 为类标记的先验概率，不考虑任何其他方面的因素，表达了样本空间中的各类别所占的比例，根据大数定律，当训练集包含足够多的独立同分布样本时，可通过各类样本出现的频数来近似；$P(\boldsymbol{x}|c)$ 为样本 $\boldsymbol{x}$ 相对于类标记 c 的条件概率，或称为似然，涉及样本 $\boldsymbol{x}$ 的所有属性的联合概率，通常难以完整观测与估计；$P(\boldsymbol{x})$ 为与类标记无关的、归一化的样本出现的证据因子。

2) 贝叶斯决策

从条件概率的角度出发，机器学习所要实现的是基于有限的训练样本尽可能准确地估计发生事件的后验概率。整体上而言，主要有两个思路：一是通过给定数据集 $\boldsymbol{x}$ 以及可能标签 c，直接对其进行统计分析建模出 $P(c|\boldsymbol{x})$，称为"判别式模型"，代表方法是前述的决策树、神经网络以及支持向量机等；二是对于联合概率分布 $P(\boldsymbol{x},c)$ 建模，再由此获得 $P(c|\boldsymbol{x})$，称为"生成式模型"。对生成式模型而言，必然需要考虑贝叶斯定理。

贝叶斯决策是在贝叶斯定理公式计算出随机取样后验概率的基础上，进一步进行归属的决定。贝叶斯决策主要包括两种决策方式，即最小错误贝叶斯决策和最小风险贝叶斯决策。前者是在比较理想或者各类类别地位均等的情况下的决策，而后者则要考虑决策本身带来的代价和各类别地位的不均等。

2. 朴素贝叶斯分类器

基于贝叶斯定理估计后验概率的难点在于类条件概率 $P(\boldsymbol{x}|c)$ 是所有属性上的联合概率，难以从有限的训练样本直接估计得到。为此，朴素贝叶斯分类器假设了属性条件的独立性：对于已知类别，假设所有属性相互独立。换言之，假设每个属性独立地对分类结果造成影响。

基于属性条件独立性假设，式(2-108)可重写为

$$P(c|\boldsymbol{x}) = \frac{P(\boldsymbol{x}|c)P(c)}{P(\boldsymbol{x})} = \frac{P(c)}{P(\boldsymbol{x})} \prod_{i=1}^{d} P(x_i|c) \tag{2-109}$$

其中，d 为属性数目。显然，朴素贝叶斯分类器的训练过程就是基于数据集 D 来估计类先验概率 $P(c)$，并为每个属性估计条件概率 $P(x_i|c)$。

令 D_c 为数据集 D 中由第 c 类样本组成的集合，若样本充足且独立同分布，则类先验概率为

$$P(c) = \frac{|D_c|}{|D|} \tag{2-110}$$

对离散属性而言，令 D_{c,x_i} 表示 D_c 中第 i 个属性上取值为 x_i 的样本组成的集合，则条件概率 $P(x_i|c)$ 可估计为

$$P(x_i|c) = \frac{|D_{c,x_i}|}{|D_c|} \tag{2-111}$$

此外，通常使用拉普拉斯修正(Laplacian correction)来避免其他属性携带信息被训练集中未出现的属性值消除。具体来说，令 N 为训练集 D 中可能的类别数，N_i 表示第 i 个属性可能的取值数，则有

$$\begin{cases} \hat{P}(c) = \dfrac{|D_c|+1}{|D|+N} \\ \hat{P}(x_i \mid c) = \dfrac{|D_{c,x_i}|+1}{|D_c|+N_i} \end{cases} \quad (2\text{-}112)$$

在训练集较大时,修正过程所引入的先验的影响会逐渐变得可忽略,使得估计值渐趋向于实际概率值。在现实任务中,朴素贝叶斯分类器有多种使用方式。例如,若任务对预测速度要求较高,则对于给定训练集,可将朴素贝叶斯分类器涉及的所有概率估计值事先计算好并存储起来,这样在进行预测时只须"查表"即可进行判别。

在现实任务中,属性条件独立性假设有时难以成立,因此还需要常常根据实际情况对假设进行一定程度的放松,允许每个属性在类别之外最多仅依赖于一个其他属性,这样既不需要进行完全联合概率计算,也不至于完全忽略了强相关的属性依赖关系,这类方法因此也称为"半朴素贝叶斯分类"方法。

2.5.5 聚类原理

聚类是根据数据的内在相似性将数据集划分为多个类别的过程,其目标是使类内距离最小化而类间距离最大化。聚类问题可以视为在没有给定标签的情况下,对数据集进行内在结构的探索。

1. 原型聚类

原型聚类也称为"基于原型的聚类"(prototype-based clustering),此类算法假设聚类结构能通过一组原型刻画,在现实聚类任务中极为常用。通常情形下,算法先对原型初始化,然后对原型进行迭代更新求解。采用不同的原型表示、求解方式,将产生不同的算法,典型的原型聚类算法有学习向量量化、K 均值聚类以及高斯混合聚类等,后两者将在第 4 章中进行详细介绍。

学习向量量化(learning vector quantization, LVQ)假设数据样本带有类别标记,试图找到一组原型向量刻画聚类结构,学习过程利用样本的监督信息辅助聚类。

给定样本 $D = \{(x_1, y_1), (x_2, y_2), \cdots, (x_m, y_m)\}$,每个样本由 n 个属性描述。LVQ 的目的是学习一组 n 维 q 个原型向量 $\{p_1, p_2, \cdots, p_q\}$,每个原型向量代表一个聚类簇,各向量的预设标记类别为 $\{t_1, t_2, \cdots, t_q\}$,学习率 $\eta \in (0,1)$。

算法首先对原型向量进行初始化,然后计算其与所有原型向量的距离 d_{ji},并找到距离(通常采用欧氏距离)最近的原型向量 p_{i^*}:

$$\begin{cases} d_{ji} = \| x_j - p_i \|_2 \\ i^* = \arg\min_{i \in \{1,2,\cdots,q\}} d_{ji} \end{cases} \quad (2\text{-}113)$$

接下来,根据输入向量类别和最邻近原型向量的类别,更新原型向量的位置:

$$\begin{cases} p' = p_{i^*} + \eta(x_j - p_{i^*}), & y_j = t_{i^*} \\ p' = p_{i^*} - \eta(x_j - p_{i^*}), & \text{其他} \end{cases} \quad (2\text{-}114)$$

随着迭代不断进行,可适当调节学习率 η,通常采用指数衰减策略。

在学得一组原型向量 $\{p_1, p_2, \cdots, p_q\}$ 后,即可实现对样本空间的簇划分。对于任意的样本,它将被划入与其距离最近的原型向量所代表的簇中。

2. 密度聚类

密度聚类也称为"基于密度的聚类"(density-based clustering),此类算法假设聚类结构能通过样本分布的紧密程度确定。通常情形下,密度聚类算法从样本密度的角度来考察样本之间的可连接性,并基于可连接样本不断扩展聚类簇以获得最终的聚类结果。

DBSCAN(density-based spatial clustering of applications with noise)是一种基于密度的聚类算法,能够有效地发现任意形状的聚类,并识别出离群点。DBSCAN 的核心思想是通过密度来定义聚类,即通过数据点周围的密度来识别聚类结构。它将数据点分为以下三类。

(1)核心点(core point):在给定半径 ε 内包含至少 α 个点的点。

(2)边界点(border point):在给定半径 ε 内包含的点不足 α 个,但落在某个核心点的邻域内。

(3)噪声点(noise point):既不是核心点也不是边界点的点。

此外,还应有以下定义。

(1)给定一个数据点 p 和一个距离阈值 ε,p 的 ε 邻域包含与 p 的距离不超过 ε 的点:

$$N_\varepsilon(p) = \{q \in D \mid \text{dist}(p,q) \leqslant \varepsilon\} \tag{2-115}$$

其中,$\text{dist}(p,q)$ 通常是欧氏距离。

(2)若存在一个点序列 $\{p_1, p_2, \cdots, p_n\}$,其中 $p_1 = p$、$p_n = q$,且对于所有的 $i \in [1,n]$,p_{i+1} 直接密度可达 p_i,则点 q 从点 p 是密度可达的。

(3)如果点 p 是点 q 的 ε 邻域内的核心点,则点 q 直接密度可达点 p。

(4)若存在点 o,使得点 p 和点 q 都是从点 o 密度可达的,则点 p 和点 q 是密度连接的。

DBSCAN 的主要步骤如下。

(1)选择任意一个未经访问的数据点 p,找到点 p 的 ε 邻域内所有点。

(2)若点 p 的 ε 邻域内的点数不小于 α,则 p 是一个核心点并开始新的聚类,否则 p 是一个噪声点并继续检查下一个点。

(3)对于所有在 p 的 ε 邻域内的点,递归地检查它们的 ε 邻域,如果这些点也是核心点,则将其 ε 邻域内的点加入到当前聚类中,直至没有新的点被加入。

(4)重复上述步骤,到所有的点都被访问过为止。

DBSCAN 方法能够有效发现任意形状的聚类,也能够有效地识别和标记离群点(噪声点),同时不需要预先设定聚类数量。然而,在高维数据中,距离度量变得困难,其表现会受到影响;且对于大规模数据集,计算所有点之间的距离开销较大,时间复杂度较高。

本 章 小 结

本章首先介绍了基于光、声以及化学物质的水下探测模型,为海洋感知模型的信息获取建立了模型;然后从空间域、频域以及统计概率等方面介绍了信息提取、分析及增强的典型方法,为海洋感知模型提供了数据分析理解的理论基础;最后从机器学习的角度介绍了感知分类任务多种实现方式的数学原理,为后续章节的进一步论述提供了前提条件。

第3章 海洋信息预处理方法

3.1 信息质量评价方法

以图像为主的传感器信息源是人类感知和机器模式识别的重要部分，其质量对所获取信息的充分性和准确性起着决定性的作用。然而，图像在获取、压缩、处理、传输、显示等过程中难免会出现一定程度的失真。为了衡量图像的质量、评定图像是否满足某种特定应用要求，需要建立有效的图像质量评价体制。传感器信息质量评价是传感器信息（以图像为主）处理中的基本技术，通过对信息特性进行研究分析，评估信息失真程度。

目前，图像质量评价从方法上可分为主观评价方法和客观评价方法，前者凭借实验人员的主观感知来评价对象的质量；后者依据模型给出的量化指标，模拟人类视觉系统感知机制来衡量图像质量。在信息处理系统中，图像质量评价对于图像处理算法分析比较、系统性能评估等方面有重要作用，其主要应用领域包括信息编码、噪声去除、信息增强、信息压缩、通信传输等。

1. 主观评价

主观评价是指通过人来进行类似心理学或者社会学领域的对信息的评分实验，以完成基于个体主观对信息的评价，力求能够真实反映人的视觉感知。该方法只涉及人做出的定性评价，以人作为观察者。因为该方法建立在统计意义上，参加评价的观察者应数量充足。

主观评价方法固定步骤如下。

(1) 准备数据（图像）集。

(2) 观察者进行质量评分。

(3) 对评分结果进行处理，得到信息质量最终评价得分。

此外，主观评价方法还可分为绝对主观评价和相对主观评价，前者由观察者根据自己的知识和理解，在有标准参考的情况下，按照某些特定评价性能将信息直接按照视觉感受分级评分；而后者需要观察者在无标准参考的情况下，将信息从好到坏分类，将信息样本相互比较得出相应的评分。

2. 客观评价

客观评价是指通过计算机根据信息处理的基本原理，借助于某种数学模型设计信息质量评价算法，得到基于数字计算的评价结果，并评价算法有效性，对评价算法择优用于信息质量评价中的评价方法，可分为无参考（no-reference，NR）、全参考（full-reference，FR）和部分参考（reduced-reference，RR）三种类型。本节内容主要介绍客观评价方法。

3.1.1 无参考评价方法

无参考评价方法也称为盲评价方法，这种完全不依赖理想参考信息的信息质量评价方法适用性更广泛，一般都基于图像统计特性。由于仅仅依赖待评图像，因此无参考评价方法是难度最大的评价方法，也是近几年的研究热点，可分为基于边缘分析的方法、基于变换域的方法、基于信息统计的方法、基于滤波的方法等。

1. 图像统计特征指标

1) 均值

均值是指图像像素的平均值,它反映了图像的平均亮度,平均亮度越高,图像质量越好,设待评价图像为 f,大小为 $M \times N$,其均值计算公式为

$$\mu = \frac{1}{MN} \sum_{i=1}^{M} \sum_{j=1}^{N} f(i,j) \tag{3-1}$$

2) 标准差

标准差是指图像像素灰度值相对于均值的离散程度。标准差越大,表明图像中灰度级越分散,图像质量也就越好,其计算公式为

$$\sigma = \sqrt{\frac{1}{MN} \sum_{i=1}^{M} \sum_{j=1}^{N} [f(i,j) - \mu]^2} \tag{3-2}$$

3) 平均梯度

平均梯度能反映图像中细节反差和纹理变换,它在一定程度上反映了图像的清晰程度,其计算公式为

$$\nabla G = \frac{1}{MN} \sum_{i=1}^{M} \sum_{j=1}^{N} \sqrt{\Delta_x f^2(i,j) + \Delta_y f^2(i,j)} \tag{3-3}$$

4) 熵

熵是指图像的平均信息量,它从信息论的角度衡量图像中信息的多少,图像中的信息熵越大,说明图像包含的信息越多。假设图像中各个像素点的灰度值之间是相互独立的,图像的灰度分布为 $p = \{p_1, p_2, \cdots, p_i, \cdots, p_n\}$,其中 p_i 表示灰度值为 i 的像素个数与图像总像素个数之比,而 n 为灰度级总数,其计算公式为

$$E = -\sum_{i=1}^{L} P(i) \lg P(i) \tag{3-4}$$

2. 盲/无参考图像空间质量评价器

盲/无参考图像空间质量评价器(blind/referenceless image spatial quality evaluator, BRISQUE)[31]是一种图像质量评价算法,用于在没有参考图像的情况下评估图像的质量。它基于图像的自然场景统计(natural scene statistics, NSS)特征,通过分析图像的空间特性来确定其质量。

其主要步骤如下。

(1) 提取自然场景统计。

自然图像的像素强度的分布不同于失真图像的像素强度的分布。当归一化像素强度并计算这些归一化强度上的分布时,这种分布差异更加明显。特别地,在归一化之后,自然图像的像素强度遵循高斯分布,而不自然或失真图像的像素强度不遵循高斯分布。

BRISQUE 首先从图像中提取一组自然场景统计(NSS)特征。这些特征捕捉了图像的亮度、对比度、纹理等方面的信息。具体来说,这些特征来自于图像在空间域和变换域中的统计信息。

(2) 特征归一化。

提取的特征需经过归一化处理,以便在不同图像间进行比较。

(3) 预测图像质量得分。

使用预先训练的回归模型(通常是支持向量回归模型),将这些归一化的特征映射到一个质量得分(通常在 0~100 之间)上,分数越低表示图像质量越好,反之越差。

3.1.2 全参考评价方法

全参考信息质量评价是指存在理想信息作为参考标准的情况下,比较待评信息与参考标准之间的差异,分析待评信息的失真程度,从而得到待评信息质量评估的评价方法。

1. 基于像素值统计的方法

该方法通过计算待评信息与参考标准对应像素值之间的差异,从统计学角度来衡量待评信息的质量。

(1) 均方误差(mean square error,MSE):

$$\text{MSE} = \frac{1}{MN} \sum_{i=1}^{M} \sum_{j=1}^{N} [R(i,j) - F(i,j)]^2 \tag{3-5}$$

其中,$R(i,j)$ 为原参考图像;$F(i,j)$ 为其失真图像,尺寸皆为 $M \times N$。

(2) 峰值信噪比(peak-signal to noise ratio,PSNR):

$$\text{PSNR} = 10 \lg \frac{255^2}{\text{MSE}} \tag{3-6}$$

PSNR 本质上与 MSE 相同,是 MSE 的对数表示。

2. 基于信息论的方法

基于信息论的方法主要基于信息论中的信息熵基础、互信息等用于评价信息质量,通过计算待评信息与参考标准之间的互信息来衡量待评信息的质量优劣,具有一定的理论支撑,但是这类方法对于图像的结构信息没有响应。

1) 信息保真度准则

信息保真度准则(information fidelity criterion, IFC)评估的是原始图像和失真图像之间保真的信息量,即失真图像在多大程度上保留了原始图像的信息。其核心思想是基于 NSS,假设自然图像可以用某种统计模型来描述,并计算在给定失真图像的情况下,原始图像信息在多大程度上得以保留。

其基本步骤如下。
(1) 图像建模:使用自然场景统计模型对原始图像和失真图像进行建模。
(2) 信息量计算:计算在失真图像条件下,原始图像信息的保真度。
(3) 质量评分:通过保真信息量来评分,信息保真度越高,图像质量越好。

IFC 的具体计算涉及对图像的局部块进行分析,假设这些局部块服从某种联合高斯分布。然后,通过计算原始图像和失真图像在这个联合分布下的互信息量来评估质量。

2) 视觉信息保真度

视觉信息保真度(visual information fidelity, VIF)扩展了 IFC 的方法,结合了多尺度分析和人类视觉系统(human visual system, HVS)的特性,能够更准确地反映人类对图像质量的感知。VIF 方法主要通过多尺度变换,将图像分解到不同的尺度和频率带,然后在每个尺度上计算信息保真度。

其核心步骤如下。
(1) 多尺度变换:使用小波变换将图像分解到不同的尺度和频率带。
(2) HVS 建模:模拟 HVS 对不同尺度和频率的敏感度。

(3)信息量计算：在每个尺度上计算原始图像和失真图像之间的信息保真度。

(4)信息聚合：将所有尺度上的信息保真度聚合，得到最终的质量评分。

VIF 通过以下步骤进行计算。

(1)图像分解：将原始图像和失真图像使用小波变换分解到不同尺度。

(2)局部统计建模：对每个尺度的局部块进行建模，假设这些块服从联合高斯分布。

(3)互信息计算：在每个尺度上，失真图像给定的情况下，计算原始图像的互信息量。

(4)加权聚合：根据 HVS 的特性，对各尺度的信息量进行加权聚合，得到最终的 VIF 评分。

3. 基于结构信息的方法

人眼视觉的主要功能是提取背景中的结构信息，而且人眼视觉系统能高度自适应地实现这一目标，因此对图像的结构失真的度量应是图像感知质量的最优近似，一种符合人眼视觉系统特性的图像质量客观评判标准——结构相似度得以提出。

物体表面的亮度信息与照度和反射系数有关，场景中物体的结构与照度是独立的，反射系数与物体有关。把与物体结构相关的亮度和对比度作为结构信息的定义。结构相似性指标度量（structure similarity index measure, SSIM）系统如图 3-1 所示，由三个对比模块组成：亮度、对比度、结构。

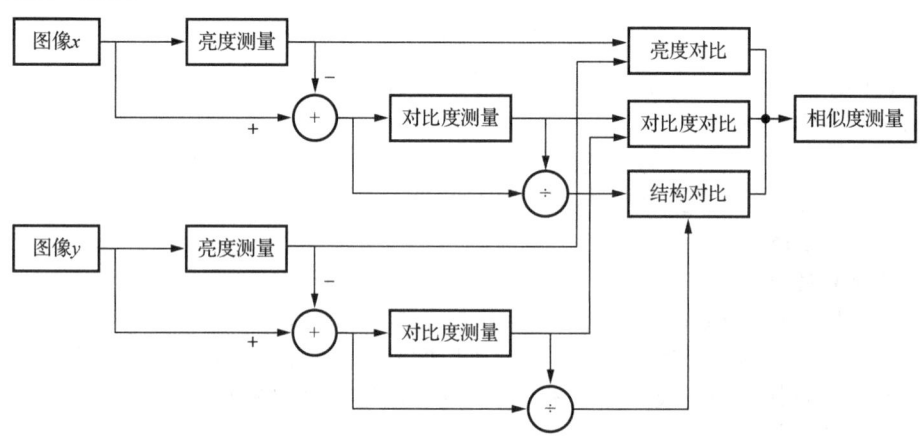

图 3-1 SSIM 系统示意图

均值、方差与协方差：

$$\mu_X = \frac{1}{R \cdot C} \sum_{i=1}^{R} \sum_{j=1}^{C} X(i,j)$$

$$\sigma_X^2 = \frac{1}{R \cdot C - 1} \sum_{i=1}^{R} \sum_{j=1}^{C} [X(i,j) - \mu_X]^2 \quad (3\text{-}7)$$

$$\sigma_{XY} = \frac{1}{R \cdot C - 1} \sum_{i=1}^{R} \sum_{j=1}^{C} [X(i,j) - \mu_X][Y(i,j) - \mu_Y]$$

将图像均值作为亮度测量的估计，则亮度对比函数定义为

$$L(X,Y) = \frac{2\mu_X \mu_Y + C_1}{\mu_X^2 + \mu_Y^2 + C_1} \quad (3\text{-}8)$$

将图像标准差及方差作为对比度测量估计，则对比度对比函数定义为

$$C(X,Y) = \frac{2\sigma_X\sigma_Y + C_2}{\sigma_X^2 + \sigma_Y^2 + C_2} \tag{3-9}$$

将图像协方差及标准差作为结构相似程度的度量,结构对比函数定义为

$$S(X,Y) = \frac{\sigma_{XY} + C_3}{\sigma_X\sigma_Y + C_3} \tag{3-10}$$

亮度、对比度、结构对比函数构成 SSIM 函数:

$$\begin{aligned}\text{SSIM}(X,Y) &= f[L(X,Y), C(X,Y), S(X,Y)] \\ &= [L(X,Y)]^\alpha [C(X,Y)]^\beta [S(X,Y)]^\gamma\end{aligned} \tag{3-11}$$

其中,α,β,$\gamma > 0$,用来调整三个模块的权值。

SSIM 函数值域为[0,1],值越大,图像失真越小,且满足以下性质:

$$\begin{aligned}&\text{SSIM}(X,Y) = \text{SSIM}(Y,X) \\ &\text{SSIM}(X,Y) \leqslant 1 \\ &\text{SSIM}(X,Y) = 1 \Leftrightarrow X = Y\end{aligned} \tag{3-12}$$

3.1.3 部分参考评价方法

部分参考也称为半参考,它是以理想图像的特征信息作为参考,提取待评图像的部分特征信息对待评图像进行比较分析,从而得到图像质量评价结果。因为部分参考质量评价依赖于图像的部分特征,与图像整体相比而言,数据量下降了很多,目前应用比较集中在图像传输系统中,主要包括基于原始图像特征的方法、基于数字水印的方法、基于小波域统计模型的方法。

3.2 海洋感知信息去噪方法

电磁波、声波等感知媒介在介质中传输,以及信息形成和传递过程中常常受到各种因素的干扰和影响而降质,产生妨碍无人系统、人类认知和理解信息的噪声。为了抑制噪声、提高图像质量、便于更高层次处理,必须进行去噪处理。

1. 噪声的成因与特点

噪声本身具有不可预测性,可以将它当作一种随机误差(这种误差只能通过概率统计的方法来识别)。因此,图像噪声可视为一种多维随机过程,可以选择随机过程的概率分布函数和概率密度函数作为对图像噪声进行描述的方法。

图像噪声使图像模糊、特征信息损失、信息分析困难,一般具有以下特点。

(1)噪声在图像中的分布和大小不规则,具有随机性。

(2)噪声与图像之间一般具有相关性,如摄像机图像噪声、数字图像量化噪声与相位。

(3)噪声具有叠加性。在串联图像传输系统中,各部分噪声若是同类噪声,可以进行功率相加,信噪比依次下降。

2. 噪声的分类

1)加性噪声与乘性噪声

加性噪声与信号强度不相关,噪声与信号线性叠加在一起:

$$f(x,y) = g(x,y) + n(x,y) \tag{3-13}$$

乘性噪声与信号强度相关，随信号的变化而变化：

$$f(x,y) = g(x,y) + g(x,y) \times n(x,y) \tag{3-14}$$

为分析处理方便，有时将乘性噪声近似认为加性噪声处理，假定信号与噪声相互独立。

2) 平稳噪声与非平稳噪声

平稳噪声指统计特性不随时间变化的噪声，非平稳噪声指统计特性随时间变化的噪声。

3) 量化噪声

量化噪声指图像在量化过程中从模拟到数字所产生的误差。可采用按灰度级概率密度函数优化量化级别的方式来削弱噪声。

3.2.1 空间域去噪方法

对于一幅原始图像，在其获取和传输等过程中，会受到各种噪声的干扰，使图像模糊，对图像分析不利。为了抑制噪声、改善图像质量所进行的处理称为图像平滑或去噪。

1. 局部平滑滤波

因为相邻像素间存在很高的空间相关性，而噪声是统计独立的，可用包含在滤波器模板邻域内的像素平均值作为滤波器输出，代替该像素原来的灰度值，实现图像平滑，减小图像灰度的尖锐变换，减少图像中的噪声。

然而，由于图像边缘的灰度变换也较尖锐，所以该方法会存在边缘模糊问题；位于模板中心的像素的重要性(权重)比其余的像素更大一些，像素的重要性与其中心距离成反比。

2. 中值滤波

中值滤波法是一种非线性平滑技术，它将每一像素点的灰度值设置为该点某邻域窗口内的所有像素点灰度值的中值。中值滤波的方法是用某种结构的二维滑动模板，将板内像素按照像素值的大小进行排序，生成单调上升(或下降)的二维数据序列，如图 3-2 所示。

$$\begin{bmatrix} 20 & 15 & 70 \\ 36 & 41 & 29 \\ 100 & 231 & 41 \end{bmatrix} \Rightarrow [15, 20, 29, 36, 41, 41, 70, 100, 231]$$

图 3-2　像素序列排序

中值滤波会选取数字图像或数字序列中像素点及其周围临近像素点(一共有奇数个像素点)的像素值，将这些像素值排序，然后将位于中间位置的像素值作为当前像素点的像素值，让周围的像素值接近真实值，从而消除孤立的噪声点。采用数学形式可表示为

$$g(x,y) = \text{med}\{f(x+s, y+t) \mid s \in [-a,a], t \in [-b,b]\} \tag{3-15}$$

其中，$g(x,y)$ 是 (x,y) 位置处中值滤波后像素值；$f(x,y)$ 是原像素值；s、t 分别表示 x、y 方向的中值滤波范围。

中值滤波器对脉冲噪声、高斯噪声等颗粒状噪声十分有效，而且比平滑线性滤波器对图像的模糊程度低。

3. 高斯平滑滤波

高斯滤波器是一种线性平滑滤波器，它使用高斯函数来加权图像中的像素值，以实现图像的模糊和去噪。如图 3-3 所示，高斯函数是一种钟形曲线，具有如下数学表达式：

$$G(x,y) = \frac{1}{2\pi\sigma^2} e^{-\frac{x^2+y^2}{2\sigma^2}} \tag{3-16}$$

其中，(x,y) 是像素的坐标；σ 是高斯函数的标准差；$G(x,y)$ 是高斯权重。

高斯滤波的基本思想是：图像中的每个像素都会受到其周围像素的加权影响，而且离目标像素越远的像素所受影响越小。这种加权方式有助于保留图像中的主要特征，同时去除噪声，许多图像中的噪声近似服从高斯分布，高斯平滑滤波器对去除这类噪声效果较好。

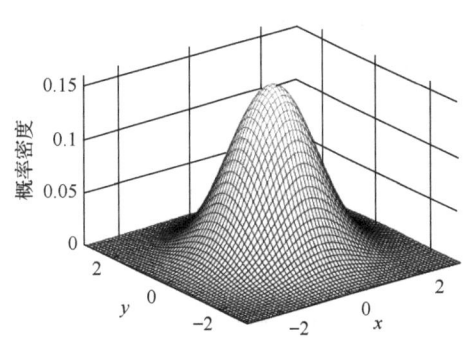

图 3-3 高斯函数曲面

其特点有如下几种。

(1) 二维高斯函数具有旋转对称性。

(2) 高斯函数是单值函数。

(3) 高斯滤波器的宽度由参数 σ 决定，直接决定了平滑的程度。

(4) 高斯函数的可分离性，二维高斯函数的卷积可分离为两次一维高斯函数的卷积。

(5) 对椒盐噪声和脉冲噪声去除效果稍差。

4. 超限像素滤波

超限像素滤波的思想是：对于某种特定滤波器，如果某个像素值与其邻域像素滤波值相比，差异超过了一定阈值，则判断该像素为噪声，继而用邻域像素的滤波值取代这一像素值。其滤波方式可以用数学形式表示为

$$g'(x,y) = \begin{cases} g(x,y), & |f(x,y)-g(x,y)| > T \\ f(x,y), & |f(x,y)-g(x,y)| \leqslant T \end{cases} \tag{3-17}$$

其中，$g(x,y)$ 是邻域像素的滤波值；$f(x,y)$ 是原像素值；$g'(x,y)$ 是超限像素滤波值；T 为预设阈值。

该方法对保留仅有微小灰度差的细节及纹理也有效。随着邻域增大，去噪能力增强，但模糊程度也增大。由于阈值太大，噪声消除不干净；而阈值太小，易使图像模糊，所以在实际应用中一般选用 3×3 窗口加权均值滤波器、中值滤波器或高斯平滑滤波器。

5. 数学形态学操作

数学形态学是指建立在集合代数的基础上，用集合论方法定量描述目标几何结构的学科。而图像形态学是指以形态为基础，对图像进行分析的数学工具，用具有一定形态的结构元素度量和提取图像中的对应形状，达到对图像分析和识别的目的。

1) 膨胀

对于集合 A 与 B，A 被 B 膨胀定义为

$$A \oplus B = \left\{ z \mid \left(\hat{B}\right)_z \cap A \neq \varnothing \right\} \tag{3-18}$$

即对 B 的反射进行平移，使之与 A 的交集不为空的点的集合。

膨胀：将与物体接触的所有背景点合并到该物体中，使边界向外部扩张的过程，可以用来填补物体中的空洞。其用数学形式表达为

$$E(x,y) = (I \oplus e)(x,y) = \mathop{OR}_{i=0, j=0}^{m,n} \left[I(x+i, y+j) \,\&\, e(i,j) \right] \tag{3-19}$$

其中，$E(x,y)$ 为输出二值图像；I 为输入二值图像；$e(i,j)$ 为结构元素。膨胀的具体过程如图 3-4 所示。

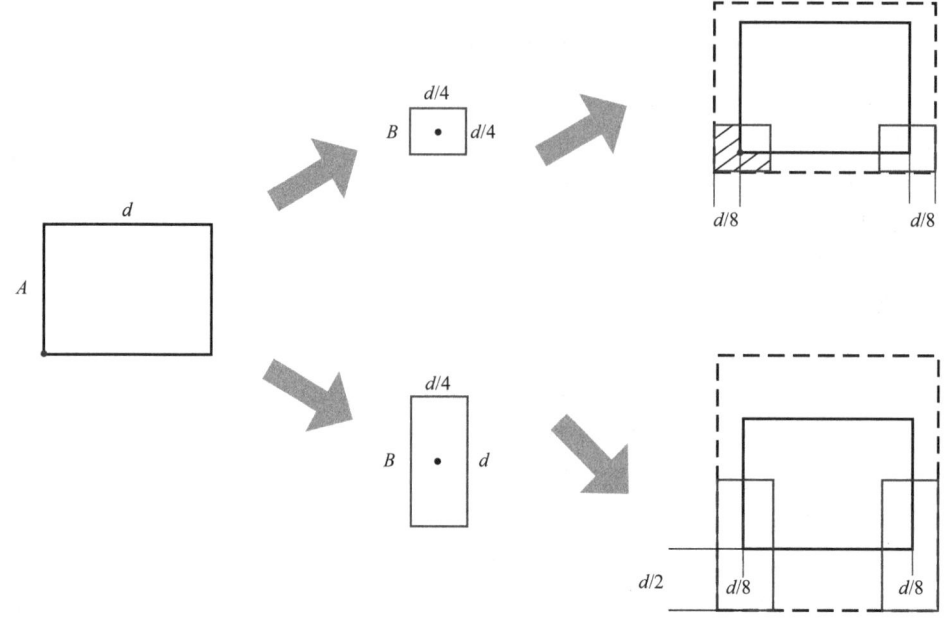

图 3-4　膨胀

2) 腐蚀

对于集合 A 与 B，A 被 B 腐蚀定义为

$$A \odot B = \{z \mid (B)_z \subseteq A\} \tag{3-20}$$

即将 B 平移 z 之后，使 $(B)_z$ 被包含在 A 的点的集合。

腐蚀：一种消除边界点，使边界向内部收缩的过程，用来消除小且无意义的物体。其用数学形式表达为

$$E(x,y) = (I \oplus e)(x,y) = \mathop{OR}\limits_{i=0,j=0}^{m,n} [I(x+i, y+j) \& e(i,j)] \tag{3-21}$$

其中，$E(x,y)$ 为输出二值图像；I 为输入二值图像；$e(i,j)$ 为结构元素。腐蚀的具体过程如图 3-5 所示。

3) 开运算

用图像 B 对图像 A 先腐蚀再膨胀：

$$A \circ B = (A \odot B) \oplus B \tag{3-22}$$

可以用来消除小物体，在纤细处分离物体，平滑较大物体边界的同时并不明显改变其面积，如图 3-6 所示。

4) 闭运算

用图像 B 对图像 A 先膨胀再腐蚀：

$$A \bullet B = [A \oplus (-B)] \odot (-B) \tag{3-23}$$

用来填充物体内细小空洞，连接邻近物体，平滑其边界的同时并不明显改变其面积，如图 3-7 所示。

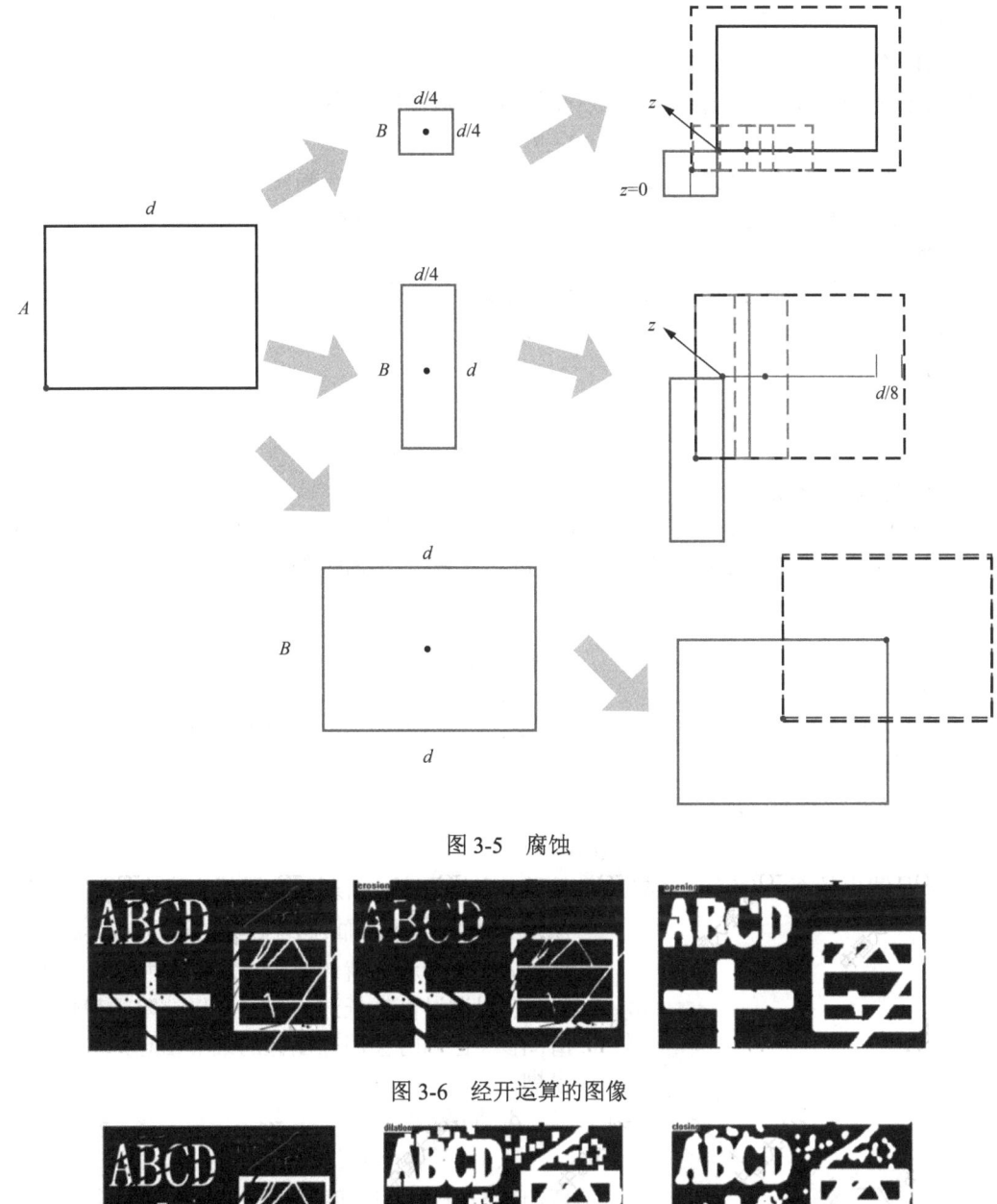

图 3-5 腐蚀

图 3-6 经开运算的图像

图 3-7 经闭运算的图像

3.2.2 频域滤波方法

频域滤波由一幅图像的傅里叶变换并计算其逆变换得到处理后的结果组成。基本的滤波公式如下所示：

$$g(x,y) = \mathcal{F}^{-1}[H(u,v)F(u,v)] \tag{3-24}$$

其中，$F(u,v)$ 是输入图像 $f(x,y)$ 的傅里叶变换；$H(u,v)$ 是滤波函数（简称滤波器）；$g(x,y)$ 是滤波后的图像。

频域平滑滤波的关键在于设计频域（变换域）滤波器的传递函数：

$$G(u,v) = H(u,v) \cdot F(u,v) \tag{3-25}$$

通常衰减高频而通过低频的滤波器（低通滤波器）将模糊一幅图像，具体相反特性的滤波器（高通滤波器）将增强尖锐的细节，会导致图像对比度的降低。

1. 理想低通滤波

小于截止频率可以完全不受影响地通过滤波器，大于截止频率则完全无法通过。理想滤波器有陡峭频率的截止特性，但会产生振铃现象使图像变得模糊。该滤波器在频域中的数学表达式为

$$H(u,v) = \begin{cases} 1, & D(u,v) \leqslant D_0 \\ 0, & D(u,v) > D_0 \end{cases} \tag{3-26}$$

2. 巴特沃思低通滤波

小于截止频率的滤波器通过性随频率降低而增强，大于截止频率的通过性随频率增加而迅速削弱。该滤波器在截止频率附近有一段过渡区域。该滤波器在频域中的数学表达式为

$$H(u,v) = \frac{1}{1 + \left[\dfrac{D(u,v)}{D_0}\right]^{2n}} \tag{3-27}$$

巴特沃思低通滤波中，一阶没有振铃现象；二阶滤波和振铃折中；高阶振铃明显。

3. 高斯低通滤波

高斯低通滤波器的二维形式为

$$H(u,v) = e^{-D^2(u,v)/(2D_0^2)} \tag{3-28}$$

其中，D_0 是截止频率；$D(u,v)$ 是与频率矩形中心的距离。高斯滤波器的宽度由参数 D_0 表征，决定了平滑程度，而且 D_0 越大，高斯滤波器的频带就越宽，平滑程度就越好。因为噪声主要集中在高频段，所以通过高斯低通滤波器可以滤除噪声信息、平滑图像，但同时会滤除图像的细节信息，使图像变得模糊。

4. 同态滤波

入射-反射模型（图 3-8）可用于开发一种频域处理，通过同时压缩灰度范围和增强对比度来改善一幅图像的表现。一幅图像可表示为其入射分量 $i(x,y)$ 和反射分量 $r(x,y)$ 的乘积：

$$f(x,y) = i(x,y)r(x,y) \tag{3-29}$$

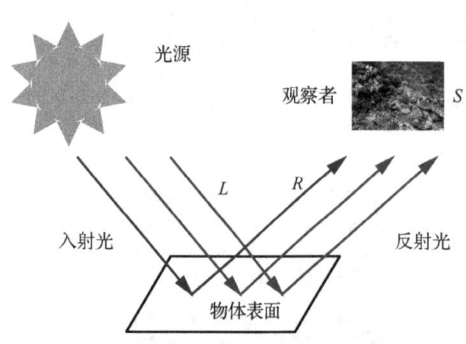

图 3-8　图像入射-反射成像模型

取对数并进行傅里叶变换：

$$Z(u,v) = \mathcal{F}\{z(x,y)\} = \mathcal{F}\{\ln f(x,y)\} = \mathcal{F}\{\ln i(x,y)\} + \mathcal{F}\{\ln r(x,y)\} \tag{3-30}$$

加入滤波器 $H(u,v)$：

$$S(u,v) = H(u,v)Z(u,v) = H(u,v)F_i(u,v) + H(u,v)F_r(u,v) \tag{3-31}$$

式中，$F_i(u,v)$ 和 $F_r(u,v)$ 分别为 $\ln i(x,y)$ 和 $\ln r(x,y)$ 的傅里叶变换结果。

进行傅里叶逆变换，滤波后的图像：

$$s(x,y) = \mathcal{F}^{-1}\{S(u,v)\} = \mathcal{F}^{-1}\{H(u,v)F_i(u,v)\} + \mathcal{F}^{-1}\{H(u,v)F_r(u,v)\} \tag{3-32}$$

方法的关键是入射分量和反射分量的分离；其中，图像的入射分量通常由慢的空间变化来表征，而反射分量往往引起突变，特别是在不同物体的连接部分。使用同态滤波器可以更好地控制入射分量和反射分量，选取两个控制系数。该滤波器的频域数学表达式为

$$H(u,v) = (\gamma_H - \gamma_L)\left(1 - e^{-c[D^2(u,v)/(2D_0^2)]}\right) + \gamma_L \tag{3-33}$$

如果 γ_L 和 γ_H 选定，而且 $\gamma_L<1$ 且 $\gamma_H>1$，那么滤波器函数趋向于衰减低频即入射的贡献，而增强高频即反射的贡献，最终结果是同时进行动态范围的压缩和对比度的增强。

5. 维纳滤波

为了解决高噪声情况下的图像恢复问题，可采用最小均方误差滤波器来解决，其中用得最多的是维纳滤波器。

找到图像对应的估计值，使得均方误差 e 最小：

$$\begin{aligned} e^2 &= E\{(f-\hat{f})^2\} \\ g(x,y) &= f(x,y) * h(x,y) + n(x,y) \end{aligned} \tag{3-34}$$

构造目标函数，采用拉格朗日乘数法，在有噪声的条件下，从退化图像恢复出原图像的估计值：

$$\begin{aligned} &\min \boldsymbol{Qf}, \text{s.t.} \ \|\boldsymbol{g}-\boldsymbol{Hf}\| = \|\boldsymbol{n}\| \\ &\min J(\hat{\boldsymbol{f}}) = \|\boldsymbol{Qf}\|^2 + \alpha\left[\|\boldsymbol{g}-\boldsymbol{H}\hat{\boldsymbol{f}}\|^2 - \|\boldsymbol{n}\|^2\right] \end{aligned} \tag{3-35}$$

求解之后表示为频域形式：

$$\hat{F}(u,v) = \left[\frac{H^*(u,v)}{|H(u,v)|^2 + \gamma\left[S_n(u,v)/S_f(u,v)\right]}\right]G(u,v) \tag{3-36}$$

其中，$H(u,v)$ 为退化函数；$S_n(u,v)$ 为噪声的功率谱；$S_f(u,v)$ 为未退化图像的功率谱。

3.2.3 噪声模型方法

1. 高斯噪声

在空间域和频域中，由于高斯噪声在数学上的易处理性，故实践中常用这种噪声(也称为正态噪声)模型。事实上，这种易处理性非常方便，以至于高斯模型常常应用于在一定程度上产生最好结果的场合。

高斯随机变量 z 的概率密度函数为

$$p(z) = \frac{1}{\sqrt{2\pi}\sigma}\exp\left[-\frac{(z-\mu)^2}{2\sigma^2}\right] \tag{3-37}$$

其中，z 表示灰度值；μ 表示 z 的均值；σ 表示 z 的标准差，标准差的平方 σ^2 称为 z 的方差。高斯函数的曲线如图 3-9 所示。当 z 服从式(3-37)的分布时，其值有大约 70%落在范围 $[(\bar{z}-\sigma),(\bar{z}+\sigma)]$ 内，有大约 95%落在范围 $[(\bar{z}-2\sigma),(\bar{z}+2\sigma)]$ 内。

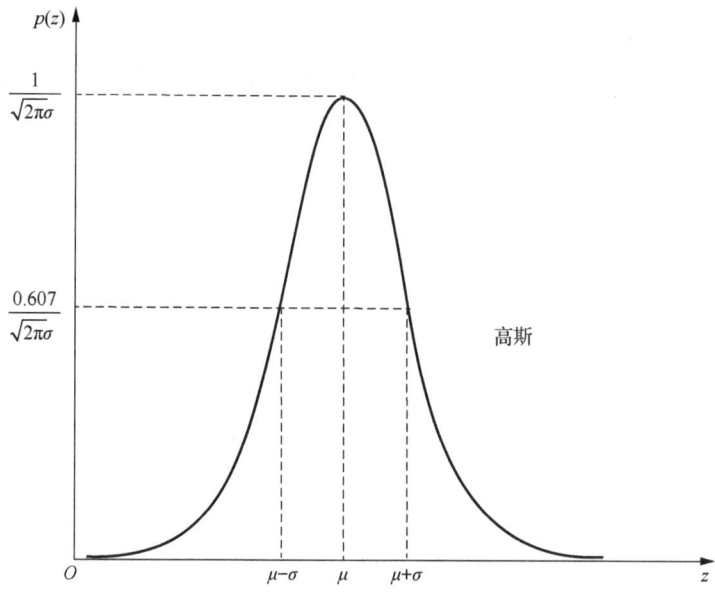

图 3-9 高斯噪声概率密度函数

2. 均匀分布噪声

均匀分布噪声的概率密度函数为

$$p(z) = \begin{cases} \dfrac{1}{b-a}, & a \leqslant z \leqslant b \\ 0, & \text{其他} \end{cases} \tag{3-38}$$

概率密度函数的期望和方差为

$$\mu = \frac{a+b}{2}$$
$$\sigma^2 = \frac{(b-a)^2}{12} \tag{3-39}$$

均匀分布的图像如图 3-10 所示。

3. 脉冲噪声(椒盐噪声)

(双极)脉冲噪声的概率密度函数为

$$p(z) = \begin{cases} P_a, & z = a \\ P_b, & z = b \\ 0, & \text{其他} \end{cases} \tag{3-40}$$

如图 3-11 所示,如果 $b > a$,灰度值 b 在图像中将显示为一个亮点,a 的值将显示为一个暗点。

若 P_a 或 P_b 为零,则脉冲噪声称为单极脉冲。

如果 P_a 和 P_b 均不可能为零,尤其是它们近似相等时,脉冲噪声值将类似于随机分布在图像上的胡椒和盐粉微粒。

噪声脉冲可以是正的,也可以是负的。在一幅图像中,脉冲噪声可数字化为最小值或最大值(纯黑或纯白)。

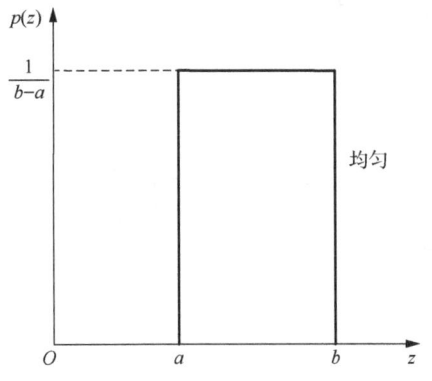
图 3-10 均匀分布噪声概率密度函数

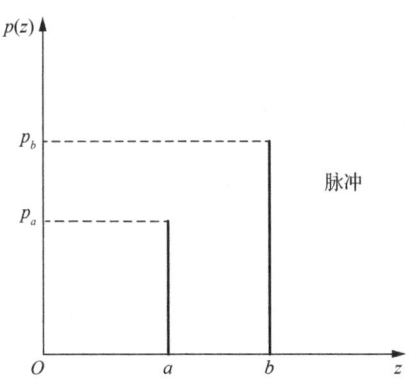
图 3-11 脉冲噪声概率密度函数

4. 瑞利噪声

瑞利噪声的概率密度函数为

$$p(z) = \begin{cases} \dfrac{2}{b}(z-a)\mathrm{e}^{-(z-a)^2/b}, & z \geqslant a \\ 0, & z < a \end{cases} \tag{3-41}$$

概率密度函数的期望和方差为

$$\begin{aligned} \mu &= a\sqrt{\pi b/4} \\ \sigma^2 &= \dfrac{b(4-\pi)}{4} \end{aligned} \tag{3-42}$$

各种噪声效果如图 3-12 所示。

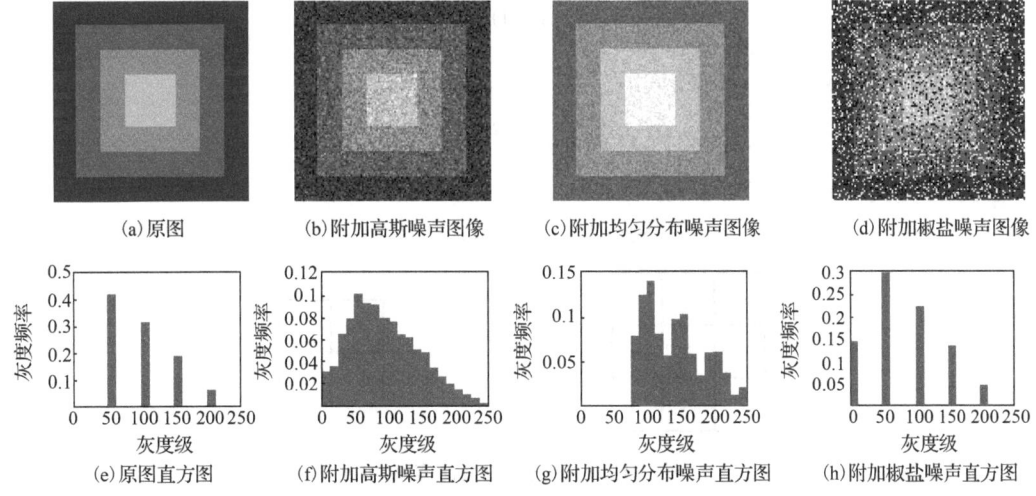

图 3-12 噪声图像效果图

3.3 海洋感知信息增强方法

海洋机器人的信息增强方法是指根据海洋机器人的图像分析、特征提取、检测识别等智能感知方法对信息质量的需求，对传感器信息进行处理，其中感兴趣信息的显著性、确定性、有效性得到一定提升，而其他不相关信息相对受到抑制，使信息更适合海洋机器人更高层次的分析处理。

3.3.1 空间域增强方法

锐化滤波能减弱或消除图像中的低频分量，但不影响高频分量。因为低频分量对应图像中灰度值缓慢变化的区域，所以与图像的整体特性，如整体对比度和平均灰度值等有关。锐化滤波将这些分量滤除，可使图像反差增加，边缘明显。在实际应用中，锐化滤波可用于增强被模糊的细节或者低对比度图像的目标边缘。

图像锐化的主要目的有两个：一是增强图像边缘，使模糊的图像变得更加清晰，颜色变得鲜明突出，图像的质量有所改善，产生更适合人眼观察和识别的图像；二是希望经过锐化处理后，目标物体的边缘鲜明，以便于提取目标的边缘、对图像进行分割、目标区域识别、区域形状提取等，为进一步的图像理解与分析奠定基础。由于锐化使噪声受到比信号还要强的增强，所以要求锐化处理的图像有较高的信噪比；否则，锐化后图像的信噪比更低。

1) 梯度锐化

图像中的梯度用行方向和列方向微分来表示：

$$\nabla f = \begin{bmatrix} \dfrac{\partial f}{\partial x} \\ \dfrac{\partial f}{\partial y} \end{bmatrix} \tag{3-43}$$

$$\begin{aligned} \dfrac{\partial f}{\partial x} &= f(x+1, y) - f(x, y) \\ \dfrac{\partial f}{\partial y} &= f(x, y+1) - f(x, y) \end{aligned} \tag{3-44}$$

梯度向量的大小为

$$\mathrm{mag}(\nabla f) = \left[(\partial f / \partial x)^2 + (\partial f / \partial y)^2 \right]^{1/2} \tag{3-45}$$

Roberts 交叉梯度算子(图 3-13)为

$$\nabla f \approx |z_5 - z_9| + |z_6 - z_8| \tag{3-46}$$

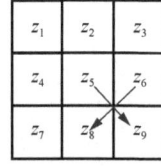 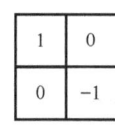 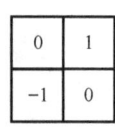

图 3-13　Roberts 交叉梯度算子

Prewitt 梯度算子(图 3-14)为

$$\nabla f = |(z_7 + z_8 + z_9) - (z_1 + z_2 + z_3)| + |(z_3 + z_6 + z_9) - (z_1 + z_4 + z_7)| \tag{3-47}$$

Sobel 梯度算子(图 3-15)为

$$\nabla f = |(z_7 + 2z_8 + z_9) - (z_1 + 2z_2 + z_3)| + |(z_3 + 2z_6 + z_9) - (z_1 + 2z_4 + z_7)| \tag{3-48}$$

−1	−1	−1		−1	0	1		z_1	z_2	z_3
0	0	0		−1	0	1		z_4	z_5	z_6
1	1	1		−1	0	1		z_7	z_8	z_9

图 3-14　Prewitt 梯度算子

−1	−2	−1		−1	0	1		z_1	z_2	z_3
0	0	0		−2	0	2		z_4	z_5	z_6
1	2	1		−1	0	1		z_7	z_8	z_9

图 3-15　Sobel 梯度算子

2) 拉普拉斯锐化

一个连续的二元函数 $f(x,y)$，其拉普拉斯算子定义为

$$\nabla^2 f(x,y)=\frac{\partial^2 f}{\partial x^2}+\frac{\partial^2 f}{\partial y^2} \tag{3-49}$$

$$g(x,y)=4f(x,y)-f(x+1,y)-f(x-1,y)-f(x,y+1)-f(x,y-1) \tag{3-50}$$

形成模板为

$$\boldsymbol{H}=\begin{bmatrix} 0 & -1 & 0 \\ -1 & 4 & -1 \\ 0 & -1 & 0 \end{bmatrix} \tag{3-51}$$

拉普拉斯算子是一种各向同性滤波器，将拉普拉斯图像与原图像叠加在一起，使在图像原有细节保留的情况下，更加突出边缘和突变点：

$$g(x,y)=f(x,y)+c\left[\nabla^2 f(x,y)\right] \tag{3-52}$$

3) 高提升滤波

图像锐化就是要增强图像频谱中的高频部分，相当于从原图像中减去它的低频分量：

$$g_{\text{mask}}(x,y)=f(x,y)-\overline{f}(x,y) \tag{3-53}$$

在原图像上加上上述模板的权重部分：

$$g(x,y)=f(x,y)+k\cdot g_{\text{mask}}(x,y) \tag{3-54}$$

3.3.2　频域增强方法

1. 频域锐化滤波

图像的边缘、细节主要位于高频部分，而图像模糊的产生是由于高频成分比较弱。频域锐化就是为了消除模糊，突出边缘。采用高通滤波器让高频成分通过，使低频成分削弱，再经傅里叶逆变换得到边缘锐化的图像。

高通滤波器的传递函数可由下面的关系式得到：

$$H_{\text{highpass}}(u,v)=1-H_{\text{lowpass}}(u,v) \tag{3-55}$$

2. 频域滤波增强

常用的图像恢复方法有带阻滤波器、带通滤波器、陷波滤波器、小波增强方法等。

1) 带阻滤波器

带阻滤波器可消除或衰减傅里叶变换原点附近的频段。理想带阻滤波器、巴特沃思带阻滤波器和高斯带阻滤波器如图 3-16 所示。

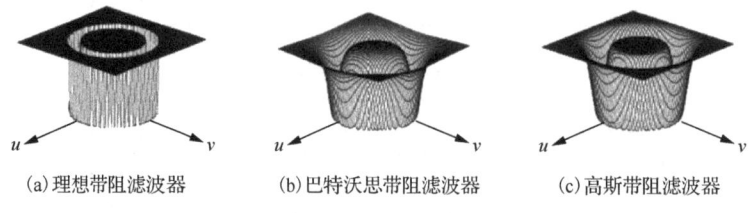

(a) 理想带阻滤波器　　(b) 巴特沃思带阻滤波器　　(c) 高斯带阻滤波器

图 3-16　几种带阻滤波器

2) 带通滤波器

带通滤波器执行与带阻滤波器相反的操作，可用全通滤波器减去带阻滤波器来实现带通滤波器。

3) 陷波滤波器

陷波滤波器(图 3-17)阻止(或通过)事先定义的中心频率邻域内的频率。由于傅里叶变换是对称的，因此陷波滤波器必须以关于原点对称的形式出现。

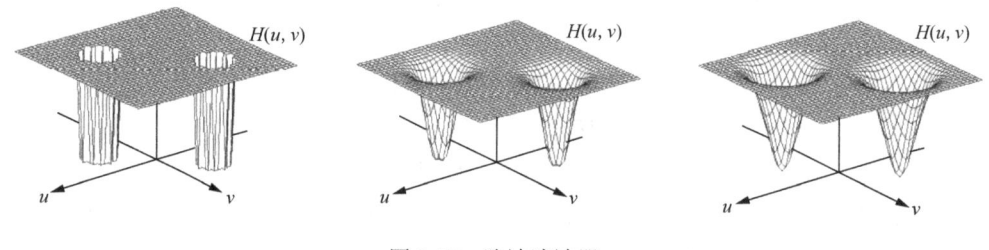

图 3-17　陷波滤波器

4) 小波增强方法

小波增强方法需要经过小波基分解、强化高频系数、图像重构 3 个步骤，如图 3-18 所示。不同的小波基具有不同的时频特征，分析同一个问题会产生不同的结果，在应用中要把握小波函数的特征，根据应用需要，选择合适的小波基。分解层数过多，增强效果提升较小，但运算量较大；而分解层数过少，容易造成低频信息损失严重。

图 3-18　小波增强方法流程

小波系数强化策略直接影响图像增强效果，关键在于如何自适应确定需要增强的系数及强化幅度。

3.3.3　模型增强方法

1. 海面大气湍流模型

在某些情况下，模型要把引起退化的环境因素考虑在内。Hufnagel 和 Stanley[32]提出了基于大气湍流物理特性的退化模型，该模型有一个通用公式：

$$H(u,v) = \exp\left[-k(u^2+v^2)^{5/6}\right] \quad (3\text{-}56)$$

其中，k 是湍流性质常数，与高斯低通滤波器有相同的形式。

2. 运动模糊模型

当成像传感器与被摄景物之间存在足够快的相对运动时，所摄取的图像就会出现"运动模糊"，运动模糊是场景能量于拍摄瞬间在像平面上的非正常积累。

假设快门的开启和关闭所用时间非常短，那么光学成像过程不会受到图像运动的干扰。设 T 为曝光时间，结果为

$$g(x,y) = \int_0^T f\left[x-x_0(t), y-y_0(t)\right]\mathrm{d}t \quad (3\text{-}57)$$

进行傅里叶变换得到：

$$G(u,v) = \iint g(x,y)\exp\left[-\mathrm{i}2\pi(ux+vy)\right]\mathrm{d}x\mathrm{d}y$$
$$G(u,v) = H(u,v)F(u,v) \quad (3\text{-}58)$$
$$H(u,v) = \int_0^T \exp\left[-\mathrm{i}2\pi(ux_0+vy_0)\right]\mathrm{d}t$$

其中，$H(u,v)$ 为运动模糊传递函数，考虑到噪声，则有

$$G(u,v) = H(u,v)F(u,v) + N(u,v) \quad (3\text{-}59)$$
$$g(x,y) = h(x,y)*f(x,y) + n(x,y) \quad (3\text{-}60)$$

3. 海面大气散射模型

大气对电磁波的作用主要可以归纳为两种物理过程，即散射与吸收，使光学传感器接收到的信息受到影响。其中，散射是影响图像质量的主要因素。

大气散射模型最早由 McCartney 和 Hall[33]于 1977 年提出，如图 3-19 所示，模型把到达成像设备的光分为大气衰减部分和大气光部分。

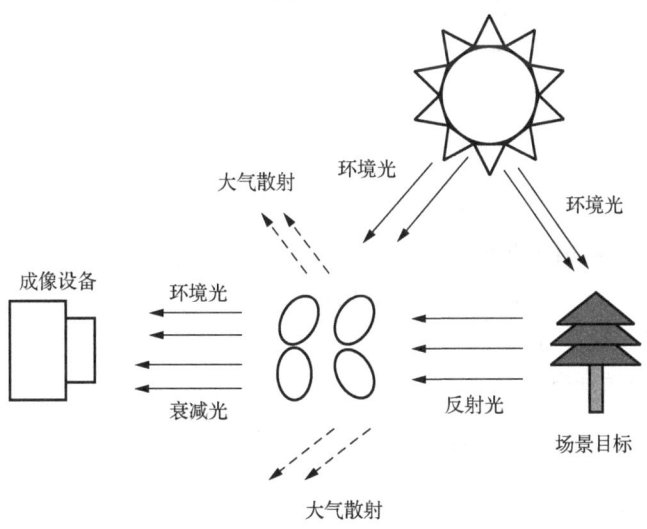

图 3-19 大气散射模型示意图

1) 大气衰减模型

根据 McCartney 的衰减模型，如图 3-20 所示，景深 d 处散射衰减后的光强(Bouguer 指数衰减定律)可表示为景深 d 处的光通量 $E(d,\lambda)$：

$$E(d,\lambda) = E_0(\lambda)e^{-\beta(\lambda)d} \tag{3-61}$$

其中，$E_0(\lambda)$ 是光在没有经过悬浮颗粒散射时的初始光通量；$E(d,\lambda)$ 是光在经过距离 d 散射后的光通量。

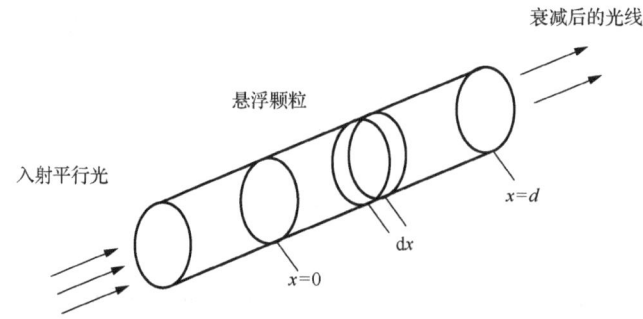

图 3-20　大气衰减模型示意图

2) 大气光模型

环境光、太阳光、海面反射光等额外光经过悬浮颗粒散射、目标物体反射进入成像设备参与成像，随景深增加而增加，如图 3-21 所示。

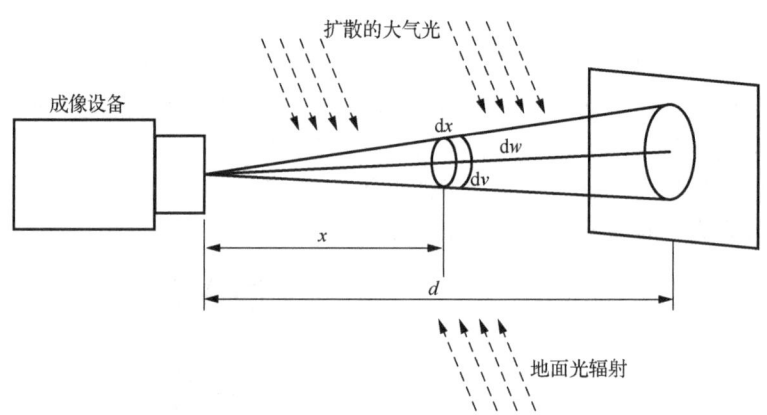

图 3-21　大气光模型示意图

距离成像设备 x 处散射得到的光通量微元：

$$dI(x,\lambda) = k\beta(\lambda)dV = k\beta(\lambda)x^2 d\omega dx \tag{3-62}$$

其中，体积微元 $dV = d\omega x^2 dx$。

到达成像设备的光强度：

$$dE(x,\lambda) = \frac{dI(x,\lambda)e^{-\beta(\lambda)x}}{x^2} \tag{3-63}$$

环境光的辐照率：

$$dL(x,\lambda) = \frac{dE(x,\lambda)}{d\omega} = \frac{dI(x,\lambda)e^{-\beta(\lambda)x}}{d\omega x^2} = k\beta(\lambda)dxe^{-\beta(\lambda)x} \tag{3-64}$$

到达成像设备的辐照度：

$$L(d,\lambda) = \int_0^d k\beta(\lambda)dxe^{-\beta(\lambda)x} = k(1-e^{-\beta(\lambda)d}) \tag{3-65}$$

当 $d=0$ 时，$L(d,\lambda)=0$，大气光不参与成像；当 $d \to \infty$ 时，$L_\infty(\lambda)=k$，为无穷远天空的辐照度，因此有

$$L(d,\lambda) = L_\infty(\lambda)(1-\mathrm{e}^{-\beta(\lambda)d}) \tag{3-66}$$

由于光强度与辐照度成正比，因此大气光强度表示为

$$E(d,\lambda) = E_\infty(\lambda)(1-\mathrm{e}^{-\beta(\lambda)d}) \tag{3-67}$$

大气散射模型中，到达成像设备的光强度可表示为大气衰减部分和大气光部分的线性叠加：

$$E(d,\lambda) = E_0(\lambda)\mathrm{e}^{-\beta(\lambda)d} + E_\infty(\lambda)(1-\mathrm{e}^{-\beta(\lambda)d}) \tag{3-68}$$

进一步精简为

$$I(x) = J(x)t(x) + A[1-t(x)] \tag{3-69}$$

4. 水下光学成像模型

水中对光发生吸收作用的粒子主要包括纯自然水、黄色物质、浮游植物和非色素颗粒等，水下光学成像模型如图 3-22 所示，水体对光的吸收系数可以表示为各粒子成分的吸收系数之和：

$$a(\lambda) = a_w(\lambda) + a_y(\lambda) + a_p(\lambda) + a_n(\lambda) \tag{3-70}$$

水中的光散射主要是由水分子和各种悬浮粒子对光子产生作用，使其由原来的传输方向发生偏转，因此水中散射系数 $b(\lambda)$ 可表示为水分子散射系数 $b_w(\lambda)$ 与悬浮粒子散射系数 $b_p(\lambda)$ 之和：

$$b(\lambda) = b_w(\lambda) + b_p(\lambda) \tag{3-71}$$

水下图像是直接照射、前向散射和后向散射三部分的线性叠加，假设光源发出的可见光是以球面形式均匀扩散和衰减的，相机接收到的总辐照度可以表示为

$$E(x,y) = E_d(x,y) + E_f(x,y) + E_b(x,y) \tag{3-72}$$

5. 视网皮层模型

如图 3-23 所示，视网皮层(Retinex)模型模拟视觉系统对外部物体的颜色和亮度的感知，假设：
(1) 目标表面色彩是由光谱反射特性决定的；
(2) 视觉色彩由 RGB 原色构成，与光照无关，具有恒常性。

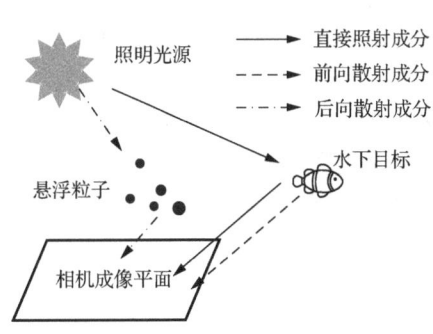
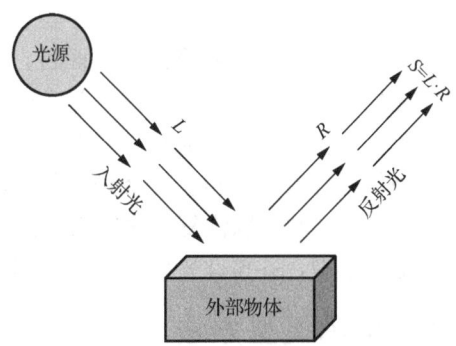

图 3-22 水下光学成像模型示意图　　　　图 3-23 Retinex 模型示意图

光照图像和反射图像形成视觉图像：

$$\begin{aligned} S(x,y) &= L(x,y) \cdot R(x,y) \\ \lg R(x,y) &= \lg S(x,y) - \lg L(x,y) \end{aligned} \tag{3-73}$$

可以通过定义不同的中心环绕函数估计光照图像：

$$F(x,y) = k\exp\left(-\frac{x^2+y^2}{\sigma^2}\right) \quad 或 \quad F(x,y) = \left\{1+\left[\frac{D(x,y)}{D_0}\right]^{2n}\right\}^{-1} \tag{3-74}$$

6. 暗通道先验模型

海洋环境图像中局部区域的像素有至少一个通道的强度值较低，即区域光强度的最小值是个很小的数值：

$$J^{\text{dark}}(x) = \min_{y\in\Omega(x)}\left(\min_{c\in r,g,b}(J^c(y))\right) \tag{3-75}$$

无雾图像的暗通道先验：

$$\min_{y\in\Omega(x)}\left(\min_{c\in r,g,b}(J^c(y))\right) \to 0 \tag{3-76}$$

大气衰减模型：

$$E(d,\lambda) = E_0(\lambda)e^{-\beta(\lambda)d} + E_\infty(\lambda)(1-e^{-\beta(\lambda)d})$$
$$I(x) = J(x)t(x) + A[1-t(x)] \tag{3-77}$$
$$\frac{I^c}{A^c} = \frac{J^c}{A^c}t + 1 - t$$

透射率估算：

$$t = 1 - \omega\min_\Omega\left(\min_c\left(\frac{I^c}{A^c}\right)\right) \tag{3-78}$$

计算去雾后图像：

$$J(x) = \frac{I(x)-A}{t(x)} + A \tag{3-79}$$

3.4 损失信息恢复方法

针对图像的模糊、失真、有噪声等造成的退化，需要对退化后的图像进行复原。图像复原是指尽可能恢复退化图像的本来面目，它是沿图像退化的逆过程进行处理，也就是分析导致退化图像所经历的过程，再根据其逆过程来复原图像。

因此，图像复原过程流程是找退化原因→建立退化模型→反向推演→恢复图像。

典型的图像复原是根据图像退化的先验知识，建立退化现象的数学模型，再根据模型进行反向的推演运算，以恢复原来的景物图像。因此，图像复原的关键是知道图像退化的过程，即图像退化模型，并据此采用相反的过程求得原始图像。

3.4.1 信息模型方法

输入图像 $f(x,y)$ 经过某个退化系统后输出的是一幅退化的图像。为了讨论方便，一般把噪声引起的退化即噪声对图像的影响作为加性噪声考虑。

原始图像 $f(x,y)$ 经过一个退化算子或退化系统 $H(x,y)$ 的作用，再和噪声 $n(x,y)$ 进行叠加，形成退化后的图像 $g(x,y)$。

图 3-24 表示退化过程的输入和输出之间的关系,即退化数学模型,其中 $H(x,y)$ 概括了退化系统的物理过程。

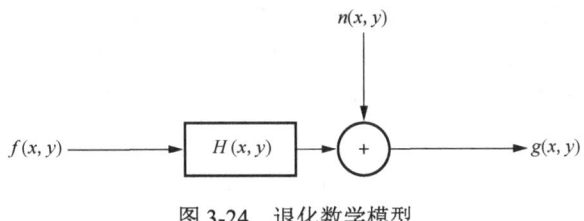

图 3-24 退化数学模型

1. 线性非时变系统

通常,假设图像经过的退化系统是线性非时变系统,其具有四个基本性质。
H 的四个性质(假设噪声 $n(x,y)=0$)如下。

1)一致性(齐次性)

如果 $f_2(x,y)=0$,则有

$$H[k_1 f_1(x,y)] = k_1 H[f_1(x,y)] \tag{3-80}$$

因此,线性系统对常数与任意输入的乘积的响应等于常数与输入的响应的乘积。

2)相加性(叠加性)

如果 $k_1 = k_2 = 1$,则有

$$H[f_1(x,y) + f_2(x,y)] = H[f_1(x,y)] + H[f_2(x,y)] \tag{3-81}$$

两个图像和的退化结果等于它们分别退化结果之和(说明线性系统对两个输入图像之和的响应等于它对两个输入图像响应的和)。

3)线性(齐次叠加性)

如果令 k_1 和 k_2 为常数,f_1 和 f_2 为两幅输入图像,则有

$$H[k_1 f_1(x,y) + k_2 f_2(x,y)] = k_1 H[f_1(x,y)] + k_2 H[f_2(x,y)] \tag{3-82}$$

两个图像的加权和的退化结果等于它们分别退化结果的加权和。

4)位置(空间)不变性

对任意图像以及 a 和 b,有

$$H[f_1(x-a, y-b)] = g(x-a, y-b) \tag{3-83}$$

原始图像偏移多少,响应的退化图像也偏移多少,说明线性系统在图像任意位置的响应只与在该位置的输入值有关,而与位置本身无关。

根据这些特点、输入信号与其经过线性非时变系统的输出信号之间的关系,以及傅里叶变换的性质,可得如下时域及频域的关系表达式:

$$\begin{aligned} g(x,y) &= H[f(x,y)] + n(x,y) \\ G(u,v) &= H(u,v)F(u,v) + N(u,v) \end{aligned} \tag{3-84}$$

即在时域上分析时,原始图像经过退化系统后得到的退化图像 $g(x,y)$ 等于原始输入图像 $f(x,y)$ 与系统时域响应 $h(x,y)$ 的卷积再加上噪声信号。

在频(率)域上分析时,退化图像的傅里叶变换 $G(u,v)$ 等于原始图像的傅里叶变换 $F(u,v)$ 与退化系统的频率响应 $H(u,v)$ 相乘,再加上噪声信号的傅里叶变换 $N(u,v)$。

2. 线性位移不变系统

采用线性位移不变系统来描述图像退化过程,主要是如下三个原因。

(1)由于许多种退化都可以用线性位移不变系统来近似,因此线性系统中的许多数学工具,如线性代数能用于求解图像复原问题,从而使运算方法简捷和快速。

(2)当退化不太严重时,一般用线性位移不变系统来复原图像,其在很多应用中有较好的复原结果,且计算大为简化。

(3)实际上,尽管非线性和位移可变的情况能更加准确而普遍地反映图像复原问题的本质,但在数学上求解困难。只有在要求很精确的情况下才用位移可变的模型去求解,其求解也常以位移不变的解法为基础加以修改而成。

3.4.2 压缩感知与稀疏表达

在现实任务中,常希望根据部分信息来恢复全部信息。例如,在数据通信中,要将模拟信号转换为数字信号,根据奈奎斯特(Nyquist)采样定理,令采样频率达到模拟信号最高频率的两倍,则采样后的数字信号就保留了模拟信号的全部信息;换言之,由此获得的数字信号能精确重构原模拟信号。然而,为了便于传输、存储,在实践中人们通常对采样的数字信号进行压缩,这有可能损失一些信息。那么,接收方基于收到的信号能否精确地重构出原信号呢?压缩感知(compressed sensing)为解决此类问题提供了新的思路。

压缩感知也称为压缩采样或稀疏采样,是一种信号处理技术,它利用信号的稀疏性从远少于传统采样定理(如奈奎斯特定理)所要求的样本数目中重构出完整信号。这一技术的核心思想是:如果一个信号在某个基下是稀疏的(即大部分系数都是 0 或接近 0),那么就可以通过少量的非适配性测量来准确地重构出该信号。

压缩感知的理论基础是稀疏性、不确定性原理和重构算法。其中,稀疏性是指信号在某种表示下的大部分系数都接近零;不确定性原理是指信号不能在两个互补的域中同时具有稀疏性;重构算法是指从少量测量中恢复信号的算法。

压缩感知的成功应用依赖于信号的稀疏性和合适的测量策略,以及有效的重构算法。

假定有长度为 m 的离散信号 x,不妨假定以远小于奈奎斯特采样定理要求的采样率进行采样,得到长度为 n 的采样后信号 y,$n \ll m$,即

$$y = \Phi x \tag{3-85}$$

其中,$\Phi \in \mathbb{R}^{n \times m}$,是对信号 x 的测量矩阵,它确定了采样频率以及将采样样本组成信号的方式。

在已知离散信号 x 和测量矩阵 Φ 时,要得到测量值 y 很容易。然而,由于 $n \ll m$,y, x, Φ 组成的是一个欠定方程,无法轻易求出数值解,所以若将测量值和测量矩阵传输出去,接收方无法还原出原始信号 x。

现在不妨假设存在某个线性变换 $\psi \in \mathbb{R}^{m \times m}$,使得 x 可表示为 ψs,于是 y 可表示为

$$y = \Phi \psi s = As \tag{3-86}$$

其中,$A = \Phi \psi \in \mathbb{R}^{n \times m}$,于是若能根据 y 恢复出 s,则可通过 $x = \psi s$ 来恢复出信号 x。

因为稀疏性可使得未知因素的影响大为减少,若 s 具有稀疏性,则此时 ψ 称为稀疏基,而 A 的作用则类似于字典,能将信号转换为稀疏表示,使问题得以解决。

事实上，在很多应用中均可获得具有稀疏性的 s，例如，图像或声音的数字信号通常在时域上不具有稀疏性，但通过傅里叶变换、余弦变换、小波变换等处理后会转化为频域上的稀疏信号。

显然，与特征选择、稀疏表示不同，压缩感知关注的是如何利用信号本身所具有的稀疏性，从部分观测样本中恢复原信号。通常认为，压缩感知分为"感知测量"和"重构恢复"这两个阶段。"感知测量"关注如何对原始信号进行处理以获得稀疏样本表示，这方面的内容涉及傅里叶变换、小波变换以及字典学习、稀疏编码等，不少技术在压缩感知提出之前就已经在信号处理领域有很多的研究；"重构恢复"关注的是如何基于稀疏性从少量观测中恢复原信号，这是压缩感知的精髓，当谈及压缩感知时，通常是指该部分。

压缩感知的相关理论比较复杂，下面仅简要介绍"限定等距性"（restricted isometry property，RIP）。

对于大小为 $n\times m(n\ll m)$ 的矩阵 A，若存在常数 $\delta_k \in (0,1)$ 使得对于任意向量 s 和 A 的所有子矩阵 $A_k \in \mathbb{R}^{n\times k}$ 有

$$(1-\delta_k)\|s\|_2^2 \leq \|A_k s\|_2^2 \leq (1+\delta_k)\|s\|_2^2 \tag{3-87}$$

则称 A 满足 k 限定等距性（k-RIP），此时可通过下面的优化问题近乎完美地从 y 中恢复出稀疏信号 s，进而恢复出 x：

$$\min_s \|s\|_0 \tag{3-88}$$
$$\text{s.t.} \quad y = As$$

然而，这是一个 NP（hard problem）难问题。值得庆幸的是，L_1 范数最小化在一定条件下与 L_0 范数最小化问题共解，于是实际上只需关注：

$$\min_s \|s\|_1 \tag{3-89}$$
$$\text{s.t.} \quad y = As$$

这样，压缩感知问题就可以通过 L_1 范数最小化问题求解，例如，可以转化为 LASSO 的等价形式，再通过近端梯度下降法求解，即使用"基寻踪去噪"（basis pursuit de-noising）。

本 章 小 结

海洋信息的质量至关重要，它是海洋机器人感知环境、做出正确判断的先决条件，所以海洋信息的预处理是海洋机器人环境感知的重要一环。本章先后介绍了：信息质量评价方法、海洋感知信息去噪方法、海洋感知信息增强方法以及损失信息恢复方法，为后续章节铺垫。

第4章 海洋场景分割方法

4.1 感知数据分割聚类方法

感知数据分割聚类方法旨在将复杂的环境图像数据分割成多个有意义的区域并进行聚类分析,以便识别和分类不同的环境特征与目标,增强水下环境的目标特征知识表示能力以及识别检测能力。

4.1.1 K均值聚类方法

K 均值聚类是最简单也是最广泛使用的聚类算法之一,可看作高斯混合聚类在混合成分方差相等且每个样本仅指派给一个混合成分时的特例。该算法尝试找到数据中的 K 个簇,使得簇内样本的平均距离之和最小。K 均值聚类的目标是最小化所有点与其对应簇中心的距离之和,其目标函数可以表示为

$$E = \sum_{i=1}^{k} \sum_{x \in C_i} \|x - \mu_i\|_2^2, \quad \mu_i = \sum_{x \in C_i} x \bigg/ \sum_{x \in C_i} 1 \tag{4-1}$$

其中,μ_i 为簇的中心点;k 为簇的数量;C_i 为属于簇的点。

聚类的关键在于定义一个合适的相似性度量准则,常见的相似性度量包括欧氏距离、曼哈顿距离、余弦相似度等。其中,欧氏距离是最常用的度量方式,定义如下:

$$d(x, y) = \sqrt{\sum_{i=1}^{n} (x_i - y_i)^2} \tag{4-2}$$

其中,x 和 y 为两个维数组点。

K 均值聚类算法的流程如图 4-1 所示,具体的步骤如下。
(1)初始化:随机选取样本集中的 K 个样本作为初始聚类中心。
(2)分配:按距离最近准则将每个样本分配给最近的聚类中心所对应的簇。
(3)更新聚类中心:将每个簇中所有样本均值作为该簇新的聚类中心,计算目标函数值。
(4)迭代:判断聚类中心和目标函数是否发生改变,若是,则返回步骤(2)。

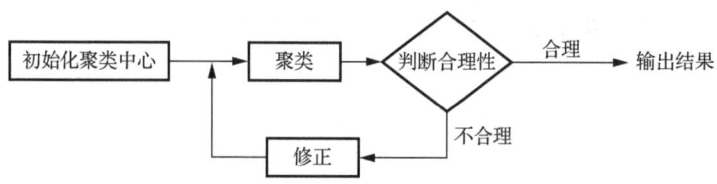

图 4-1 K 均值聚类算法流程图

K 均值聚类算法简单快速,对大数据集有较高的处理效率,时间复杂度趋于线性,适合挖掘大规模数据集;但是 K 值的设置往往需要结合实际情况反复实验才能确定,另外,初始聚类中心的选择对聚类结果有较大的影响,且对设备的总计算资源要求较高。

在水下图像分析中，K 均值聚类可以将水下图像中的像素根据其颜色或强度聚集成不同的簇，从而区分不同的对象，并进一步实现图像分类、目标检测及分割等高级任务。

4.1.2 模糊 C 均值聚类方法

模糊 C 均值 (fuzzy C-means, FCM) 聚类[34]是一种广泛应用于各类数据聚类任务的软聚类算法。与传统 K 均值聚类算法非零即一的硬指标分类不同，根据模糊集合理论，FCM 聚类允许一个数据点以不同的隶属度属于多个聚类中心，提供了更高的灵活性和适应性，极大提高了聚类算法对现实数据集的处理能力。在水下图像处理领域，FCM 聚类算法因其对噪声和模糊边界的鲁棒性而特别受到重视，常用于图像分割、目标识别等任务。

模糊 C 均值聚类算法基于最小化目标函数，衡量数据点与各聚类中心之间的距离并考虑到每个点对聚类中心的隶属度，采用拉格朗日乘子法的数学表达式如下：

$$J_m = \sum_{i=1}^{k} \sum_{j=1}^{n} u_{ij}^m \| \boldsymbol{x}_j - \boldsymbol{c}_i \|^2 + \sum_{i=1}^{N} \lambda_i \left(\sum_{j=1}^{C} u_{ij} - 1 \right) \tag{4-3}$$

其中，$\boldsymbol{x}_j$ 是数据点；m 是模糊化系数；k 是聚类的数量；n 是数据点的总数；u_{ij} 是数据点对聚类中心的隶属度，表示数据点对聚类中心的归属强度，按照如下公式更新：

$$u_{ij} = \frac{1}{\sum_{l=1}^{k} \left(\frac{\| \boldsymbol{x}_j - \boldsymbol{c}_i \|}{\| \boldsymbol{x}_j - \boldsymbol{c}_l \|} \right)^{\frac{2}{m-1}}} \tag{4-4}$$

聚类中心 $\boldsymbol{c}_i$ 由隶属度加权的所有数据点的均值确定：

$$\boldsymbol{c}_i = \frac{\sum_{j=1}^{n} u_{ij}^m \boldsymbol{x}_j}{\sum_{j=1}^{n} u_{ij}^m} \tag{4-5}$$

模糊 C 均值聚类算法的计算步骤如下。

(1) 初始化：随机选择一个聚类中心，或预设初始聚类中心。

(2) 隶属度计算：根据当前的聚类中心，使用隶属度更新公式计算每个数据点对每个聚类中心的隶属度。

(3) 中心更新：使用聚类中心更新公式重新计算每个聚类的中心。

(4) 迭代：重复步骤 (2) 和 (3)，直到聚类中心的变化低于某个阈值或达到预设的迭代次数，算法终止。

FCM 聚类算法可以有效地将水下图像中的有用特征 (如鱼类、珊瑚或其他水生生物) 从背景中分离出来。通过对每个像素点进行聚类，可以根据隶属度将像素点划分到相应的区域，从而实现对复杂水下场景的有效解析。

由于水下环境的特殊性，图像往往伴随着噪声和模糊。FCM 聚类算法通过聚类分析，也可以识别出图像中的噪声点，并将其归于合适的聚类中，从而达到噪声去除的效果。同时，通过调整隶属度和聚类中心，还可以增强图像中的特定细节，改善图像质量。

然而，FCM 聚类算法的相关参数需要依照经验以及数据集的特征进行选取，若指定数据不理想,则聚类的结果准确度也无从保证;另外,算法流程以及中心点的位置对噪声和异常值敏感,随着迭代次数的增加,这种不确定性也会影响算法的精度。

4.1.3 高斯混合模型方法

高斯混合模型[35](Gaussian mixture model, GMM)是一种用于线性表示、具有多个高斯分布组件的数据集的重要模型。GMM 是聚类分析中的一种软聚类技术,可以用于识别和学习数据中的潜在子群,其在各类尺寸不同、聚类间有相关关系时可能比 K 均值聚类更合适。这种模型不仅提供了聚类的功能,还能通过概率模型估计数据点属于各个聚类的概率。

GMM 假设图像中的像素值由多个高斯分布组成,是高斯模型的扩展。GMM 的概率密度函数为多个高斯分布的加权和:

$$\begin{cases} P(\pmb{x}|\theta) = \sum_{k=1}^{K} \alpha_k \phi(\pmb{x}|\theta_k), & \theta_k = (\pmb{\mu}_k, \sigma_k^2) \\ \sum_{k=1}^{K} \alpha_k = 1, & \alpha_k \geqslant 0 \end{cases} \quad (4\text{-}6)$$

其中,α_k 为第 k 个高斯子分布的权重;$\pmb{\mu}_k$ 为均值矩阵;σ_k 为标准差;ϕ 为高斯分布;K 为高斯分布的数量;$\pmb{x}$ 为关于参数 θ 的观测值。GMM 是期望最大化(EM)算法的应用,适用于观测量不完整的情况,先初始化参数模型:

$$\lg L(\theta) = \sum_{j=1}^{N} \lg P(\pmb{x}_j|\theta) = \sum_{j=1}^{N} \lg \left[\sum_{k=1}^{K} \alpha_k \phi(\pmb{x}_j|\theta_k) \right] \quad (4\text{-}7)$$

而后,在每次的迭代中执行以下两步操作进行参数估计。

(1) E 步(expectation step):处理随机变量并计算隐变量的后验概率,计算目标函数对随机变量的期望:

$$\gamma_{jk} = \frac{\alpha_k \phi(\pmb{x}_j|\theta_k)}{\sum_{k=1}^{K} \alpha_k \phi(\pmb{x}_j|\theta_k)}, \quad j=1,2,\cdots,N, \quad k=1,2,\cdots,K \quad (4\text{-}8)$$

(2) M 步(maximization step):利用 E 步的计算结果执行参数优化,使得目标函数取得尽可能大的值:

$$\pmb{\mu}_k = \frac{\sum_{j=1}^{N} (\gamma_{jk} \pmb{x}_j)}{\sum_{j=1}^{N} \gamma_{jk}}, \quad k=1,2,\cdots,K \quad (4\text{-}9)$$

EM 算法的计算流程如下:
(1) 随机初始化参数;
(2) 计算每一个隐变量的后验概率 γ_{jk};
(3) 求解使得目标参数模型取得最大值的参数;
(4) 循环(2)和(3),直至终止条件满足(参数变化小于阈值或迭代达到预定次数);
(5) 返回参数,终止算法。

高斯混合模型在水下图像处理中可应用于图像分割、目标检测和背景建模等方面。通过估计和补偿水下图像中由光线衰减和散射导致的颜色偏差,可实现图像增强;通过调整不同混合成分的权重，可以增强图像中的对比度和可视性，使得图像更加清晰；通过对动态变化的背景建模，可以有效检测和跟踪水中移动目标。

4.2 相似性分析与分割方法

在图像分割中，基于相似性的数据分析通常使用特征像素区域之间的相似性作为分割的标准，如颜色、纹理、边缘等。

4.2.1 特征评价方法

1. 颜色特征

颜色特征是图像处理中最常用的特征之一，通过分析图像中各像素的颜色分布，可以提取出有用的信息。在水下图像处理中，由于光线的快速衰减和散射，颜色特征的提取和校正尤为重要。

1) 颜色直方图

颜色直方图通过统计图像中每个颜色分量(如红、绿、蓝)的像素数量生成直方图，反映了图像的颜色分布特性。

设图像的颜色空间为 C，颜色分量(第 i 个颜色通道的分量值)为 c_i，则颜色直方图 $H(c_i)$ 表示颜色分量 c_i 的像素数量：

$$H(c_i) = \sum_{x \in C} I(x = c_i) \tag{4-10}$$

其中，$I(x = c_i)$ 为指示函数，当像素的颜色分量为 c_i 时值为 1，否则为 0。

2) 色彩空间转换

色彩空间转换通过将图像从一种颜色空间转换到另一种颜色空间，便于提取和处理颜色特征。常用的色彩空间有 RGB、HSV、YCbCr 等。

2. 纹理特征

纹理特征描述了图像中像素的局部结构和模式，是水下图像处理中重要的特征之一。常用的纹理特征提取方法包括灰度共生矩阵(GLCM)、局部二值模式(LBP)等。

1) 灰度共生矩阵

GLCM[36]通过计算图像中灰度级对的共现频率，生成一个矩阵。矩阵中的元素表示图像中某个灰度级对的出现频率。

设图像的灰度级为 G，GLCM 矩阵为 P，则 $P(i,j)$ 表示灰度级对 (i,j) 的共现频率：

$$P(i,j) = \sum_{(x,y) \in G} I[g(x,y) = i \wedge g(x+\Delta x, y+\Delta y) = j] \tag{4-11}$$

其中，$g(x,y)$ 为像素 (x,y) 的灰度值；Δx 和 Δy 为相对偏移量。

2) 局部二值模式

LBP[37]是一种简单有效的纹理特征提取方法，通过比较中心像素与邻域像素的灰度值，生成二值模式。LBP 对于光照变化具有一定的鲁棒性，适用于水下图像的纹理分析。

设中心像素为 I_c，领域像素为 I_p，则 LBP 模式为

$$\text{LBP}(x,y) = \sum_{p=0}^{P-1} s(I_p - I_c) \cdot 2^p \tag{4-12}$$

其中，$s(x)$为符号函数，当$I_p>I_c$时值为1，否则为0。

3. 边缘特征

边缘特征用于检测图像中物体的边界，是图像分割的重要依据。常用的边缘检测方法包括 LoG 边缘检测、Sobel 边缘检测及 Canny 边缘检测等。

1) LoG 边缘检测

LoG 边缘检测首先对图像进行高斯平滑以减少噪声，然后使用拉普拉斯算子计算图像的二阶导数。边缘处的像素对应于拉普拉斯算子的零交叉点。

(1) 高斯平滑：使用高斯滤波器平滑图像，减少噪声。

(2) 拉普拉斯算子：对平滑后的图像应用拉普拉斯算子计算二阶导数。

(3) 零交叉检测：检测拉普拉斯算子结果中的零交叉点，标记为边缘。对于每个像素，检查其四邻域或八邻域中的符号变化，零交叉点表示边缘。

2) Sobel 边缘检测

Sobel 算子[38]使用两个 3×3 的卷积核来计算水平方向 G_x 和垂直方向 G_y 的梯度。梯度的模值表示边缘的强度，梯度的方向表示边缘的方向。算法的步骤如下。

(1) 灰度图转换：将输入图像转换为灰度图。

(2) 卷积操作：使用 Sobel 算子的两个卷积核分别对灰度图进行卷积，计算水平方向和垂直方向的梯度。

(3) 梯度计算：计算每个像素的梯度幅值和方向。

(4) 阈值化处理：对梯度幅值进行阈值处理，保留大于阈值的像素作为边缘。

3) Canny 边缘检测

Canny 算子[39]通过平滑图像减少噪声，然后计算梯度以检测边缘，并通过非极大值抑制和滞后阈值处理获得精确的边缘。算法的基本步骤如下。

(1) 高斯平滑：使用高斯滤波器平滑图像，减少噪声。

(2) 梯度计算：使用 Sobel 算子计算图像的梯度强度和方向。

(3) 非极大值抑制：沿梯度方向检查每个像素，抑制非局部最大值的梯度，保留局部最大值。具体而言，对于每个像素，沿梯度方向检查两个相邻像素，如果当前像素的梯度值大于相邻像素，则保留，否则抑制为 0。

(4) 双阈值处理：使用高低双阈值法连接边缘；高于高阈值的像素标记为强边缘，介于高阈值和低阈值之间的像素标记为弱边缘，低于低阈值的像素抑制为 0，对弱边缘进行连接，如果弱边缘与强边缘相连，则保留，否则抑制为 0。

(5) 边缘跟踪：通过滞后阈值处理跟踪边缘，保留连通的弱边缘。

4.2.2 超像素区域方法

超像素区域方法是一种将图像划分为多个特征相似基础单元(超像素)进行处理和分析的图像处理技术。与像素级别的处理相比，超像素区域减小了数据的复杂度，提高了计算效率，保留了图像的边缘和结构信息，同时可以基于目标的颜色、纹理、位置等特征进行聚类。超像素区域方法在水下图像处理中主要应用于图像分割和特征提取。通过将图像划分为超像素区域，可以减小计算复杂度，提高分割的精度和鲁棒性。

常见的超像素生成算法包括基于聚类的简单线性迭代聚类[40](simple linear iterative clustering, SLIC)算法以及基于图论的 Felzenszwalb-Huttenlocher(FH)算法[41]等。

1. SLIC 算法

SLIC 算法是一种基于 K 均值聚类的超像素生成方法。它通过迭代优化，将图像划分为形状规则、紧密连接的超像素区域。

算法的基本流程如下。

(1) 根据图像尺寸和期望的超像素数目，将图像中的像素点按照均匀网格初始化为若干个种子点。

(2) 结合颜色距离和空间距离定义距离度量公式：

$$D = \sqrt{\left(\frac{d_c}{m}\right)^2 + \left(\frac{d_s}{S}\right)^2} \tag{4-13}$$

其中，d_c 是颜色距离；d_s 是空间距离；m 是常数；S 是类内最大空间。

(3) 对于每个种子点，计算其相邻区域内像素点到种子点的距离，确定归属并更新超像素区域。根据当前的区域以及更新信息，计算新的种子点位置作为下一次迭代的起点。

(4) 不断重复上述流程，直至种子点位置稳定。

2. FH 算法

FH 算法是一种基于图论的超像素生成方法，其基本思想是将图像表示为一个加权无向图，图中的节点表示像素点，边的权重表示像素点之间的相似度。通过最小生成树方法构建图的最小生成树，并基于边的权重进行区域合并，从而实现图像分割。算法的主要步骤如下。

(1) 图的构建：将图像表示为一个加权无向图 $G = (V, E)$，其中 V 表示像素点的集合，E 表示像素点之间的边，边的权重 w 通常基于像素点之间的颜色差异或空间距离计算。对于两个像素点，其边的权重可以定义为

$$w(p,q) = \| I(p) - I(q) \| \tag{4-14}$$

其中，$I(p)$、$I(q)$ 分别表示像素点 p 和 q 的颜色向量。

(2) 初始分割：使用最小生成树算法(如 Kruskall 或 Prim 算法)生成图的最小生成树。最小生成树通过将图中的边按权重从小到大排序，逐一添加到生成树中，并确保不会形成环。

(3) 区域合并：基于边的权重进行区域合并。对于最小生成树中的每一条边，按照边的权重从小到大的顺序进行处理，判断是否将连接的两个区域合并。具体而言，首先定义区域内差异和区域间差异，然后进行比较，若区域间差异小于区域内差异，则将两区域进行合并。

(4) 结果输出：在所有的边都处理完毕后，剩余的各个区域即为最终的分割结果。这些区域具有相似的颜色或纹理特征，并且保留了图像的边缘信息。

针对水下环境复杂、光线条件差的情况，传统的像素级处理方法容易受到噪声和水体散射的影响，FH 算法通过构建图的最小生成树，可以有效地保持图像的边缘和结构信息并提高分割质量，通过将图像划分为颜色和亮度相似的区域进行颜色校正和亮度调整，可以提高图像的视觉质量。

4.2.3 相似性分割方法

1. 分水岭算法

分水岭(watershed)算法[42]是一种基于拓扑理论的形态学分割方法，其原理如图 4-2 所示，

基于图像中不同相似区域像素的灰度值,将图像视作地形表面,高灰度值像素点对应于高地,低点对应于盆地,然后通过计算梯度来找到梯度值最大的像素点作为种子点,将不同区域分开。该算法的名称来自这个过程的类比,即对一个持续降雨的地形图而言,水会从最低处开始涌出并缓慢填满低洼区域,形成不同区域之间的分水岭基线。算法的优势在于求解相似像素区域的梯度直接迅速,便于找到梯度峰值的方向,从而实现快速分割。

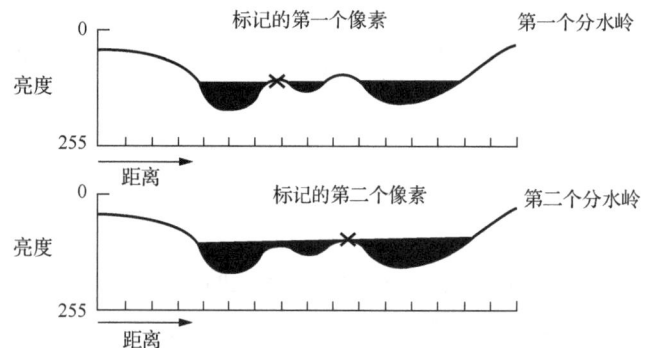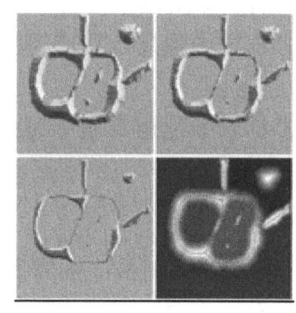

图 4-2 分水岭算法原理示意图

分水岭算法的主要步骤如下。

(1)计算图像所有像素处的梯度,形成梯度图像。

(2)对梯度图像所有像素按照灰度值分类,进行阈值处理并设定测地线距离阈值。

(3)从最小灰度值处让阈值开始增长,在增长过程中计算最小像素点与像素点的测地线距离,若小于设定阈值则将像素淹没,否则设置堤坝并对邻域分类。

(4)重复步骤(3)直到整个图像上所有像素全部被淹没,这时所建立的一系列堤坝就成为分开各个盆地的分水岭线(watershed line)。

(5)将分水岭线添加到原始图像中以显示不同区域。

测地线距离的数学意义是连接集合中两元素路径长度的最小值。在三维曲面空间中,两点间的测地线距离是两点间沿着三维曲面的表面所走的最短路径。

2. 区域生长算法

区域生长(region growth)算法[43]是一种基于区域相似性的分割算法。区域生长可以根据预先定义的生长规则将像素或者小区域不断组合为更大区域。具体地,区域生长是从一组初始种子点出发,通过预先定义的区域生长规则,将与种子点性质相似的领域像素不断添加到每个种子点上,并且满足区域生长的终止条件时形成最终生长区域的过程。

区域生长算法的设计主要有以下三点:生长种子点的确定、区域生长的条件、区域生长停止的条件。

(1)种子点的个数根据具体的问题可以选择一个或者多个,并且根据具体的问题不同可以采用完全自动确定或者人机交互确定。

(2)区域生长的条件实际上是根据像素灰度间的连续性而定义的相似性准则。

(3)区域生长停止的条件定义了一个终止规则:在基本没有像素满足加入某个区域的条件时,区域生长停止。在算法的实现过程中可以定义一个最大像素灰度值距离,当待加入像素点的灰度值和已经分割好的区域所有像素点的平均灰度值之差的绝对值小于或等于最大像素灰度值距离时，该像素点加入已经分割好的区域；相反，则区域生长算法停止。

4.3 语义分析与分割方法

语义可以简单地看作数据所对应的现实世界中的事物所代表的概念的含义，以及这些含义之间的关系，是数据在某个领域上的解释和逻辑表示。基于图像的语义分析与分割主要围绕着不同层级的图像特征含义及其关联展开。

4.3.1 语义区域分割与合并

图像阈值分割法，可以认为是从大到小（将整幅图像根据不同的阈值分成不同区域）对图像进行"分裂"，而区域生长法相当于从小到大（从种子像素开始，不断接纳新像素，最后构成整幅图像）不断对像素进行"合并"。如果将这两种方法结合起来对图像进行划分，便是分裂合并（slit and merge）算法。因此，分裂合并算法实质是先把图像分成任意大小而且不重叠的区域，然后合并或分裂这些区域以满足分割的要求。分裂合并算法中常采用图像的四叉树[44]（quad-tree）结构作为基本数据结构，下面对其进行简单介绍。

1. 图像的四叉树表示

图像除了用各个像素表示之外，还可以根据应用目的的不同，以其他方式表示。四叉树是其中最简单的一种，图像的四叉树表示可以用于图像分割，也可以用于图像压缩等处理。

四叉树通常要求图像的大小为 2 的整数次幂，设 $N = 2^n$，对于 $N \times N$ 大小的图像 $f(x,y)$，它的树状数据结构是一个从 1×1 到 $N \times N$ 逐次增加的 $n+1$ 个图像构成的"序列"，采用四叉树数据结构的主要优点是可以首先在较低分辨率的图像上进行需要的操作，然后根据操作结果决定是否在高分辨率图像上进一步处理，从而节省图像分割所需要的时间。

2. 四叉树图像分割

在利用四叉树方式进行图像分割时，需要用到图像区域内和区域间的一致性判断，它是区域是否合并的判断条件。可供实际使用参考的一致性条件有以下几种。

(1) 区域中灰度最大值与最小值的方差小于某选定值。
(2) 两区域平均灰度之差及方差小于某选定值。
(3) 两区域的纹理特征相同。
(4) 两区域的参数统计检验结果相同。
(5) 两区域的灰度分布函数之差小于某选定值。

下面介绍一种利用图像四叉树表达方法的简单分裂合并算法。设 R 代表整个正方形图像区域，P 代表区域一致性判断准则。从最高层开始，把 R 连续地分裂成越来越小的 1/4 的正方形子区域 R。对于每个区域 R，如果 $P(R_i) = \text{True}$（符合一致性条件），则不再继续往下分裂；如果 $P(R_i) = \text{False}$（不符合一致性条件），那么将 R_i 分成四等份。如此类推，直到 R_i 为单个像素。

如果仅仅允许使用分裂，最后有可能出现相邻的两个区域具有相同的性质但并没有合成一体的情况。为解决这个问题，在每次分裂后需要进行合并操作，合并那些相邻且合并后满足一致性判断条件的区域。换句话说,如果能满足条件 $P(R_i \cup R_j) = \text{True}$,则将 R_i 和 R_j 合并起来。总结上述的基本分裂合并算法,其主要步骤如下。

(1) 对于任一个区域 R_i,如果 $P(R_i) = \text{False}$,就将其分裂成不重叠的四份。

(2) 对相邻的两个区域 R_i 和 R_j 而言(也可大小不同,不在同一层即可),如果能够满足条件 $P(R_i \cup R_j) = \text{True}$,就将它们合并起来。

(3) 如果进一步的分裂或合并都不可能,则结束。

图 4-3 给出使用分裂合并法分割图像的一个简单例子,图中目标和背景区域都具有常数灰度值。先将整个图像分裂成图 4-3(a)所示的 4 个正方形区域。由于左上角区域内所有像素相同(或差不多),所以不必继续分裂。其他 3 个区域继续分裂,得到图 4-3(b)。此时,除包括目标下方的两个子区域外,其他区域都可分别按目标和背景合并。对那两个子区域继续分裂可得到图 4-3(c)。因为此时所有区域都已满足合并条件,所以最后一次合并得到图 4-3(d)所示的分割结果。

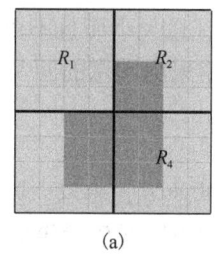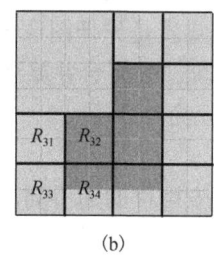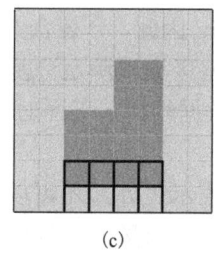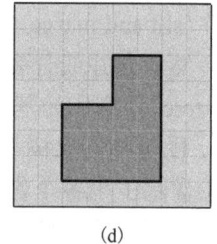

图 4-3 简单的区域分割合并算法过程

分裂合并法将图像分割成越来越小的区域,直至每个区域中的像素点具有相似的数值。这种方法的优点是不再需要前面所说的种子像素,但它的一个明显的缺点是可能使分割后的区域具有不连续的边界。

4.3.2 语义特征表达

图像的视觉特征集合称为视觉空间(visual space),所有种类的语义信息集合称为语义空间(semantic space)。图像的语义按照提取深度由浅到深可以分为视觉层、对象层和概念层,越深层的特征包含的高层语义性越强、分辨能力也越强,下面分别介绍其含义。

1. 视觉层语义特征

视觉层即通常所理解的底层,是指图像的局部结构、颜色、纹理和形状等基本属性,这些特征也称为底层特征语义,机器表达这些特征的常见方法包括以下几种。

(1) 颜色直方图:用于描述图像中各个颜色的分布情况,将图像中的像素按照颜色分布划分到不同的区间,统计每个区间的像素数量,归一化直方图,以便在不同图像之间进行比较。

(2) 纹理特征:描述图像中像素之间的局部纹理结构,通常先对图像进行灰度化处理,再使用如灰度共生矩阵[36]、Gabor 滤波器[45]等各种滤波器提取图像的纹理信息,根据提取的特征计算纹理描述子。

(3) 边缘检测:通过检测图像中的边缘来表征局部结构信息,将图像转换为灰度图像,再利用 Sobel、Canny、Harr 等[46]常用算法提取图像的边缘梯度信息,最后进行连接和筛选等后处理。

2. 对象层语义特征

对象层即中间层，通常包含了目标的属性特征，即某一对象在某一时刻的状态，对于这类特征，通常使用局部特征描述子(scale invariant feature transform, SIFT)[47]、视觉词袋模型(bag of visual words, BoVW)[48]及稀疏编码的方式提取、描述图像中的局部特征，如角点、斑点等，并生成描述这些特征的向量，以便进行特征匹配和对象识别。

计算机提取中间层特征的基本步骤大致如下。

(1)对图像进行多尺度空间层级构建，以提取、描述并检测来自不同尺度大小的特征信息，提高语义表达能力。

(2)在不同的尺度层级下，检测并构建属于目标的关键点向量或局部特性信息(如SIFT方法中的极值点特征描述子、BoVW方法中的视觉词直方图与词袋组合模型以及稀疏编码方法中的用于表示图像局部结构纹理的原子字典等)，滤除不必要的干扰信息。

(3)根据关键点搜索周围的局部图像区域定位，计算并生成特征描述子。

(4)使用描述子进行特征匹配或对象识别加以验证。

3. 概念层语义特征

概念层即高层，是指图像表达和理解出的最接近人类理解的内涵。举例来说，一张图上有沙滩、蓝天、海水等，视觉层是每一个区域的大致区分，对象层是沙滩、蓝天和海水这些具象，而概念层可以理解为海滩风光景色。机器提取概念层特征表达的主要方式是通过深度学习。下面以深度残差特征为例进行简要说明。

深度残差特征是指利用 ResNet[49]提取的高层次图像特征。ResNet 通过引入残差模块(residual block)解决了深层神经网络中的梯度消失和梯度爆炸问题，使得训练更深层次的网络成为可能，从而提取更丰富的特征表示，如图 4-4 所示。

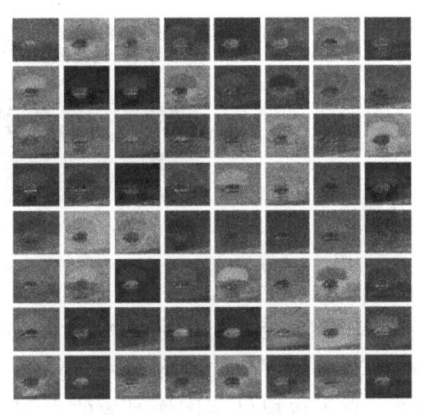

图 4-4 特征图的可视化

4.3.3 语义神经网络

语义神经网络(semantic neural network)是一种通过深度学习方法进行图像、文本、音视频等数据高层次语义特征信息的提取和理解，从而实现分类、检测、分割等高级任务的神经网络架构。

语义神经网络的核心原理在于，通过多层的深度网络结构，首先逐层提取数据的不同层级特征表达，然后进行多尺度的特征信息融合，捕捉特征全局关系，最后通过全连接网络或特定语义层对信息进行解读和决策。深度学习中用于提取、学习和表达语义特征的典型方式主要有卷积神经网络、循环神经网络以及自注意力机制[50]等。

4.4 海洋目标实例分割

海洋环境复杂多变，海洋生物的形态各异且数量庞大，人造目标类型多样且动态变化频繁。传统的目标检测方法只能提供边界框，在目标形状变化或重叠时效果不佳，无法细粒度地区分目标的具体形状和细节，在复杂背景下容易误检和漏检，实例分割技术能够更好地应对这些变化。通过实例分割技术可以实现对海洋目标的精确检测、分类和跟踪，从而有力地支持复杂环境下的目标监控、海洋生物研究、垃圾检测和资源开发等任务。

4.4.1 实例分割概念

实例分割(instance segmentation)是计算机视觉中的重要任务，它不仅要检测图像中的物体位置以及类别(目标检测)，还要为每个个体实例(而不是每类物体)生成像素级别的分割掩码。实例分割任务同时结合了目标检测的识别定位和语义分割的逐像素分类的特点，既要区分不同类别的物体，也要区分在同类物体中的不同实例，其演变过程如图 4-5 所示。

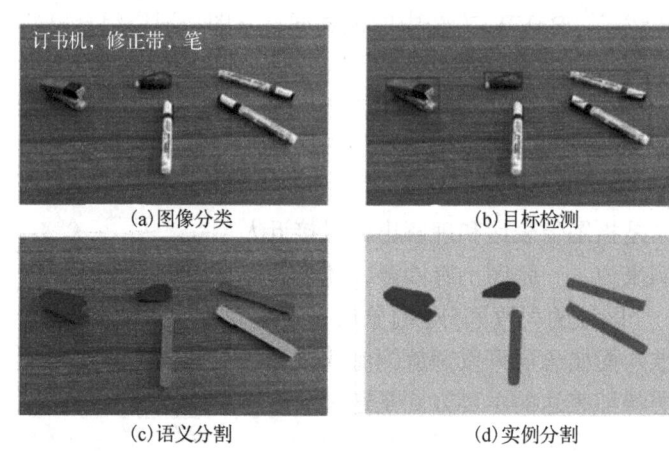

图 4-5 图像实例分割的演变

图像分类，可以定义为一个预测完整输入像素信息的过程，即预测图像中对象的类别或根据其分类评分提供图像中对象的类别列表。目标检测，是一个从粗推理到精推理的增量步骤，它不仅提供了图像对象的类别，而且还以边界框或质心的形式给出了分类图像对象的位置。语义分割是一种从粗推理向精推理继续的增量研究方法，其目标是通过预测每个图像像素的标签来获得精细的推理，每个像素都根据其所包围的对象或区域进行分类标记。

从上述角度出发，实例分割为属于同一类的对象的不同实例提供了不同的标签。因此，实例分割可以定义为同时寻找目标检测和语义分割的解决方案的任务。

4.4.2 实例分割方法原理

1. 二阶段方法

最初的实例分割方法是依托目标检测框架进行开发的，主要方式是将分割的掩码并行添加到目标检测的框架之中。即首先对图像中实例所在区域进行常规的目标检测，然后对候选区域进行像素级别的分割。两个步骤特点鲜明，从整体到局部方式有序，也因此称为自上而下的二阶段实例分割方法。

自上而下的二阶段实例分割主要发展流程如下。

1) SDS 模型

受到著名的二阶段的目标检测器 R-CNN 框架的启发，Hariharan 等[51]于 2014 年首次提出了"同时检测分割"(simultaneous detection and segmentation, SDS)模型的概念,是最早的实例分割算法。SDS 网络结构如图 4-6 所示,其主要思路如下。

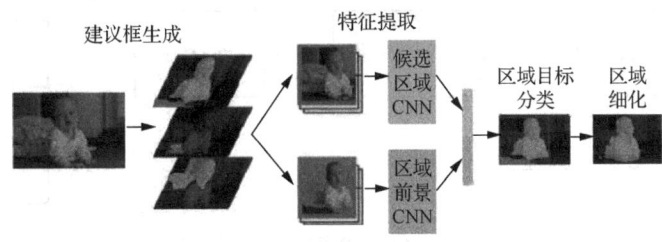

图 4-6　SDS 网络结构运行流程

(1) 借鉴 R-CNN 的做法,利用候选区域生成算法为每个图像筛选出一组可能包含目标的候选区域。

(2) 在原有主干网络的基础上添加一条新路径并进行联合训练,实现从区域边界框和区域前景同时提取特征,并在全连接层之前进行合并。

(3) 基于卷积层的提取特征训练支持向量机用于分类。

(4) 对重复覆盖的区域进行非极大值抑制(NMS),消除冗余的锚框和掩码。

(5) 使用 CNN 中的特征生成特定类别的粗略掩码预测,以细化候选区域,将该掩码与原始候选区域结合起来进一步提高分割效果。

SDS 算法用目标检测生成候选区域再对其进行语义分割的思想,直观地诠释了实例分割任务的概念和内涵,为后续方法的发展和分类的多样化提供了重要基础。

2) MNC 多任务级联

2016 年,何恺明团队提出了一种多任务级联(MNC)结构[52]。如图 4-7 所示,MCN 将实例分割任务分解为目标定位、掩码生成以及目标分类三个子任务。共用一个主干网络并将三个不同功能的分支级联的好处在于,所有子任务共享来自主干网络的监督,并且每个阶段都以前一阶段结果为输入,整体上网络是端到端的,都有利于训练更好的特征。此外,并联结构有利于加快多任务推理的速度,有效提高实例分割算法的效率。

3) Mask R-CNN 模型

在经典的目标检测框架 Faster R-CNN[53]提出后,区域候选网络(region proposal network, RPN)普遍代替了 R-CNN 中相对烦琐的选择性搜索(selective search)策略,极大地提高了提议区域的生成、修正以及前景背景分类和坐标回归的速度与算法的整体效率。何恺明等[54]于 2017 年在 Faster R-CNN 框架的基础上添加了具有更高特征分辨能力的语义分割分支,用以预测感兴趣区域,称为 Mask R-CNN,其主要结构如图 4-8 所示。

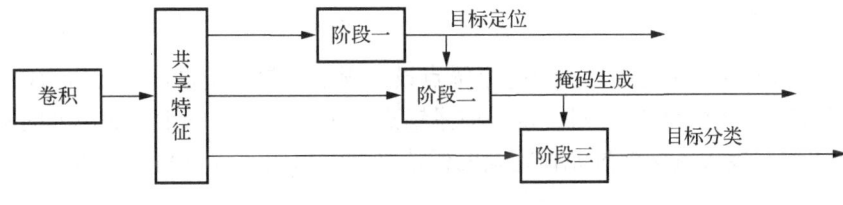

图 4-7　MNC 结构

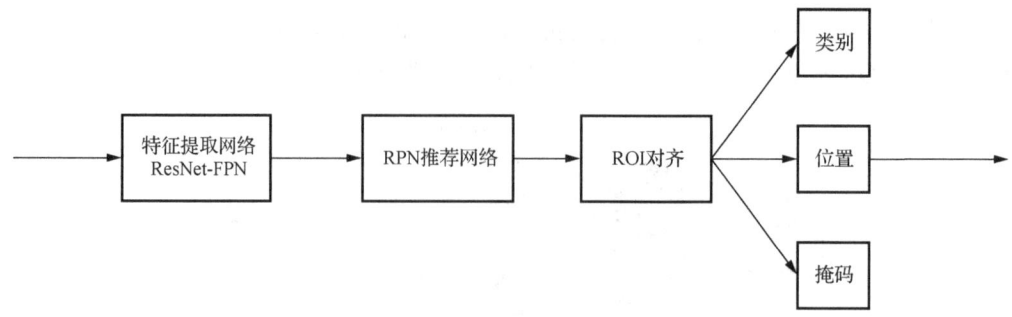

图 4-8 Mask R-CNN 基本架构

Mask R-CNN 模型的主要运作流程如下。

(1) 将输入图像输入骨干网络中提取多层特征，有利于多尺度物体及小物体的检测。骨干网络使用 ImageNet 公开数据集预训练的带有特征金字塔网络 (feature pyramid network, FPN[55])结构的残差网络 ResNet-FPN，性能优秀。

ResNet[49]引入残差模块，通过跳跃连接 (skip connection)（图 4-9）或捷径连接 (shortcut connection) 的方式使得网络能够直接学习残差，而不是完整的映射函数，有效地解决了由网络层数过深带来的梯度消失及网络退化问题。

FPN 通过自顶向下的路径和侧连接，逐层融合来自卷积层多次下采样形成的图像金字塔的高层语义特征和低层空间细节特征，生成具有丰富语义的信息和高分辨率多层次信息，构建多尺度的特征图来增强网络对不同尺度目标的检测和分割能力，如图 4-10 所示。

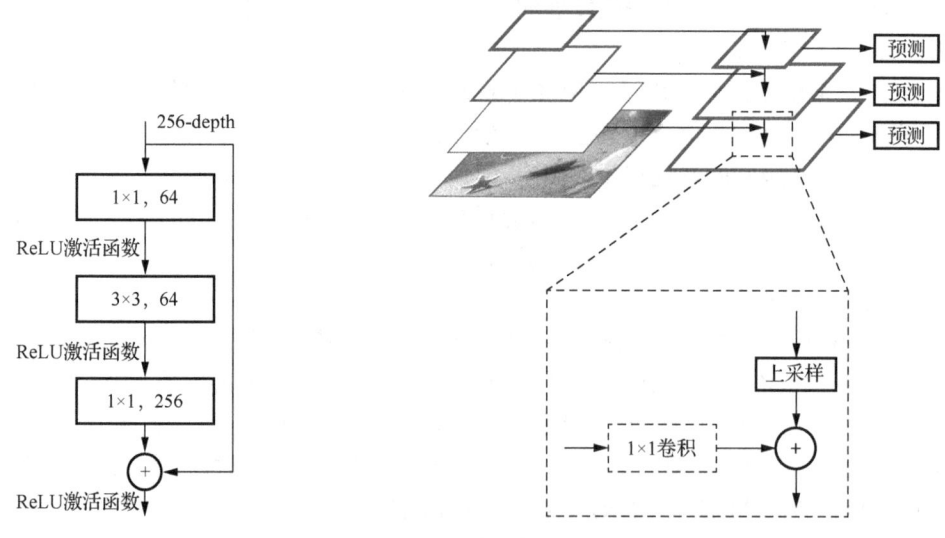

图 4-9 跳跃连接结构　　　　　　　图 4-10 图像金字塔和特征金字塔

(2) 对特征图生成一系列锚点，对每个锚点设定固定个数的锚框，并交由 RPN 进行二分类（前景和背景）以及坐标回归，对于每个前景锚点，进一步为其修正更加精准的锚框边界。另外，RPN 通过非极大值抑制过滤掉冗余的候选区域，保留一部分高质量的候选区域用于后续处理。

(3) 将每个候选区域映射到特征图上，并进行精确对齐。为确保候选区域的特征能够准确提取，对 ROI 映射的执行提出的 ROI Align 操作，替换原始 Faster R-CNN 中的 ROI-Pooling。具体来说，ROI Align 使用双线性插值方法从输入特征图中精确上采样，确保特征对齐更加准确。

（4）对每个通过 ROI Align 处理后的候选区域分别进行分类和边界框回归。

分类分支：预测候选区域属于哪个类别。

边界框回归分支：精确回归出目标的边界框。

（5）在分类和边界框回归之后，对于每个候选区域，掩码分支接收 ROI Align 之后的特征图，通过一系列卷积层处理后生成一个二值掩码矩阵，用于表示目标的精确形状。预测掩码的过程采用了全卷积神经网络(fully convolutional network, FCN[56])结构，利用卷积与反卷积构建端到端的网络，对每一个像素分类实现较好的分割效果。

Mask R-CNN 不仅是早期实例掩码分支嵌入目标检测器的经典代表，更是后续众多自上而下二阶段实例分割的基础框架。

自上而下的方法在原理和精度上均一定程度地依赖于目标检测的性能及准确率，同时在网络前期需要生成大量的候选区域提议，其推理时间与建议框的数量成正比，因此推理效率相对低下，精度相对较高。

若从图像聚类的角度考虑实例分割，即此时任务转变为：将图像中属于一个物体的所有像素筛选、聚成一个集合，并判断这个物体的类别。以这种思路主导的二阶段方法一般称为自下而上的方法，由于基于分割的思路，故自下而上的方法通常会设计模型学习经过特殊设计的转换形式或实例边界，并以类似嵌入的方式将点聚类到实例掩码中。

这类自下而上的方法虽然能够摆脱目标检测框的约束限制，但是严重依赖于密集的预测质量，在水下存在帷幔效应、颜色偏差、目标重叠不规则的复杂背景下容易产生碎片掩码，预测后所需的处理技术复杂，且泛化能力有限，在此不做过多展开。

2. 一阶段方法

受到已有一阶段目标检测器的启发，现有方法将实例分割统一到 FCN 框架下。例如，以全卷积一阶段目标检测(fully convolutional one-stage object detection, FCOS)为目标检测框架衍生出一系列一阶段的实例分割算法、重新编排掩码表征方式从而提升实例分割精度的各种方法、自然语言处理中的 Transformer[50]模型移植实例分割领域的方法等。此外，其他方法则结合了实例分割和目标检测的优势加以实现。

一阶段实例分割与二阶段方法的显著区别在于不添用建议框的辅助下如何直接区分不同物体，脱离候选锚框的约束是提升算法效率的关键，但也是技术上和方法分类上的难点，特别是同类别的不同实例如何能完整地保存逐像素点含有的位置信息和语义信息。

1) 基于位置感知的方法

将实例分割看成是基于个体实例位置的语义分割，则需要在个体所在的不同区域级别上进行相应的分割操作，因为同一像素在不同的区域内可能有不同的语义内涵[57,58]。

2019 年，加利福尼亚大学提出了一阶段全卷积实时实例分割模型 YOLACT[59]，如图 4-11 所示。类比于二阶段方法中 Mask R-CNN 对于 Faster R-CNN 的改进，YOLACT 模型旨在对一阶段的目标检测网络添加一个分支用于生成掩码(mask)，同时为了追求检测的实时性从而期望去除耗时较多的特征定位步骤。为了达到上述要求，首先将实例分割的复杂流程分解成两个并行化的子任务：其一利用 FCN 生成一组图像大小的、不依赖于任何实例个体的原型掩码(prototype mask)；其二类比注意力向量，在目标检测网络分支添加一个 head 用以预测检测框的掩码系数向量（mask coefficient）。最终，对于经过快速非极大值抑制（fast NMS）处理的每个实例，将原型掩码与掩码系数进行组合装配从而为其构造出组合掩码。

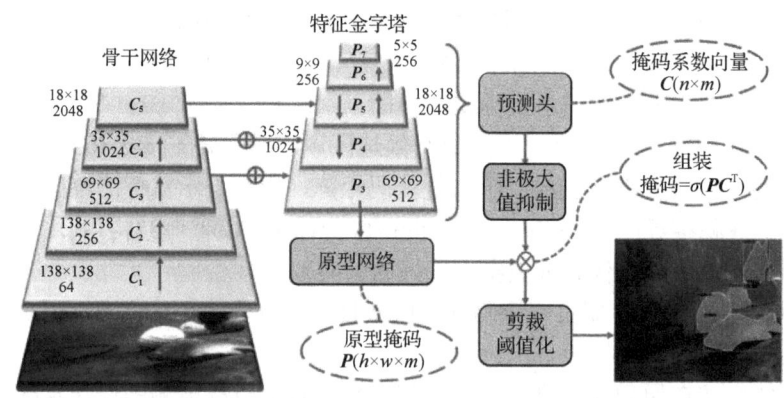

图 4-11　YOLACT 实时实例分割整体流程

2020 年，CondInst 方法[60]使用动态变换卷积结构的思想来进行实例信息的编码，彻底脱离了锚框以及特征对齐映射等手段的辅助。首先同样借助 FCOS 检测出实例类别，然后用动态变化的掩码分支参数结合提取到含相对坐标信息的掩码特征图，执行卷积操作生成最终的实例掩码。与其他方法不同的是，在掩码前端的过滤器对于所有实例在训练时是固定的，是动态生成和条件的实例。由于滤波器只需要预测一个实例的掩码，这在很大程度上减轻了学习要求并降低了滤波器的负载。SOLO 方法[61]将类别分配给实例中的每个像素，根据实例的位置和大小，将实例分割转换为单次分类可解决的问题，也消除了候选锚框生成带来的耗时影响，如图 4-12 所示。

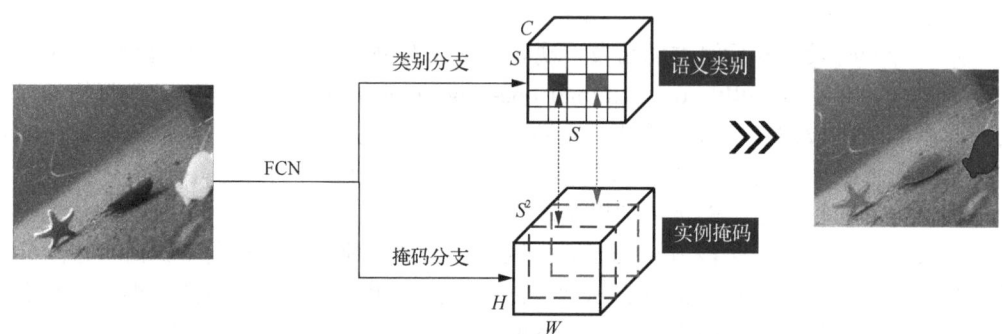

图 4-12　SOLO 实例分割网络整体流程

基于点特征的实例分割存在以下两个难点。

(1) 如何用点特征进行更精细的掩码表达。

(2) 如何解决一阶段方法存在潜在的特征错误分配建议框而带来后续分割错乱的问题。

针对上述问题，PointINS 方法[62]提出了实例感知卷积模块予以解决。在该模型中，感知权重参数用于消除其他目标在检测实例特征图上的影响，而实例无关特征用以提供预测掩码的特征图。由于两者都可通过边界框回归操作来获得，因此模型省略了掩码生成分支。CenterMask[63]从另一方面解决基于点特征的一阶段实例分割问题，即不同目标实例的区分和逐像素特征对齐。将其分解为两个子任务：局部掩码(使用目标中心点)来表示分离实例，特别在多目标重叠环境下效果显著；在整张图片中生成全局的分割掩码。最后，融合实例已知的局部掩码和实例未知的全局掩码得到完整的实例掩码。

2) 基于建模掩码的方法

传统的掩码表征方式是"二值化"的矩阵表示，其中 1 表示该位置是物体，0 则表示背景，且大多数掩码局限于二维矩形框。然而，现实世界中的物体，尤其是海洋环境下的生物目标、人造目标等大多都是不规则的多边形，所以从如何合理建模掩码的角度出发研究实例分割问题具有重要意义。

2019 年，TensorMask 方法[64]通过 4D 的结构化张量在空间域中构建掩码，这是一种基于局部掩码的编码方式，也是首个密集滑动窗口实例分割方法，系统思想新颖但推理速度慢、训练时间长。2020 年，PolarMask 方法[65]将实例分割公式化为实例中心分类(instance center classification)和极坐标中的密集距离回归(dense distance regression)问题，提出了一种使用极坐标建模来表示多边形目标的新的掩码编码形式，将每个像素的掩码预测转变成在极坐标系下中心点分类和距离回归问题。

实例分割通常通过在包围框包围的空间布局中进行二进制分类来解决，如图 4-13(b)所示。这样的像素到像素对应预测，尤其是在单次拍摄方法中是奢侈的。相反，如果获得实例的轮廓则可以有效地恢复实例掩码蒙版。图 4-13(c)显示了一种定位轮廓的直观方法，该方法可预测组成轮廓的点的笛卡儿坐标。图 4-13(d)所示为将角度和距离作为坐标来定位点的极坐标表示法。另外，针对模型的分割结果发现的边缘信息模糊的问题提出了轮廓点细化的方法，通过对轮廓点角度偏置和距离的预测，使网络能够提取出更准确的实例轮廓。

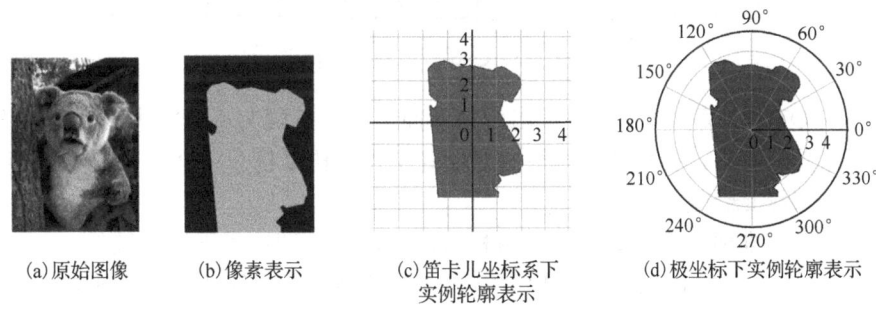

(a)原始图像　(b)像素表示　(c)笛卡儿坐标系下实例轮廓表示　(d)极坐标下实例轮廓表示

图 4-13　PolarMask 极坐标实例轮廓表示

2022 年，LSNet 方法[66]类比 PolarMask 提出了一种通用物体识别建模方式。对于目标的实例分割，可以用一个锚点和指向轮廓点的 n 个向量来确定掩码。在制作训练标签时，PolarMask 方法将物体表示在极坐标系中，因此每个方向只能取一个轮廓点。但是，对复杂的多边形轮廓目标而言，存在某些方向上多次穿过轮廓的情形，在这种情况下，PolarMask 方法只能取最外层边界上的轮廓点，而所有内层轮廓处的轮廓点将被忽略，即呈现"空心衰减"问题。LSNet 方法通过对轮廓进行均匀的采样，然后让网络直接回归出每个轮廓点的位置，由此避免产生这个问题。对比 PolarMask 与 LSNet 对多边形轮廓的分割效果如图 4-14 所示。

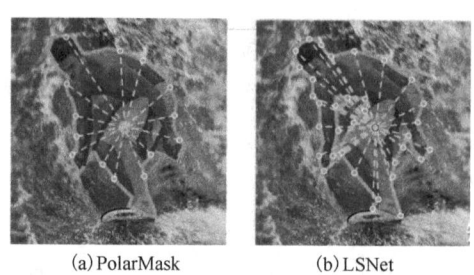

(a) PolarMask　　(b) LSNet

图 4-14　PolarMask 与 LSNet 对多边形轮廓的分割效果

3) 基于 Transformer 嵌入的方法

近年来,Transformer 模型从自然语言处理领域被引入计算机视觉任务中蓬勃发展,多头注意力机制对检测性能的显著提升使得其在各类任务中都取得了瞩目的成果。

ISTR[67](instance segmentation with transformer)是首个基于 Transformer 的端到端实例分割框架。ISTR 的结构如图 4-15 所示,模型通过预测低维掩码的嵌入方式以及循环细化策略同时进行检测和分割实例,与二阶段自下而上和自上而下的实例分割框架相比,ISTR 使用位置编码辅助生成卷积提取特征的全局表示,并使用周期更新的查询框(query box)改进了原本烦琐的预测及冗余的重复检测框抑制处理,为高效地同时处理检测和分割提供了新的视角。

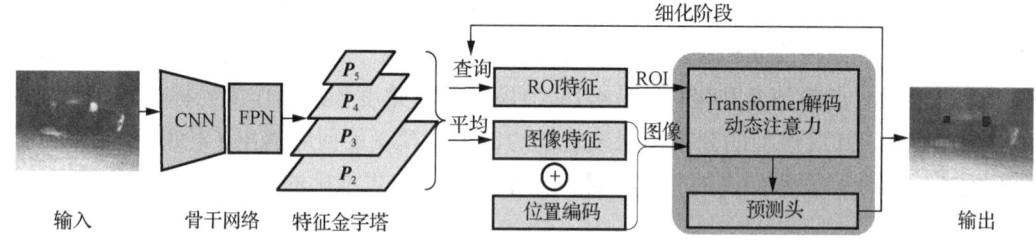

图 4-15　ISTR 网络整体流程

2021 年,SOTR[68]模型被总结并提出,自上而下的二阶段实例分割大多存在以下问题。

(1) 由于感受野有限,卷积神经网络提取的高层视觉语义信息中相对缺乏特征连贯性,因此在大目标上的分割结果次优。

(2) 分割质量和推理速度严重依赖于目标检测器,在复杂场景下性能较差。

针对以上问题,基于 Transformer 模型能够相对容易捕获全局特征,并自然地建模远程语义依赖的优势,SOTR 方法利用 Transformer 结构简化了传统二阶段实例分割流程。如图 4-16 所示,SOTR 先通过 Transformer 预测每个实例类别,再利用多层级的上采样模块(multi-level up-sampling module)动态地生成分割掩码。

由于 Transformer 模型的自注意力机制在时间和内存上的计算复杂度是二次方量级,因此相比于自然语言处理,在图像等高维序列上应用会产生极高的计算代价,并且会阻碍模型在不同环境下的可伸缩性。为解决该问题,SOTR 模型提出了孪生注意力(twin attention)机制,将注意力矩阵简化为稀疏表示,只涉及一行和一列注意力来编码像素,从而在计算量和设备内存上都实现了极大节省,特别是对于密集预测大输入的实例分割场景,可以在一定程度上提高分割精度和训练收敛性。此外,模型不需要在大数据集上进行预训练即可很好地推广归纳偏差,因此也适用于真实标签不足或数据量缺乏的复杂任务场景。

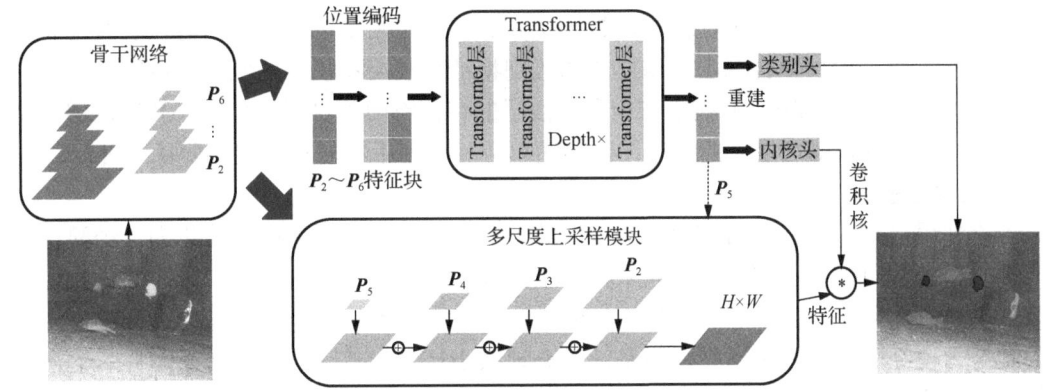

图 4-16　SOTR 网络整体流程

可见，编码器-解码器结构的 Transformer 模型可以通过一系列可学习的掩码嵌入将实例分割任务统一。

4.4.3　实例分割优化

在实例分割技术的发展过程中，存在诸多优化手段以提高分割效果和计算效率，以下是一些典型方法。

1. 多尺度特征提取

多尺度特征提取旨在提高模型对不同大小实例的检测和分割能力。在复杂场景的图像中，由于目标固有特征或拍摄角度等，特征呈现的尺度不尽相同，单一尺度的特征提取可能无法捕捉到所有目标的细节。使用特征金字塔网络(FPN)等多尺度特征提取网络的手段，可以提高对不同大小实例的检测和分割能力。FPN 的形成过程如图 4-17 所示。

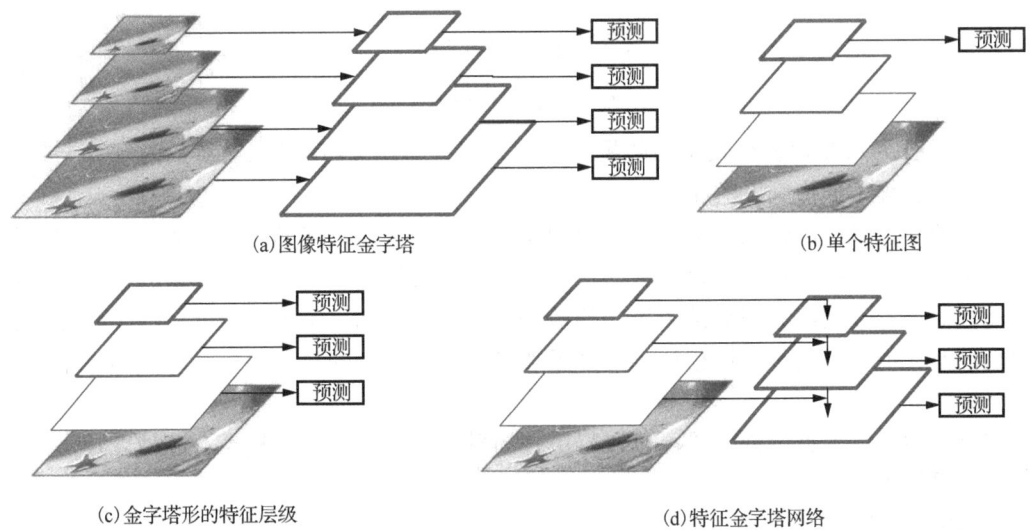

图 4-17　特征金字塔网络的形成

FPN 结构将不同特征图上的特征进行融合，在融合得到的特征图上再进行预测。对自下而上和自上而下的路径而言，前者是深度卷积网络的前向提取特征的过程，后者是对最后卷积层的特征图进行上采样的过程；横向的连接和卷积操作则是融合深层的卷积层特征和浅层卷积特征的过程。通过融合深层卷积层的高级别特征和浅层卷积层的低级别特征，可以加强对小物体的检测效果。FPN 的核心在于利用浅层的特征将简单目标区分开，利用深层的特征将复杂目标区分开，即利用大的特征图区分简单目标，利用小的特征图区分复杂目标。

2. 数据增强

若将使用已知的经验数据（训练样本）训练得到的学习器的误差或风险称为"经验误差"或"训练误差"，相对地，在新样本（未知样本）上的误差称为"泛化误差"，显然，我们希望学习器的"泛化误差"越小越好。然而，通常我们事先并不知道新样本是什么样的，实际能做的是努力使经验误差越小越好。但是，过分地减小经验误差，通常会在未知样本上产生很差的结果，即"过拟合"。

为了提高模型的泛化性（模型在验证集的表现能力），通常可以使用大规模训练数据，但是实际上，获取有标签的大规模数据需要耗费巨大的人工成本，甚至有些情况下根本无法获取数据。解决这个问题的一个有效途径是"邻域风险最小化"，即通过先验知识构造训练样本的邻域值。一般的做法就是传统的数据增强方法，通过多种图像变换手段（如平移、旋转、缩放、翻转、随机剪裁、颜色调整、随机遮挡、噪声添加等）对数据集进行体量和丰富度上的扩充与增强，以增加训练数据的多样性。

数据增强手段主要在训练阶段使用，可减少模型的过拟合现象，有效提升模型的鲁棒性和泛化能力，提高实例分割的准确性，也可一定程度上解决实例分割数据集的手工标注工作繁杂冗长的问题。

Mixup[69]是 MIT 提出的将两幅图像按比例进行融合的一种数据增强算法，是一种一般性（不针对特定数据集）的邻域分布方式。Mixup 不仅带来精度和性能的提升，也具有很好的鲁棒性，无论对于含噪声标签的数据还是对抗样本攻击，都表现出良好的适应性。算法的数学表达式如下：

$$\begin{cases} \bar{X} = \lambda x_i + (1-\lambda) x_j \\ \bar{Y} = \lambda y_i + (1-\lambda) y_j \end{cases} \quad (4\text{-}15)$$

其中，(x_i, y_i) 为从原始训练数据中随机选取的一组样本；$\lambda \in [0,1]$ 服从参数为 (α, α) 的 Beta 分布，是控制样本插值强度的超参数。

随机擦除（random erasing, RE[70]）增强是另一种典型的裁剪类数据增强手段，其主要目的在于模拟遮挡从而提高模型泛化能力，这种操作对于模拟复杂现实场景非常有意义。将物体部分遮挡后会迫使网络利用局部未遮挡的数据进行识别，加大了训练难度，一定程度上会提高模型的泛化能力。其也可以被视为一种添加噪声的手段，并且与随机裁剪、随机水平翻转具有一定的互补性。

综合应用各种数据增强手段可以取得更好的模型表现，尤其对噪声、遮挡以及密集预测等都具有更好的鲁棒性。

3. 模型轻量化

随着计算机视觉领域内的卷积神经网络模型层出不穷，神经网络体积越来越大，结构越来越复杂，预测和训练需要的硬件资源也逐步增多，对于服务器的高算力需求也越来越强烈。边缘部署移动设备因硬件资源和算力的限制，很难运行复杂的深度学习网络模型或执行复杂的感知任务。一些研究致力于促进神经网络向小型化发展，在保证任务执行度和模型准确率的同时不断优化网络规模和推理效率。这些模型使移动终端、嵌入式设备运行神经网络模型成为可能，借助其高效用的结构设计可以进一步优化实例分割的复杂流程，使得模型更加轻量化。

深度可分离卷积[71](depth wise separable convolution)由一层深度卷积(depth wise convolution)与一层逐点卷积(pointwise convolution)组合而成。每一层深度可分离卷积之后都紧跟着批规范化和 ReLU 激活函数。与常规卷积相比，深度可分离卷积在精度基本不变的情况下可以显著减小模型的参数量与计算量。

分析深度可分离卷积与常规卷积的计算量差异，假设输入特征图的尺度为 $5\times5\times3$，要求输出特征图的尺度为 $5\times5\times4$，规定卷积步长和填充均为 1，深度卷积核和常规卷积核大小均为 3×3，计算量的对比如表 4-1 所示。

表 4-1　深度可分离卷积与常规卷积的计算量对比

卷积类型	参数量/个	"乘加"运算/次
深度可分离卷积	39	975
常规卷积	108	2700

在主干网络的特征提取过程中适当应用深度可分离卷积，可以显著减小模型参数量、复杂度以及运算量，在相同的网络层数下显著提高网络推理效率。

知识蒸馏(knowledge distillation)是将知识从一个较大的深度神经网络(教师模型)中提取到一个较小的网络(学生模型)中的深度网络模型边缘部署方法。如图 4-18 所示，知识蒸馏与人的学习过程类似，其主要思想是让学生模型模仿教师模型，通过训练和交互"竞争"，使得学生模型可以与教师模型持平甚至有更卓越的表现。一个完整的知识蒸馏系统可由知识、蒸馏算法和师生架构三个关键部分组成。

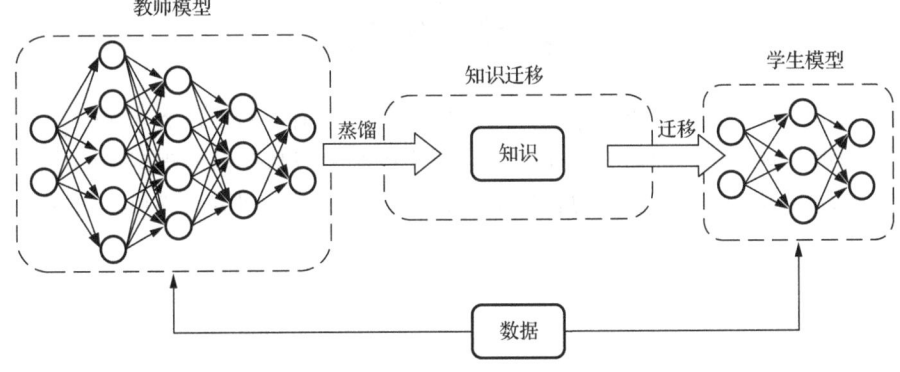

图 4-18　知识蒸馏系统的组成

原始知识蒸馏使用大深度模型的对数作为教师知识，中间层的激活、神经元或特征也可以作为指导学生模型学习的知识，不同的激活、神经元或成对样本之间的关系包含了教师模型所学习到的丰富信息。此外，教师模型的参数(或层与层之间的联系)也包含了另几种知识，主要分为基于响应的知识(response-based knowledge)、基于特征的知识(feature-based knowledge)以及基于关系的知识(relation-based knowledge)，图 4-19 所示为教师模型中不同知识类别的直观示例。

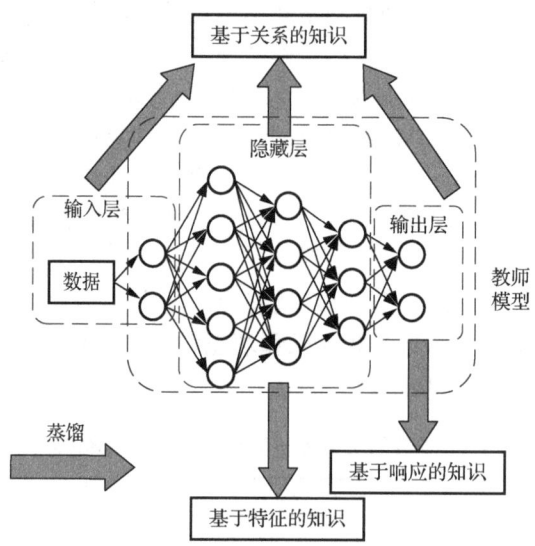

图 4-19 教师模型中的不同知识类别

由于海洋环境真实标签的缺失,难以简单有效地通过监督学习的方式训练网络并部署在边缘智算设备上来恢复水下成像及智能检测。而基于物理模型恢复的无监督方法通常计算量庞大,处理速度缓慢,又难以满足实时执行任务的需求。因此,可以将无监督网络作为教师模型,根据基于响应的知识定义,将无监督网络的输出定为软标签,提供给基于相同物理模型的、作为学生模型的监督网络进行加权训练。如此一来,学生模型既可以学习到物理模型的拟合关系、一定程度上学习到教师模型中的复杂后处理优化效果,又能保持自身推理相对高效的优势,实现复杂场景的边缘部署和实时检测。

本 章 小 结

本章从图像分割的数学及机器学习原理出发,首先介绍了基于聚类和相似性分析的典型数据分类及图像分割方法,然后介绍了深度学习中神经网络从图像中提取不同层级的区块和语义信息的原理,最后引出了实例分割的概念,详细归纳了不同类别的典型的实例分割方法以及优化措施。

第5章 海洋目标检测识别方法

5.1 目标特征设计与分析

在海洋环境感知中,目标特征的设计与分析是实现目标检测、识别与分类的重要环节。特征提取技术旨在从图像中提取具有鉴别力的信息,使得目标能够在不同场景和条件下被有效地识别和区分。本节将探讨几种常用的目标特征,包括直方图特征、局部区域特征、边界特征以及统计特征。这些特征各自具有独特的优势和应用场景,通过对这些特征的综合使用,我们可以构建更加鲁棒和准确的目标识别系统。

5.1.1 目标直方图特征

目标的直方图特征是一种用于描述目标在图像或视频中颜色分布情况的特征表示方法。在目标检测和图像识别任务中,直方图特征通常被用来表征目标的颜色特征,通过统计图像中像素的颜色分布来描述目标的外观特征。目标的直方图特征包括颜色直方图、边缘直方图等特征,其中颜色直方图是使用最广泛的特征。

颜色直方图中的数值都是统计得到的,描述了图像中关于颜色的数量特征,能够反映图像颜色的统计分布和基本色调。对于包含 n 个像素的图像,可以计算其 B 位(bin)的直方图,其任意的第 b 位的直方图计算公式为

$$H(b) = \frac{1}{n}\sum_{i=1}^{n}\delta_i(b) \tag{5-1}$$

其中,$\delta_i(b)$ 是 0-1 指示函数。当第 i 个像素的颜色值等于 b 时,函数值为 1,否则函数值为 0。

直方图特征只包含了图像中颜色值出现的频数,而丢失了像素的空间位置信息。任一幅图像都能给出唯一一幅与它对应的直方图,但不同的图像可能有相同的颜色分布,从而就具有相同的直方图,因此直方图与图像是一对多的关系。从另外一个角度来说,图像的旋转不会对直方图产生影响,即直方图具有旋转不变性。

如果将图像划分为若干个子区域,则所有子区域的直方图之和就是全图的直方图。一般情况下,由于图像中背景和前景物体的颜色分布明显不同,所以在直方图上会出现双峰特性,但背景和前景颜色较为接近的图像不具有这个特性。

直方图可以基于不同的颜色空间和坐标系。最常用的颜色空间是 RGB 空间,原因在于计算机中大部分的图像都用这种颜色空间表达。然而,RGB 空间并不符合人眼对颜色相似性的主观判断,因此有人提出了基于 HSV 空间的颜色直方图,因为它更接近于人们对颜色的主观感受。

直方图是对颜色数据的统计。计算颜色直方图需要将颜色空间划分为若干个小的颜色区间,每个小区间称为直方图的一个位,这个过程称为颜色量化(color quantization)。然后,通过计算颜色落在每个小区间内的像素数量得到颜色直方图。颜色量化有许多方法,如向量量

化方法、聚类方法、神经网络方法等。另外，如果图像采用 RGB 空间而直方图采用 HSV 空间，则可以预先建立从 RGB 空间到 HSV 空间的查找表(look-up table)，从而加快直方图的计算过程。

5.1.2 目标局部区域特征

目标的局部区域特征是用于描述目标或物体局部区域性质的特征，关注目标的局部细节和特征区域的表征。

1. 简单的区域描述

1) 区域面积

区域面积描述区域的大小，对属于区域的像素计数，如图 5-1 所示。

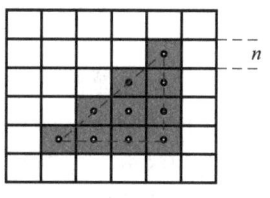

图 5-1 区域面积计算

2) 位置

用物体的面积的中心点作为物体的位置。

3) 方向

如果目标是细长的，则其方向可定义为具有最小惯量的二阶矩轴的方向。

4) 周长

周长用边界所占面积表示，即边界点数之和。

5) 长轴和短轴

用最小外接矩形(MER)法求物体的长轴和短轴，如图 5-2 所示。

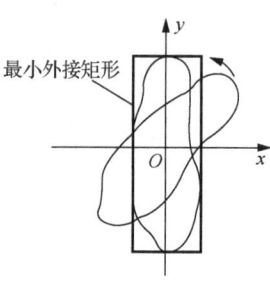

图 5-2 最小外接矩形示意图

6) 圆形度

根据区域的周长 B 和区域的面积 A 计算圆形度：$F = B^2/(4\pi A)$。

2. 形状不变矩特征提取方法

矩本身是概率与统计中的概念，其本质是数学期望。若图像像素坐标为二维随机变量，则图像可以用二维数值密度函数表示：

$$m_{pq} = \int_{-\infty}^{+\infty}\int_{-\infty}^{+\infty} x^p y^q f(x,y) \mathrm{d}x \mathrm{d}y, \quad p,q \in \mathbb{N} = \{0,1,2,\cdots\} \tag{5-2}$$

$$m_{pq} = \int_{i=0}^{m-1}\int_{j=0}^{n-1} i^p j^q f(i,j) \tag{5-3}$$

其中，p 和 q 分别表示 x 和 y 方向上矩的阶数。

为了消除原点矩对平移旋转的变化，把坐标原点平移到质心坐标的位置，从而得到中心距：

$$\mu_{pq} = \sum_{i=0}^{m-1}\sum_{j=0}^{n-1}(i-\bar{i})^p(j-\bar{j})^q f(i,j) \tag{5-4}$$

其中，二值图像的质心坐标为

$$\bar{i} = \frac{m_{10}}{m_{00}} = \sum_{i=0}^{m-1}\sum_{j=0}^{n-1} i \cdot f(i,j) \bigg/ \sum_{i=0}^{m-1}\sum_{j=0}^{n-1} f(i,j) \tag{5-5}$$

$$\bar{j} = \frac{m_{01}}{m_{00}} = \sum_{i=0}^{m-1}\sum_{j=0}^{n-1} j \cdot f(i,j) \bigg/ \sum_{i=0}^{m-1}\sum_{j=0}^{n-1} f(i,j) \tag{5-6}$$

形状的三阶中心距为

$$\begin{aligned}
\mu_{00} &= \mu_{00} \\
\mu_{10} &= \mu_{01} = 0 \\
\mu_{11} &= m_{11} - \bar{j}m_{10} \\
\mu_{20} &= m_{20} - \bar{i}m_{10} \\
\mu_{02} &= m_{02} - \bar{j}m_{01} \\
\mu_{30} &= m_{30} - 3\bar{i}m_{20} + 2\bar{i}^2 m_{10} \\
\mu_{12} &= m_{12} - 2\bar{j}m_{11} - \bar{i}m_{02} + 2\bar{j}^2 m_{10} \\
\mu_{21} &= m_{21} - 2\bar{i}m_{11} - \bar{j}m_{20} + 2\bar{i}^2 m_{01} \\
\mu_{03} &= m_{03} - 3\bar{j}m_{02} + 2\bar{j}^2 m_{01}
\end{aligned} \tag{5-7}$$

再将中心矩进行归一化处理，构造尺度不变性：

$$\eta_{pq} = \frac{\mu_{pq}}{\mu_{00}^{\gamma}}, \quad \gamma = \frac{p+q}{2}, \quad p+q = 2,3,4,\cdots \tag{5-8}$$

利用二阶和三阶归一化中心距导出七个不变矩，具有对平移、旋转和尺寸缩放都不变的性质（Hu 不变矩）：

$$\begin{aligned}
\phi_1 &= \eta_{20} + \eta_{02} \\
\phi_2 &= (\eta_{20} - \eta_{02})^2 + 4\eta_{11}^2 \\
\phi_3 &= (\eta_{30} - 3\eta_{12})^2 + (3\eta_{21} - \eta_{03})^2 \\
\phi_4 &= (\eta_{30} + \eta_{12})^2 + (\eta_{21} + \eta_{03})^2 \\
\phi_5 &= (\eta_{30} - 3\eta_{12})(\eta_{30} + \eta_{12})\left[(\eta_{30} + \eta_{12})^2 - 3(\eta_{21} + \eta_{03})^2\right] \\
&\quad + (3\eta_{21} - \eta_{03})(\eta_{21} + \eta_{03})\left[3(\eta_{30} + \eta_{12})^2 - (\eta_{21} + \eta_{03})^2\right] \\
\phi_6 &= (\eta_{20} - \eta_{02})\left[(\eta_{30} + \eta_{12})^2 - (\eta_{21} + \eta_{03})^2\right] \\
&\quad + 4\eta_{11}(\eta_{30} + \eta_{12})(\eta_{03} + \eta_{21}) \\
\phi_7 &= (3\eta_{21} - \eta_{03})(\eta_{30} + \eta_{12})\left[(\eta_{30} + \eta_{12})^2 - 3(\eta_{21} + \eta_{03})^2\right] \\
&\quad + (3\eta_{12} - \eta_{30})(\eta_{21} + \eta_{03})\left[3(\eta_{30} + \eta_{12})^2 - (\eta_{21} + \eta_{03})^2\right]
\end{aligned} \tag{5-9}$$

其中，ϕ 表示 Hu 不变矩；η 表示归一化中心矩。

此方法的特点是计算速度快、分割边缘精确，主要描述外形特征，但是纹理特征较弱。

5.1.3 目标边界特征

目标的边界特征是指用于描述目标轮廓或边界形状的特征。在海洋环境感知中，边界特征通常用于表示目标的形状、结构和轮廓信息，对多目标检测、目标识别和目标跟踪等任务具有重要意义。常见的目标边界特征有链码、简单边界特征（边界的长度、曲率、形状数等）和傅里叶描述子等。

1. 链码

链码（又称为 freeman 码）是对边界点的一种表示方法。链码利用一系列具有特定长度和方向的相连直线段来表示目标的边界，每个线段的长度固定，且方向的数目有限。在描述边界的特征时，只有边界的起点用坐标表示，其余点只需要用方向来代表偏移量，链码的表达大大减少了边界表示所需要的数据量。如图 5-3 所示，链码又可以分为四方向链码和八方向链码。

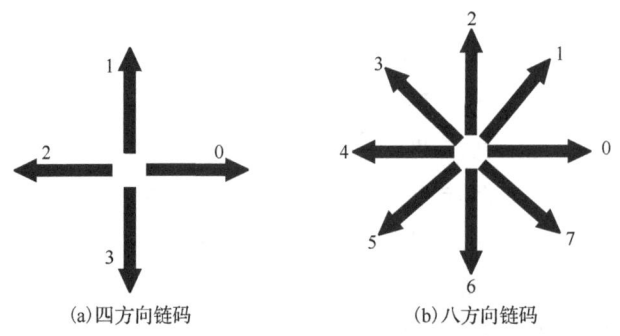

(a) 四方向链码　　(b) 八方向链码

图 5-3　四方向链码和八方向链码

不同链码的边界描述方式也不同，如图 5-4 所示。

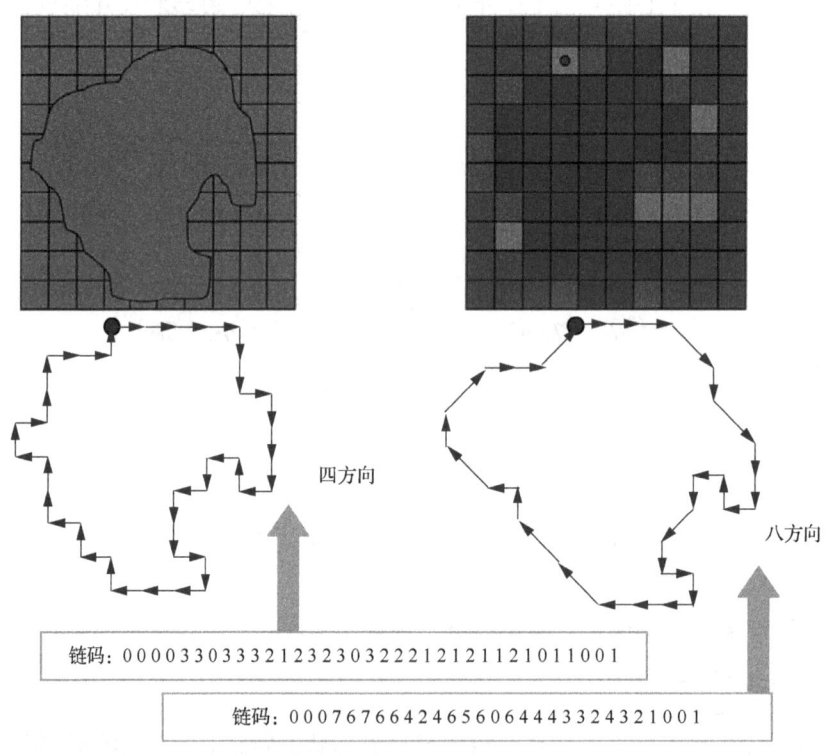

链码：00003303332123230322212121121011001

链码：0007676642465606444332432 1001

图 5-4　不同链码的边界描述

链码也存在一定问题：按照上述方法得到的链码串往往很长。噪声等干扰会导致小的边界变化，而使链码发生与目标整体形状无关的较大变动。

改进方法是对原边界以较大的网格采样，并将距离原边界点最近的大网格定位为新的边界。获得的新边界具有较少的边界点，而且其形状受噪声等干扰的影响也较小，消除了目标尺度变化对链码的影响。

1) 链码的归一化

使用链码时，起点的选择是很关键的，对于同一边界，如果用不同的边界点作为链码起点，得到的链码是不同的。因此，为了使得链码表示具有尺度不变性和旋转不变性，提高形状匹配和识别的准确性，需要对链码进行归一化，将链码中的方向数依一个方向循环以使它们所构成的自然数最小，将这样转换后所对应的链码起点作为这个边界归一化链码的起点，其具体过程如图 5-5 所示。

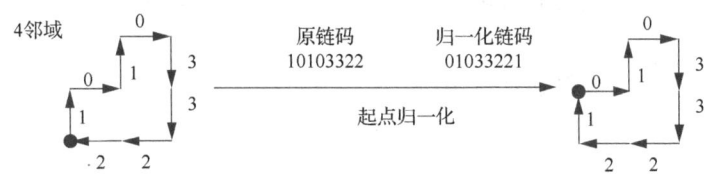

图 5-5　链码归一化

2) 链码的差分码

用链码表示给定目标的边界时，如果目标平移，则链码不会发生变化，而如果目标旋转，则链码将会发生变化。因此，用链码的 1 阶差分来重新构造一个序列(一个表示原链码各段之间方向变化的新序列)，相当于把链码进行旋转归一化，如图 5-6 所示。

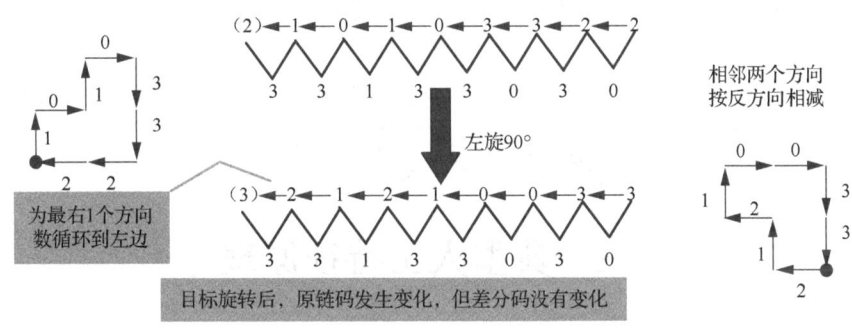

图 5-6　链码差分码的计算

2. 简单边界特征

简单的边界特征包括边界的长度、曲率和形状数等。

1) 长度

长度是边界的全局特征，指边界所包围区域的轮廓的周长。

2) 曲率

曲率描述边界上各点沿边界方向变化的情况。在 1 个边界点的曲率的符号描述了边界在该点的凹凸性。

3) 形状数

形状数是基于链码的一种边界形状描述符，根据链码的起点位置不同，用链码表达的边界可以有多个 1 阶差分，形状数是值最小的(链码)差分码。

3. 傅里叶描述子

傅里叶描述子的基本思想是：首先设定物体的形状轮廓是一条闭合的曲线，如图 5-7 所

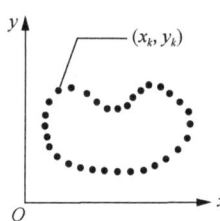

图 5-7　目标边界曲线

示,一个点沿边界曲线运动,假设这个点为 $s(k)$,它的复数形式的坐标为 $x_k+\mathrm{j}y_k$,其周期是这个闭合曲线的周长,属于一个周期函数。这个以曲线周长为周期的函数能够通过傅里叶级数表示。在傅里叶级数里有多个系数 $S(\omega)$ 与闭合边界曲线的形状有着直接关系,将其定义为傅里叶描述子。当取到足够阶次的系数项 $S(\omega)$ 时,傅里叶描述子能够完全提取形状信息,并恢复物体的形状。具体计算过程如下。

假设目标的边界是由 N 个点组成的封闭边界,表示为

$$x_k+\mathrm{j}y_k \tag{5-10}$$

从任一点开始绕边界一周就得到复数序列:

$$s(k)=x_k+\mathrm{j}y_k \tag{5-11}$$

可得到序列的傅里叶变换为

$$S(\omega)=\frac{1}{N}\sum_{k=0}^{N-1}s(k)\exp\left(-\mathrm{j}2\pi\frac{k\omega}{N}\right),\quad \omega=0,1,2,\cdots,N-1 \tag{5-12}$$

称为边界的傅里叶描述,其逆变换为

$$s(k)=\frac{1}{N}\sum_{\omega=0}^{N-1}S(\omega)\exp\left(\mathrm{j}2\pi\frac{k\omega}{N}\right),\quad k=0,1,2,\cdots,N-1 \tag{5-13}$$

离散傅里叶变换是一种可逆线性变换,而且在变换过程中信息没有任何增减,因此这一特点为边界描述提供了方便。

如果只取频域的 M 个值,即取前 $M(M<N)$ 个系数,同样可以求出的一组近似值:

$$\hat{s}(k)=\frac{1}{N}\sum_{\omega=0}^{M-1}S(\omega)\exp\left(\mathrm{j}2\pi\frac{k\omega}{N}\right),\quad k=0,1,2,\cdots,N-1 \tag{5-14}$$

5.2　典型人工特征原理

随着计算机视觉技术的发展,各类人工设计的特征提取方法应运而生,为图像识别、目标检测与分类提供了丰富的数据描述手段。这些人工特征不仅在理论上具有坚实的基础,而且在实际应用中表现出色。本节将深入探讨几种典型的人工特征,包括 HOG 特征、SIFT 和 SURF 特征,以及 Haar 特征。通过对这些特征的原理和应用进行详细剖析,能够帮助我们理解它们在不同场景中的优势和使用方法。

5.2.1　HOG 特征原理

梯度方向直方图(histogram of oriented gradient,HOG)特征是由 Dalal 和 Triggs 于 2005 年针对人体目标检测问题提出的[72,73],同时提出了基于 HOG 特征的人体目标检测算法。HOG 通过计算和统计图像局部区域的梯度方向直方图来构成特征,目标的局部外观和形状能够被梯度方向和幅值统计分布特性描述。由于 HOG 特征是在局部区域统计求得的,所以其对小变形和配准误差有较强的鲁棒性。另外,HOG 特征具有良好的不变性,适用于刚性目标,但是存在特征维度大、计算量大、无法处理遮挡问题的缺点。

HOG 特征提取可以分为四步：颜色空间归一化、梯度方向直方图、重叠块直方图归一化、生成特征描述子。

1. 颜色空间归一化

将图像灰度化，在照度不均匀的情况下，通过 Gamma 校正，调节对比度，降低局部阴影和光照变化的影响，抑制噪声干扰。Gamma 校正的公式为

$$H(x,y) = H(x,y)^{\text{Gamma}} \tag{5-15}$$

其中，$H(x,y)$ 表示像素点 (x,y) 的像素值。

2. 梯度方向直方图

计算图像横坐标和纵坐标方向的梯度，并据此计算每个像素位置的梯度方向值，不同的梯度计算方法对检测器性能有很大影响。使用[-1,0,1]计算水平方向梯度，用其转置计算垂直方向梯度，则图像中像素点 (x,y) 的梯度为

$$\begin{aligned} G_x(x,y) &= H(x+1,y) - H(x-1,y) \\ G_y(x,y) &= H(x,y+1) - H(x,y-1) \end{aligned} \tag{5-16}$$

其中，$G_x(x,y)$ 表示像素点 (x,y) 的水平方向梯度；$G_y(x,y)$ 表示像素点 (x,y) 的垂直方向梯度，通过 $G_x(x,y)$ 和 $G_y(x,y)$ 计算该像素点的梯度大小和方向：

$$G(x,y) = \sqrt{G_x(x,y)^2 + G_y(x,y)^2} \tag{5-17}$$

$$\theta(x,y) = \arctan\left[\frac{G_y(x,y)}{G_x(x,y)}\right] \tag{5-18}$$

其中，$G(x,y)$ 为梯度大小；$\theta(x,y)$ 为梯度方向。

统计局部图像梯度信息并进行量化，得到局部图像的特征描述向量，局部图像的单位是单元(cell)，将 8×8 个像素作为一个单元，根据训练样本尺寸对训练样本进行划分，将每个训练集样本划分为若干个单元，在每个单元内统计梯度方向直方图。

一般把直方图划分为9项，称为9个位，对应了9个梯度的方向区间，采用9个位来统计一个单元中的梯度信息，即将360°的梯度方向分成9个方向，如图5-8所示，用公式表示为

$$B(x,y) = \text{round}\left[\frac{p\theta(x,y)}{\pi}\right] \tag{5-19}$$

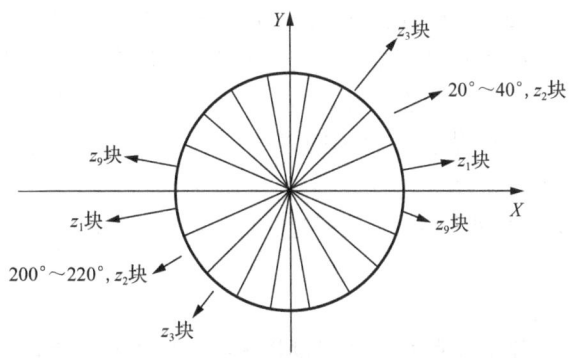

图 5-8　9 个梯度方向

计算单元内每个像素的梯度，为 9 个位投票，从而形成梯度直方图，如图 5-9 所示。

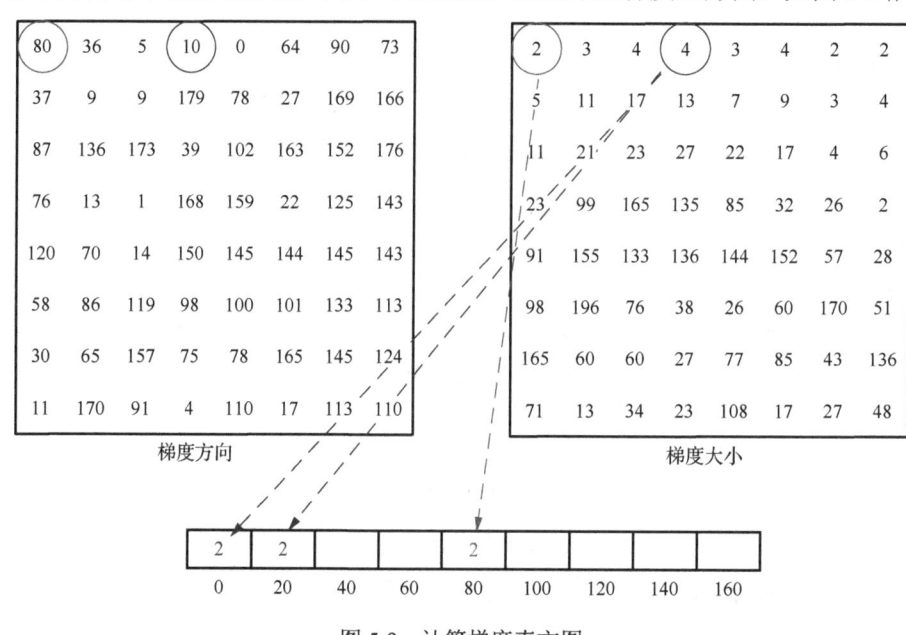

图 5-9 计算梯度直方图

3. 重叠块直方图归一化

局部光照的变化，以及前景和背景对比度的变化，使得梯度强度的变化范围非常大。例如，若图像像素值全部减少了 50%，但是并不希望此变化影响到梯度的值，则需要对梯度做局部对比归一化。

具体来说，就是把若干个相邻的单元组成一个更大的空间块(block)，利用 L2 范数进行归一化，将一个块内所有单元的特征向量串联起来得到这个块的 HOG 特征。

4. 生成特征描述子

所有块的特征向量都串行组合起来，形成整个样本的 HOG 特征描述子。

5.2.2 SIFT/SURF 特征原理

1. SIFT 特征原理

尺度不变特征变换(scale-invariant feature transform，SIFT)特征是由 Lowe[74]在 2004 年提出的一种图像局部特征。SIFT 特征对旋转、尺度缩放、亮度变化等保持不变性，对视角变化、仿射变换、噪声也保持一定程度的稳定性，是一种非常稳定的局部特征。即使是很少的物体也可以产生大量的 SIFT 特征。优化后的 SIFT 匹配算法可以达到实时性，且 SIFT 特征可以很方便地与其他特征向量进行联合。

SIFT 特征检测可以分为四个步骤：尺度空间极值检测、关键点搜索与定位、主方向确定、关键点描述。

1) 尺度空间极值检测

在未知的场景中，计算机视觉并不能提供物体的尺度大小，因此我们需要考虑图像在多尺度下的表现以获取描述感兴趣物体的最佳尺度，如果图像在不同的尺度下都具有相同的关键点，那么在不同尺度的输入图像下就可以使用这些关键点来进行匹配，即尺度不变性，通过生成尺度空间来创建原始图像的多层表示可以保证图像的尺度不变性。

通过图像的模糊程度来模拟人在距离物体由远及近时，物体在视网膜上的成像过程，距离物体越近，其尺寸越大，图像也就越模糊，这就是高斯尺度空间，使用不同的参数模糊图像(分辨率保持不变)，是尺度空间的另一种表现形式。

图像和高斯函数进行卷积运算可以对图像进行模糊处理，使用不同的高斯核可以得到不同模糊程度的图像，则图像的尺度空间 $L(x,y,\sigma)$ 可以定义为原始图像 $I(x,y)$ 与一个二维可变高斯函数 $G(x,y,\sigma)$ 的卷积运算，用公式表示为

$$L(x,y,\sigma) = G(x,y,\sigma) * I(x,y) \tag{5-20}$$

$$G(x,y,\sigma) = \frac{1}{2\pi\sigma^2} e^{\frac{x^2+y^2}{2\sigma^2}} \tag{5-21}$$

其中，σ 为尺度空间因子，是高斯正态分布的标准差，反映了图像被模糊的程度，其值越大，图像越模糊，对应的图像尺度也就越大。

尺度空间极值检测首先需要构建高斯及高斯差分(difference of Gaussian，DoG)金字塔，再对 DoG 金字塔进行极值检测，初步确定特征点的位置及所在尺度。设 k 为相邻两个高斯尺度空间的比例因子，则 DoG 的定义为

$$D(x,y,\sigma) = [G(x,y,k\sigma) - G(x,y,\sigma) * I(x,y)] = L(x,y,k\sigma) - L(x,y,\sigma) \tag{5-22}$$

在构建高斯金字塔前，需要将图像 $I(x,y)$ 与不同尺度下的高斯核进行卷积操作。高斯金字塔里有两个概念：组(octave)和层(level 或 interval)，每个组里有若干层。一般选择 4 组，每组有 5 层，下一组的图像由上一组按照隔点采样得到。

第一组的第一层为原图像(为了得到更多的特征点，也可以使用放大 2 倍的原始图像)，将图像进行一次参数为 σ 的高斯卷积，得到第一组第二层；然后，将 σ 乘以一个比例系数 k 作为新的平滑因子，来平滑第一组第二层，得到第三层；重复若干次，得到第 L 层，将最后一幅图像进行比例因子为 2 的降采样得到第二组的第一层，重复比例系数为 k 的高斯平滑操作，形成高斯金字塔。

构建尺度空间的目的是检测出在不同尺度下都存在的特征点，而检测特征点比较好的算子是高斯拉普拉斯(Laplacian of Gaussian，LoG)算子 $\nabla^2 G$，但是 LoG 算子需要使用两个方向的高斯二阶微分卷积核，计算量过大。如式(5-22)所示，DoG 金字塔定义为两个不同尺度的高斯卷积核的差分，具有计算简单的特点，所以通常使用 DoG 来近似 LoG，省去了对卷积核生成的计算量。同时，DoG 可以保留各个高斯尺度空间的图像，继承了 LoG 检测的优点，DoG 金字塔示意图如图 5-10 所示。

为了寻找尺度空间的极值点，每一个抽样点都需要和它所有的相邻点比较大小(最底层和最顶层除外)。图 5-11 给出了在 DoG 图像中寻找极大极小像素点的示例。X 标记当前像素点，其周围的圆圈标记相邻像素点。每个点都需要和它同尺度的 8 个邻接点以及上下相邻尺度对应的 9×2 个点，即 26 个点进行比较。如果 X 是所有邻接像素点的最大值或最小值点，则它将被标记为特征点。

2) 关键点搜索与定位

经过尺度空间极值检测操作，可以从每组图像中得到 4 幅 DoG 图像。在对中间的两幅 DoG 图像进行极大极小值像素点检测后，可以标记出近似的极大极小值点，因为极大极小值点都不会恰巧在像素点的位置，所以需要通过插值得到关键点的精确位置。利用 DoG 函数在

尺度空间的泰勒展开，通过对 x 求偏导并将结果置为 0，可以简单地计算出极值点位置，从而得到关键点的精确位置。

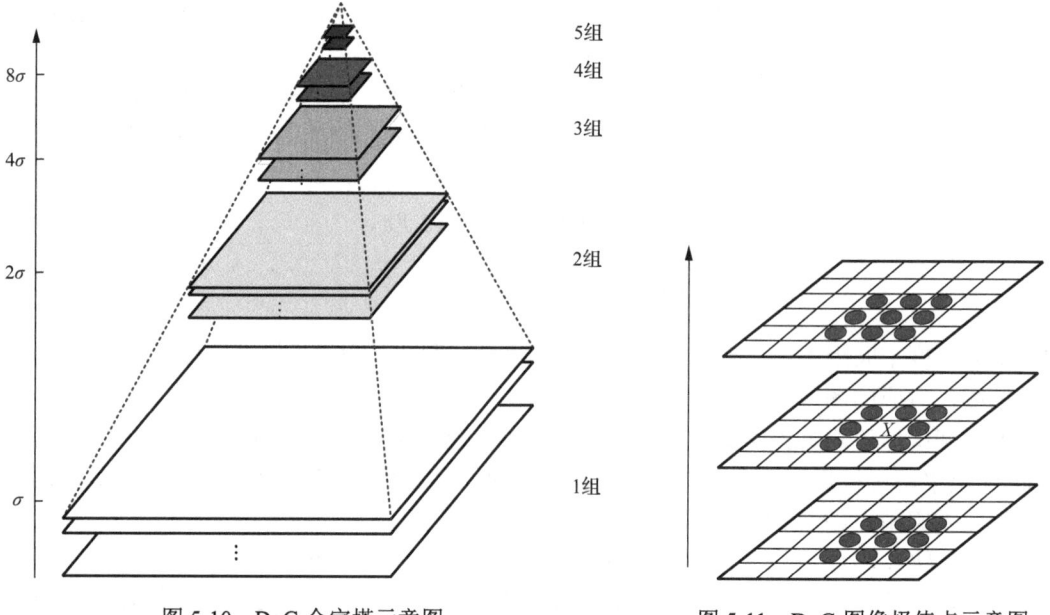

图 5-10　DoG 金字塔示意图　　　　图 5-11　DoG 图像极值点示意图

3）主方向确定

确定了每幅图中的特征点，为每个特征点计算一个方向，依照这个方向做进一步的计算。利用关键点邻域像素的梯度方向分布特性，为每个关键点指定方向参数，使算子具备旋转不变性，具体为：在特征点附近，创建一个方向收集区域来控制特征点的影响范围，方向收集区域的大小依赖于它所在图像的尺度，尺度越大，收集区域越大。在方向收集区域中，每个像素点的梯度大小和方向计算公式为

$$m(x,y) = \sqrt{[L(x+1,y) - L(x,y)]^2 + [L(x,y+1) - L(x,y)]^2} \tag{5-23}$$

$$\theta(x,y) = \arctan \frac{L(x,y+1) - L(x,y)}{L(x+1,y) - L(x,y)} \tag{5-24}$$

实际计算中，用一个直方图来统计方向收集区域中像素的平均方向。在直方图中，将 360°的方向分成 36 个位，每个位包含 10°。例如，方向收集区域中某个像素点的梯度方向是 18.75°，则可以将其投影到 10°～19°位中。

一旦对方向收集区域中每个像素点都执行了这个操作，则直方图在某个柱上会出现最高峰值。直方图峰值代表了该关键点邻域内图像梯度的主方向，也就是该关键点的主方向，如图 5-12 所示。

在梯度直方图中，当存在另一个相当于主峰值 80%的峰值时，将这个方向认为是该关键点的辅方向，即某些关键点可能检测到多方向。Lowe 所著的论文指出大约有 15%的关键点具有多个方向，这些点对匹配的稳定性至关重要。

4）关键点描述

在得到拥有尺度不变性和旋转不变性的特征点后，要为每个特征点创建一个唯一标志，称为该特征点的 SIFT 描述子（descriptor）。

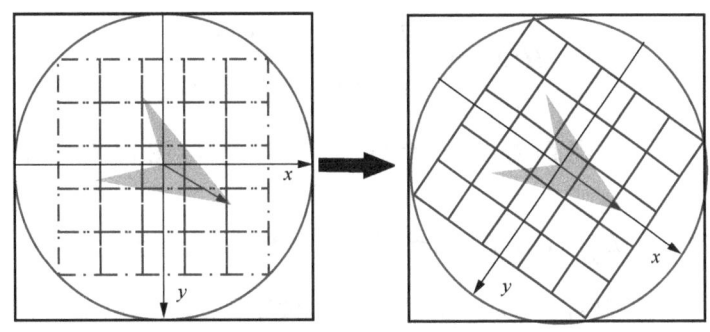

图 5-12　关键点的主方向

在计算描述子之前，需要先确定计算区域，Lowe 的实验表明：描述子采用 4×4×8 = 128 维向量表征，综合效果最优。为了保证特征矢量具有旋转不变性，需要以特征点为中心，将特征点邻域内图像梯度的位置和方向旋转一个方向角 θ，即将原图像 x 轴转到与主方向相同的方向。

将特征点周围 16×16 的窗口分解为 16 个 4×4 的子窗口，在每个 4×4 的子窗口中，计算出梯度的大小和方向，并用一个 8 位的直方图来统计子窗口的平均方向，如图 5-13 所示。

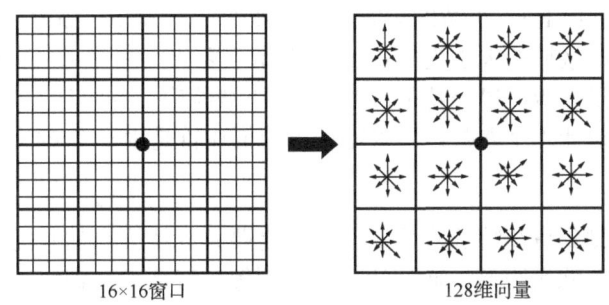

16×16窗口　　　　　　　　128维向量

图 5-13　关键点周围窗口分解

●-关键点

梯度方向在 0°～44° 范围的像素点被放到第一个位中，45°～89° 范围的像素点被放到下一个位中，依此类推。同样，加入到直方图的权重依赖于该像素点梯度的大小。

与之前不同的是，加入的权重不仅与像素点的梯度大小相关，而且还依赖该点与特征点之间的距离：远离特征点的像素点会对直方图影响更小。这个过程可以通过一个高斯加权函数来实现。距离特征点越远，要加入直方图的像素点的梯度值越小。

2. SURF 特征原理

加速鲁棒特征(speed up robust feature，SURF) 是 SIFT 的一种改进[75]，其主要过程与 SIFT 相似，是一种更加高效的算法，可以减少时间成本。SURF 的主要过程如下。

1) 特征点提取

在 SURF 算法中，特征点是指出现在图像中某个位置的点，如角点、边缘点、斑点等。特征点的可靠性可以借助于特征点的可重复性来确定，而可重复性是关键点的重要性能。为了提高求解速度，SURF 算法中采用了 Hessian 矩阵，通过计算 Hessian 矩阵可以确定最大值点，给定图像 I 中的一点 $X=(x,y)$，则在该点处尺度为 σ 的 Hessian 矩阵 $\boldsymbol{H}(x,\sigma)$ 定义如下：

$$H(X,\sigma) = \begin{bmatrix} L_{xx}(x,\sigma) & L_{xy}(x,\sigma) \\ L_{xy}(x,\sigma) & L_{yy}(x,\sigma) \end{bmatrix} \tag{5-25}$$

其中，$L_{xx}(x,\sigma)$ 表示高斯函数的二阶偏导 $\dfrac{\partial^2}{\partial x^2}g(\sigma)$ 与图像 I 在 X 点处的卷积，$g(\sigma) = \dfrac{1}{2\pi\sigma^2}\mathrm{e}^{-\frac{(x^2+y^2)}{2\sigma^2}}$。$L_{xy}(x,\sigma)$、$L_{yy}(x,\sigma)$ 的定义与 $L_{xx}(x,\sigma)$ 类似。

为了提高 SURF 的速度，可以考虑使用盒式滤波器和积分图像，通过积分图像计算盒式滤波器，计算成本低，且与滤波器的尺寸无关。

2) 方向分配

利用哈尔(Haar)小波确定检测到的特征点的方向。在检测点周围半径为 6σ 的圆邻域内计算 Haar 小波在 x 和 y 方向上的响应。对 Haar 小波的响应求和，并在一个大小为 $\pi/3$ 的滑动取向窗口内计算 Haar 小波的响应，以确定主导取向。局部方向可以通过将每个位置方向窗口内的所有 x 和 y 响应相加来获得。通过考虑所有窗口中最大的向量，可以确定特征点的方向。

3) SURF 描述符

SURF 描述符的目的是为一个特征提供唯一且有力的描述。基于特征点周围的面积，可以得到一个描述符。利用 Haar 小波的响应和积分图像计算 SURF 描述子。首先，围绕特征点构建一个正方形区域，区域的大小为 20×20，保留重要的空间信息。把区域分成 16 个 5×5 的子区域，计算每个子区域内每个特征点的 Haar 小波响应，并统计其响应值。由于有 16 个子区域，每个子区域统计 4 个参数，所以特征点的描述符是由一个 64 维的向量组成的。

4) 特征点匹配

从上述过程中检测到鲁棒特征点后，下一步需要完成特征点的匹配。这些特征点的匹配取决于特征向量之间的欧氏距离，通过计算输入图像的特征点与训练图像的特征点之间的距离来匹配图像的特征点。

5.2.3 Haar 特征原理

Haar 特征[76]是由 Viola 和 Jones 在 2001 年提出的，是一种图像处理中的特征提取方法，用于描述图像中的纹理、边缘和线条等特征。如图 5-14 所示，Haar 特征可以分为三类：边缘

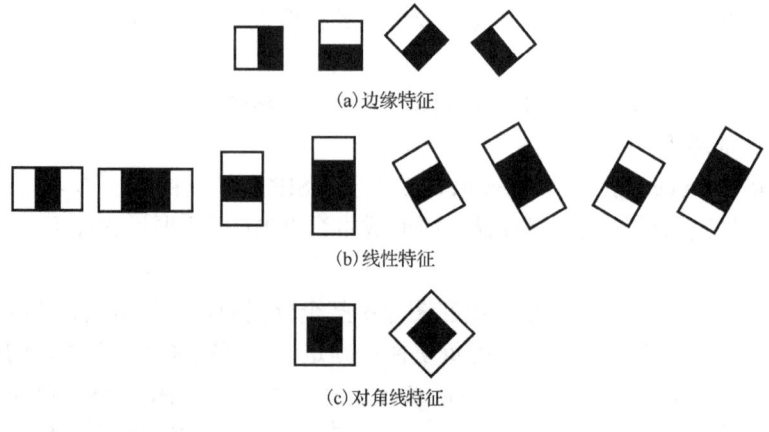

图 5-14 Haar 特征

特征、线性特征和对角线特征，组合成特征模板。特征模板有白色和黑色两种矩形，定义该模板的特征值为白色矩形像素减去黑色矩形像素。但是，矩形特征只对一些简单的图形结构（如边缘、线段）比较敏感，所以只能描述特定走向(水平、垂直、对角)的结构。具体来说，Haar 特征提取包括两个步骤：Harr 特征数量计算、特征值计算加速。

1. Haar 特征数量计算

Haar 特征矩形可以位于图像的任意位置，大小也可以任意缩放，所以矩形特征值与矩形模板的类别、矩形的位置和矩形的大小均相关。

在 24×24 像素大小的检测窗口内，矩形的特征数量可以达到 16 万个，具体过程为：在检测窗口中，矩形特征经过不断地放大和平移，生成了一系列子特征，直至特征放大到和检测窗口一样大。

如图 5-15 所示，假设检测窗口大小为 $W \times H$，矩形特征大小为 $w \times h$，X 和 Y 表示矩形特征在水平和垂直方向的放大比例系数，用公式表示为

$$X = \left[\frac{W}{w}\right], \quad Y = \left[\frac{H}{h}\right] \tag{5-26}$$

以水平方向为例，特征在水平方向上放大 1 倍，可以平移 $W-w+1$ 步，即获得 $W-w+1$ 个特征；特征在水平方向上放大 2 倍，获得 $W-2w+1$ 个特征；特征在水平方向上放大 X 倍，获得 $W-Xw+1$ 个特征。基于上述等差规律，在水平方向上一共有 $X\left(W+1-w\frac{X+1}{2}\right)$ 个特征。同理，垂直方向上有 $Y\left(H+1-h\frac{Y+1}{2}\right)$ 个特征。由于水平方向和垂直方向相互独立，所以子特征的数目为 $XY\left(W+1-w\frac{X+1}{2}\right)\left(H+1-h\frac{Y+1}{2}\right)$。

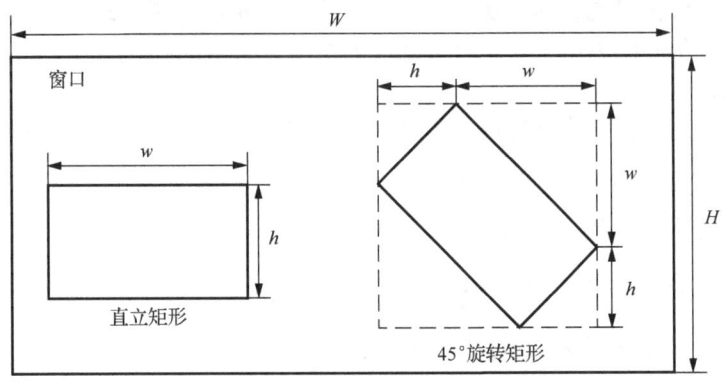

图 5-15 子特征生成示意图

2. 特征值计算加速

采用积分图加速特征值计算，积分图是指只遍历一次图像就可以求出图像中所有区域像素和的快速算法，大大提高了图像特征值计算的效率，对一个灰度图像 I 而言，其积分图也是一张相同尺寸的图，只不过该图上的任意一点 (x,y) 的值是指从灰度图像 I 的左上角到当前点所围成的矩形区域内所有像素点的灰度值之和。

当把图像扫描一遍，到达图像右下角像素时，积分图就构造好了，图像中任何矩阵区域的像素累加和都可以通过简单的运算得到，如图 5-16 所示。

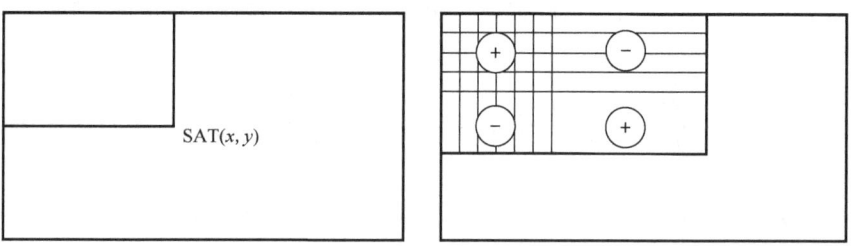

图 5-16 积分图计算

积分图的计算过程用公式可以表示为

$$\mathrm{SAT}(x,y) = \mathrm{SAT}(x,y-1) + \mathrm{SAT}(x-1,y) + I(x,y) - \mathrm{SAT}(x-1,y-1) \tag{5-27}$$

5.3 经典特征模型方法

本节将深入探讨几种经典的特征模型方法，包括特征的可分性测度、基于类内散布矩阵的特征提取、K-L 变换特征提取以及特征降维方法[77]。它们对图像识别、分类和目标检测具有重要意义。这些方法不仅能够帮助我们理解图像数据的本质，还能为后续的模式识别和机器学习任务提供关键的输入。

5.3.1 特征的可分性测度

特征的可分性测度用来衡量特征之间可分性的尺度，如空间分布、随机模式向量、错误率等。特征的可分性测度通常包括类内距离、类内散布矩阵、类间距离、类间散布矩阵等。其中，类内距离和类间距离用于表示特征之间的空间分布情况。

1. 类内距离

类内距离表示同一类模式点集内，各样本间的均方距离，用公式表示为

$$\bar{D}^2 = E\left(\|X_i - X_j\|^2\right) = E\left[(X_i - X_j)^{\mathrm{T}}(X_i - X_j)\right] \tag{5-28}$$

若 $\{X\}$ 中的样本相互独立，则有

$$\begin{aligned}\bar{D}^2 &= 2E(X^{\mathrm{T}}X) - 2E(X^{\mathrm{T}})E(X) = 2\left[E(X^{\mathrm{T}}X) - M^{\mathrm{T}}M\right] \\ &= 2\mathrm{tr}(R - MM^{\mathrm{T}}) = 2\mathrm{tr}(C) = 2\sum_{k=1}^{n}\sigma_k^2\end{aligned} \tag{5-29}$$

其中，R 是自相关矩阵；M 是均值向量；C 是协方差矩阵；σ_k 是 C 主对角线上的元素，表示模型向量第 k 个分量的方差；tr 是矩阵的迹。

2. 类内散布矩阵

类内散布矩阵表示各样本点围绕均值的散布情况，为该类分布的协方差矩阵。特征选择和提取的结果应使类内散布矩阵的迹越小越好。

3. 类间距离

类间距离表示模式类之间的距离，用公式可以表示为

$$\overline{D}_b^2 = \sum_{i=1}^{c} P(\omega_i) \|\boldsymbol{M}_i - \boldsymbol{M}_0\|^2 = \sum_{i=1}^{c} P(\omega_i)(\boldsymbol{M}_i - \boldsymbol{M}_0)^{\mathrm{T}}(\boldsymbol{M}_i - \boldsymbol{M}_0)$$
(5-30)

$$\boldsymbol{M}_0 = E(\boldsymbol{X}) = \sum_{i=1}^{c} P(\omega_i)\boldsymbol{M}_i, \quad \boldsymbol{X} \in \omega_i, \quad i = 1, 2, \cdots, c$$

4. 类间散布矩阵

类间散布矩阵表示 c 类模式在空间的散布情况,用公式可以表示为

$$\boldsymbol{S}_b = \sum_{i=1}^{c} P(\omega_i)(\boldsymbol{M}_i - \boldsymbol{M}_0)(\boldsymbol{M}_i - \boldsymbol{M}_0)^{\mathrm{T}}$$
(5-31)

5. 类间距离与类间散布矩阵的关系

类间距离与类间散布矩阵的关系为

$$\overline{D}_b^2 = \mathrm{tr}(\boldsymbol{S}_b)$$
(5-32)

类间散布矩阵的迹越大越有利于分类。

6. 多类模式类间距离

多类模式类间的平均平方距离为

$$J_d = \frac{1}{2}\sum_{i=1}^{c} P(\omega_i)\sum_{j=1}^{c} P(\omega_j)\frac{1}{n_i n_j}\sum_{k=1}^{n_i}\sum_{l=1}^{n_j} D^2(\boldsymbol{X}_k^i, \boldsymbol{X}_l^j)$$
(5-33)

多类模式类间距离的另一种形式为

$$D^2(\boldsymbol{X}_k^i, \boldsymbol{X}_l^j) = (\boldsymbol{X}_k^i - \boldsymbol{X}_l^j)^{\mathrm{T}}(\boldsymbol{X}_k^i - \boldsymbol{X}_l^j)$$

$$\boldsymbol{M}_i = \frac{1}{n_i}\sum_{k=1}^{n_i}\boldsymbol{X}_k^i$$
(5-34)

$$\boldsymbol{M}_0 = \sum_{i=1}^{c} P(\omega_i)\boldsymbol{M}_i$$

$$J_d = \sum_{i=1}^{c} P(\omega_i)\left[\frac{1}{n_i}\sum_{k=1}^{n_i}(\boldsymbol{X}_k^i - \boldsymbol{M}_i)^{\mathrm{T}}(\boldsymbol{X}_k^i - \boldsymbol{M}_i) + (\boldsymbol{M}_i - \boldsymbol{M}_0)^{\mathrm{T}}(\boldsymbol{M}_i - \boldsymbol{M}_0)\right]$$
(5-35)

其中,$\frac{1}{n_i}\sum_{k=1}^{n_i}(\boldsymbol{X}_k^i - \boldsymbol{M}_i)^{\mathrm{T}}(\boldsymbol{X}_k^i - \boldsymbol{M}_i)$ 表示类内平方距离的均值;$(\boldsymbol{M}_i - \boldsymbol{M}_0)^{\mathrm{T}}(\boldsymbol{M}_i - \boldsymbol{M}_0)$ 表示类间平方距离。

另一种表达方式为:多类模式类间距离=模式类间的距离+模式类内的距离。

7. 多类情况的散布矩阵

多类类内散布矩阵:

$$\boldsymbol{S}_w = \sum_{i=1}^{c} P(\omega_i) E\left[(\boldsymbol{X} - \boldsymbol{M}_i)(\boldsymbol{X} - \boldsymbol{M}_i)^{\mathrm{T}}\right]$$

$$= \sum_{i=1}^{c} P(\omega_i)\frac{1}{n_i}\sum_{k=1}^{n_i}(\boldsymbol{X}_k^i - \boldsymbol{M}_i)(\boldsymbol{X}_k^i - \boldsymbol{M}_i)^{\mathrm{T}}, \quad \boldsymbol{X} \in \omega_i$$
(5-36)

多类类间散布矩阵:

$$\boldsymbol{S}_b = \sum_{i=1}^{c} P(\omega_i)(\boldsymbol{M}_i - \boldsymbol{M}_0)(\boldsymbol{M}_i - \boldsymbol{M}_0)^{\mathrm{T}}$$
(5-37)

多类模式的总体散布矩阵：
$$S_t = E\left[(X-M_0)(X-M_0)^{\mathrm{T}}\right] = S_b + S_w \tag{5-38}$$

多类模式平均平方距离与总体散布矩阵的关系为
$$J_d = \mathrm{tr}(S_t) = \mathrm{tr}(S_b + S_w) \tag{5-39}$$

5.3.2 基于类内散布矩阵的特征提取

基于类内散布矩阵的特征提取方法是一种常见的模式识别和机器学习方法，通常用于对数据进行降维或特征选择，以便更好地描述和区分不同类别的数据。其具体步骤如下。

1. 特征提取的目标

对于一类目标，应压缩特征向量的维数；对于多类目标，则压缩样本的维数，以保留类别间的鉴别信息，突出可分性。

若 $\{X\}$ 是 ω 类的一个 n 维样本集，则将 X 压缩成 m 维向量 X^*，即寻找一个 $m \times n$ 的矩阵 A，进行变换：
$$X^* = AX \tag{5-40}$$

其中，A 为 $m \times n$ 矩阵 $(m < n)$；X 为 n 维向量。

维数降低以后，在新的 m 维空间里各个模式类之间的分布规律应保持不变或更优化。

2. 根据类内散布矩阵确定变换矩阵

设 ω_i 类模式的均值向量为 M，类内散布矩阵（协方差矩阵）表示为 C：
$$M = E(X) \tag{5-41}$$
$$C = E\left[(X-M)(X-M)^{\mathrm{T}}\right] \tag{5-42}$$

其中，X 为 n 维向量；C 为 $n \times n$ 的实对称矩阵。

若矩阵 C 的 n 个特征值分别为 $\lambda_1, \lambda_2, \cdots, \lambda_n$，对应的特征向量为 u_k，$k = 1, 2, \cdots, n$，则有
$$Cu_k = \lambda_k u_k \tag{5-43}$$

若 u_k 为归一化特征向量，则根据实对称矩阵性质：
$$u_i^{\mathrm{T}} u_j = \begin{cases} 1, & j = i \\ 0, & j \neq i \end{cases} \tag{5-44}$$

若选 n 个归一化特征向量作为 A 的行，则 A 为归一化正交矩阵：
$$A = \begin{bmatrix} u_1^{\mathrm{T}} \\ u_2^{\mathrm{T}} \\ \vdots \\ u_n^{\mathrm{T}} \end{bmatrix}, \quad A^{\mathrm{T}} = \begin{bmatrix} u_1 & u_2 & \cdots & u_n \end{bmatrix}, \quad AA^{\mathrm{T}} = I \tag{5-45}$$

利用 A 对 ω_i 类的样本 X 进行变换，考察变换前后均值向量、协方差矩阵和类内距离的变化：
$$\begin{aligned} M^* &= E(X^*) = E(AX) \\ &= AE(X) = AM \end{aligned} \tag{5-46}$$

$$\begin{aligned}
\boldsymbol{C}^* &= E\left[(\boldsymbol{X}^* - \boldsymbol{M}^*)(\boldsymbol{X}^* - \boldsymbol{M}^*)^{\mathrm{T}}\right] = E\left[(\boldsymbol{AX} - \boldsymbol{AM})(\boldsymbol{AX} - \boldsymbol{AM})^{\mathrm{T}}\right] \\
&= \boldsymbol{A}E\left[(\boldsymbol{X} - \boldsymbol{M})(\boldsymbol{X} - \boldsymbol{M})^{\mathrm{T}}\right]\boldsymbol{A}^{\mathrm{T}} = \boldsymbol{ACA}^{\mathrm{T}} \\
&= \begin{bmatrix} \boldsymbol{u}_1^{\mathrm{T}} \\ \boldsymbol{u}_2^{\mathrm{T}} \\ \vdots \\ \boldsymbol{u}_n^{\mathrm{T}} \end{bmatrix} \boldsymbol{C} \begin{bmatrix} \boldsymbol{u}_1 & \boldsymbol{u}_2 & \cdots & \boldsymbol{u}_n \end{bmatrix} = \begin{bmatrix} \boldsymbol{u}_1^{\mathrm{T}} \\ \boldsymbol{u}_2^{\mathrm{T}} \\ \vdots \\ \boldsymbol{u}_n^{\mathrm{T}} \end{bmatrix} \begin{bmatrix} \lambda_1 \boldsymbol{u}_1 & \lambda_2 \boldsymbol{u}_2 & \cdots & \lambda_n \boldsymbol{u}_n \end{bmatrix} \\
&= \begin{bmatrix} \lambda_1 & 0 & \cdots & 0 \\ 0 & \lambda_2 & \cdots & 0 \\ \vdots & \vdots & \ddots & \vdots \\ 0 & 0 & \cdots & \lambda_n \end{bmatrix}
\end{aligned} \quad (5\text{-}47)$$

变换后的协方差矩阵为对角阵，说明 $\boldsymbol{X}^*$ 的各分量不相关；特征的取舍更加容易；$\boldsymbol{X}^*$ 的第 k 个分量的方差等于变换前 $\boldsymbol{C}$ 的特征值 λ_k。变换后的类内距离：

$$\begin{aligned}
\bar{D}^2 &= E\left(\left\|\boldsymbol{X}_i^* - \boldsymbol{X}_j^*\right\|^2\right) \\
&= E\left[(\boldsymbol{X}_i^* - \boldsymbol{X}_j^*)^{\mathrm{T}}(\boldsymbol{X}_i^* - \boldsymbol{X}_j^*)\right] \\
&= E\left[(\boldsymbol{AX}_i - \boldsymbol{AX}_j)^{\mathrm{T}}(\boldsymbol{AX}_i - \boldsymbol{AX}_j)\right] \\
&= E\left[(\boldsymbol{X}_i - \boldsymbol{X}_j)^{\mathrm{T}}\boldsymbol{A}^{\mathrm{T}}\boldsymbol{A}(\boldsymbol{X}_i - \boldsymbol{X}_j)\right] \\
&= E\left[(\boldsymbol{X}_i - \boldsymbol{X}_j)^{\mathrm{T}}(\boldsymbol{X}_i - \boldsymbol{X}_j)\right] \\
&= E\left(\left\|\boldsymbol{X}_i - \boldsymbol{X}_j\right\|^2\right)
\end{aligned} \quad (5\text{-}48)$$

变换后的类内距离保持不变。

3. 构造变换矩阵的方式

构造变换矩阵，可以将 n 维向量 $\boldsymbol{X}$ 变换成 m 维 $(m<n)$。将变换前 $\boldsymbol{C}$ 的 n 个特征值从小到大排列，选择前 m 个小特征值对应的特征向量作为矩阵 $\boldsymbol{A}$ 的行 $(m \times n)$，利用 $\boldsymbol{A}$ 对 $\boldsymbol{X}$ 进行变换，用公式表示为

$$\begin{bmatrix} a_{11} & a_{12} & \cdots & a_{1n} \\ a_{21} & a_{22} & \cdots & a_{2n} \\ \vdots & \vdots & & \vdots \\ a_{m1} & a_{m2} & \cdots & a_{mn} \end{bmatrix} \begin{bmatrix} x_1 \\ x_2 \\ \vdots \\ x_n \end{bmatrix} = \begin{bmatrix} x_1^* \\ x_2^* \\ \vdots \\ x_m^* \end{bmatrix} \quad (5\text{-}49)$$

这样做的优点是压缩维数，类内距离减小，样本更密集，相当于去掉了方差大的特征分量。

4. 特征提取的方法

设 $\{\boldsymbol{X}\}$ 为 ω_i 类的样本集，$\boldsymbol{X}$ 为 n 维向量，则特征提取步骤为：根据样本集求 ω_i 类的协方差矩阵 $\boldsymbol{C}$（类内散布矩阵）；计算 $\boldsymbol{C}$ 的特征值，并将特征值从小到大排列；计算前 m 个特征值对应的特征向量 $\boldsymbol{u}_1, \boldsymbol{u}_2, \cdots, \boldsymbol{u}_m$，并进行归一化处理，作为矩阵 $\boldsymbol{A}$ 的行向量 $(m \times n)$；利用 $\boldsymbol{A}$ 对样本集 $\{\boldsymbol{X}\}$ 进行变换。

5.3.3 K-L 变换特征提取

K-L 变换是模式识别中常用的一种特征提取方法，其出发点是从一组特征中计算出一组重要性从小到大排列的新特征，它们是原有特征的线性组合，并且相互之间是不相关的。K-L 变换能考虑到不同的分类信息，实现监督的特征提取[78]。

1. K-L 展开式

设 $\{X\}$ 是 n 维随机模式向量 X 的集合，对每一个 X 可以用确定的完备归一化正交向量系 $\{u_j\}$ 中的正交向量展开[79]：

$$X = \sum_{j=1}^{\infty} a_j u_j \tag{5-50}$$

用有限项估计 X 时，有

$$\hat{X} = \sum_{j=1}^{d} a_j u_j, \quad u_i^T u_j = \begin{cases} 1, & j = i \\ 0, & j \neq i \end{cases} \tag{5-51}$$

引起均方误差：

$$\xi = E\left[(X - \hat{X})^T (X - \hat{X})\right] = E\left(\sum_{j=d+1}^{\infty} a_j^2\right) \tag{5-52}$$

由于

$$u_j^T X = u_j^T \sum_{j=1}^{\infty} a_j u_j = a_j \tag{5-53}$$

则有

$$\xi = E\left(\sum_{j=d+1}^{\infty} u_j^T X X^T u_j\right) = \sum_{j=d+1}^{\infty} u_j^T E(X X^T) u_j = \sum_{j=d+1}^{\infty} u_j^T R u_j \tag{5-54}$$

其中，R 是向量 X 的自相关矩阵。不同的 $\{u_j\}$ 对应不同的均方误差，u_j 的选择应使 ξ 最小。利用拉格朗日乘数法求得使 ξ 最小的正交系 $\{u_j\}$：

$$g(u_j) = \sum_{j=d+1}^{\infty} u_j^T R u_j - \sum_{j=d+1}^{\infty} \lambda_j (u_j^T u_j - 1) \tag{5-55}$$

对 u_j 求导，并令导数为 0，得到：

$$(R - \lambda_j I) u_j = 0, \quad j = d+1, \ d+2, \cdots, \infty \tag{5-56}$$

选前 d 项估计 X 时引起的均方误差为

$$\xi = \sum_{j=d+1}^{\infty} u_j^T R u_j = \sum_{j=d+1}^{\infty} \text{tr}(u_j R u_j^T) = \sum_{j=d+1}^{\infty} \lambda_j \tag{5-57}$$

K-L 变换方法如下。

特征值由大到小排列：

$$\lambda_1 \geq \lambda_2 \geq \cdots \geq \lambda_d \geq \lambda_{d+1} \geq \cdots \tag{5-58}$$

均方误差最小的 X 近似：

$$X = \sum_{j=1}^{d} a_j u_j \tag{5-59}$$

矩阵形式：

$$X = Ua$$

$$a = [a_1, a_2, \cdots, a_d]^T, \quad U_{n \times d} = [u_1, \cdots, u_j, \cdots, u_d] \tag{5-60}$$

$$u_j = [u_{j1}, u_{j2}, \cdots, u_{jn}]^T$$

$$U^T U = \begin{bmatrix} u_1^T \\ u_2^T \\ \vdots \\ u_d^T \end{bmatrix} [u_1 \quad u_2 \quad \cdots \quad u_d] = I \tag{5-61}$$

得到 K-L 变换：

$$a = U^T X \tag{5-62}$$

2. K-L 特征提取步骤

设 X 是 n 维模式向量，$\{X\}$ 是来自 M 个模式类的样本集，总样本数目为 N，则特征提取步骤如下。

求样本集总体自相关矩阵：$R = E(XX^T) \approx \dfrac{1}{N} \sum_{j=1}^{N} X_j X_j^T$。

求自相关矩阵 R 的特征值：$\lambda_1 \geqslant \cdots \geqslant \lambda_j \geqslant \cdots \geqslant \lambda_n$。

选择前 d 个特征值，计算对应的特征向量 u_j，归一化后构成变换矩阵 U，$U = [u_1, \cdots, u_j, \cdots, u_d]$。

对 $\{X\}$ 中的每个 X 进行 K-L 变换，得到 d 维向量：$X^* = U^T X$。

3. 不同散布矩阵的 K-L 变换

采用类内散布矩阵做 K-L 变换：

$$S_w = \sum_{i=1}^{c} P(\omega_i) E\left[(X - M_i)(X - M_i)^T\right], \quad X \in \omega_i$$

采用类间散布矩阵做 K-L 变换：

$$S_b = \sum_{i=1}^{c} P(\omega_i)(M_i - M_0)(M_i - M_0)^T$$

采用总体散布矩阵做 K-L 变换：

$$S_t = E\left[(X - M_0)(X - M_0)^T\right] = S_b + S_w$$

4. K-L 特征提取的特点

K-L 特征提取的优点是：变换在均方误差最小的意义下使新样本集逼近原样本集的分布，既压缩了维数又保留了类别鉴别信息；变换后的新模式向量各分量相对于总体均值的方差等于原样本集总体自相关矩阵的大特征值，表明变换突出了模式类之间的差异性；新总体分布为对角矩阵，说明了变换后样本各分量互不相关，即消除了原来特征之间的相关性，便于进一步进行特征的选择。

K-L 特征提取的缺点是：对于两类问题容易得到较满意的结果，类别越多，效果越差；需要通过足够多的样本估计样本集的协方差矩阵或其他类型的散布矩阵。当样本数不足时，矩阵的估计会变得十分粗略，变换的优越性也就不能充分地显示出来。

5.3.4 特征降维方法

依据海洋机器人获取的传感器数据,需要提取特征以区分不同类型的目标。一方面,目标分类性能要求从传感器中提取尽可能丰富的特征信息,现有特征提取方法一般会产生高维度特征;另一方面,特征存在一定的冗余性、无效性,期望在保证分类效果的前提下使用尽量少的特征,用于分类的特征信息具有"高密度"。

特征降维指的是采用某种映射方法,将高维向量空间的数据点映射到低维的空间中。通过特征降维,不仅可以大大降低分类任务的计算复杂度,而且还有可能提升分类决策的正确率,使我们能用更少的代价设计出一个更加优秀的目标分类系统。

1. 主成分分析法

主成分分析法(principal component analysis, PCA)是最常用的线性降维方法[80],主成分分析认为提取出来的特征各维度之间具有相关性,同时维度过高容易引起分类器过拟合,因此可以进行降维。主成分分析法是由 Pearson 在 1901 年研究回归分析时附带提出的,1933 年 Hoteling 奠定了其数学基础,1947 年美国统计学家 Stone 将其应用到经济分析中。主成分分析法试图在力保数据信息丢失最少的原则下,对多变量数据进行最佳综合简化,对高维变量空间进行降维处理,如图 5-17 所示。

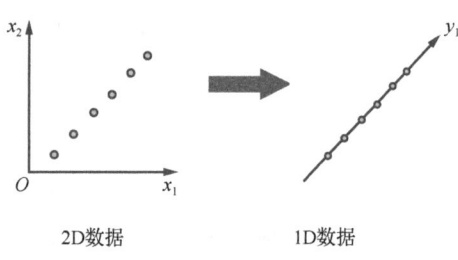

图 5-17 降维示意图

主成分分析法的主要原理是通过某种线性投影,将高维的数据映射到低维的空间表示,并期望在所投影的维度上的数据方差最大,以此达到使用较少的数据维度来保留较多的原始数据点的特性效果。其核心思想认为样本集在各个不同的方向上进行投影,其方差是不同的,方差越大的方向包含的信息量也就越大,就越是整个样本集分布特性的"主成分"。

2. 线性判别分析

线性判别分析的目的是寻找最能把两类样本分开的投影直线,使投影后两类样本的均值之差与总类散度的比值最大。线性判别分析通过把原问题转化为关于样本集总类内散度矩阵和总类间散度矩阵的广义特征值问题来实现降维。

3. 奇异值分解

奇异值分解的目的是寻找奇异值最大的一部分奇异向量近似描述数据。奇异值分解将矩阵分解为奇异值矩阵和酉矩阵的乘积,不必构造协方差矩阵,直接求出右奇异矩阵,可以用于降噪,能够找到代表所有样本的信息最密集的维度。

4. 信号稀疏表达

信号稀疏表达的目的是构建对稀疏信号的观测矩阵,使投影后得到的低维信号可以恢复出原有信号。信号稀疏表达把特征维度压缩问题转化为稀疏信号的压缩与恢复问题,其特点是数据信息具有"高信息密度",但对于分类未必有益。

5.4 人工神经网络

人工神经网络(artificial neural network, ANN)是一种受到生物神经系统启发的模型,被广泛应用于模式识别、分类、回归等任务中。本节将深入探讨几种人工神经网络的经典方法,包括感知机原理、前馈神经网络、反向传播神经网络以及深度神经网络。通过对这些方法的原理和应用进行详细介绍，能够帮助我们全面了解人工神经网络在机器学习和模式识别中的作用与意义。

5.4.1 感知机原理

感知机是 Frank Rosenblatt 在 1957 年康奈尔航空实验室发明的一种人工神经网络。它可以被视为最简单形式的前馈神经网络，是一种二分类的线性模型。假设训练数据是线性可分的，感知机学习的目标是求得一份能够将训练集正实例点和负实例点完全正确分开的分离超平面。感知机学习算法具有简单而易于实现的优点，分为原始形式和对偶形式。

1. 单层感知机

单层感知机是机器学习中最基础的方法之一，也可以认为是一种最简单的神经网络，单层感知机由两层神经元组成，分别为输入层和输出层，单层感知机的输入是实例的特征向量，输出是实例的类别，属于判别模型，可以用神经网络中的感知机模型来描述，如图 5-18 所示。

图 5-18 中，n 维向量 $[a_1, a_2, \cdots, a_n]$ 的转置为感知机的输入，$[w_1, w_2, \cdots, w_n]$ 的转置为输入分量连接到感知机的权重，b(bias) 为偏置，$f(\cdot)$ 为激活函数，y 为感知机的输出，用公式表示为

$$y = f\left(\sum_{i=1}^{n} w_i a_i + b\right) = f(\boldsymbol{w}^{\mathrm{T}}\boldsymbol{a}) \tag{5-63}$$

其中，$f(\cdot)$ 是符号函数：

$$f(x) = \begin{cases} 1, & x \geq 0 \\ -1, & x < 0 \end{cases} \tag{5-64}$$

符号函数是非连续、不光滑的，只是激活函数的一种。

设直线方程为 $Ax + By + C = 0$，点 P 的坐标为 (x_0, y_0)，则点到直线的距离为

$$d = \frac{Ax + By + C}{\sqrt{A^2 + B^2}} \tag{5-65}$$

根据式 (5-63)，在感知机中一般把超平面写为 $\boldsymbol{wx} + b = 0$，$\boldsymbol{w}$ 为超平面的法向量，b 为超平面的截距。

把超平面的数据分为两类，根据式 (5-65)，样本到超平面的距离为

$$d = \frac{\boldsymbol{wx} + b}{\|\boldsymbol{w}\|} \tag{5-66}$$

其中，超平面可以把样本分为正、负两类，因此超平面也可以称为分离超平面，如图 5-19 所示。

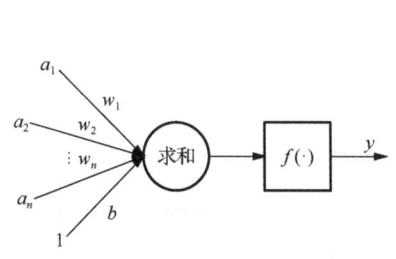

图 5-18 单层感知机模型

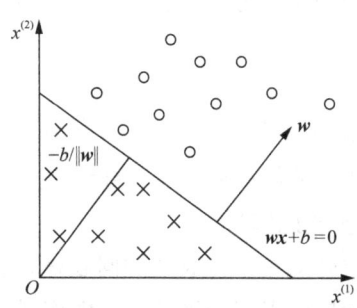

图 5-19 超平面示意图

引入超平面方程后，需要确定一个学习策略——一个模型目标函数的评判标准，即定义损失函数并将损失函数极小化作为目标函数的学习策略。

首先定义对于任何样本(x_i, y_i)，如果$wx_i + b > 0$，则$y_i = 1$；如果$wx_i + b < 0$，则$y_i = -1$，可以通过每个样本点y_i与$wx_i + b$的乘积值判断错误分类的样本点。因为正确分类的样本满足$y_i(wx_i + b) > 0$，所以错误分类的样本满足$y_i(wx_i + b) < 0$。损失函数的优化目标，就是使期望错误分类的所有样本到超平面的距离之和最小，所以损失函数定义如下：

$$L(w, b) = -\frac{\sum_{x_i \in M} y_i(wx_i + b)}{\|w\|} \tag{5-67}$$

其中，M为超平面S的错误分类点集合。

由于$1/\|w\|$不影响错误分类点的判断，只考虑损失函数的分子就可以完成对错误分类点的判断，且$1/\|w\|$不影响感知机学习算法的最终结果，也不会对感知机学习算法的执行过程产生任何的影响，反而能够简化运算，提高算法的执行效率，所以在不考虑$1/\|w\|$后，得到感知机模型的损失函数：

$$L(w, b) = -\sum_{x_i \in M} y_i(wx_i + b) \tag{5-68}$$

在式(5-68)中，可以看出只有错误分类的M集合中的样本才能参与损失函数的优化。即需要遍历整个数据集，只随机选取一个错误分类点进行参数更新，这就是随机梯度下降(SGD)法。基于所有样本梯度和的均值批量梯度下降(BGD)法是行不通的，原因在于损失函数里面有限定，只有M集合里面的样本才能进行参数w和b的更新。

例如，二元函数$z = f(x, y)$在平面区域D上具有一阶连续偏导数，则函数f对于每一个点$P(x, y)$的梯度为

$$\operatorname{grad} f(x, y) = \nabla f(x, y) = \left\{\frac{\partial f}{\partial x}, \frac{\partial f}{\partial y}\right\} = f_x(x, y)\overline{i} + f_y(x, y)\overline{j} \tag{5-69}$$

梯度下降方向就是梯度的反方向，最小化损失函数$L(w, b)$就是先求函数在w和b两个变量轴上的偏导：

$$\begin{aligned} \nabla_w L(w, b) &= -\sum_{x_i \in M} y_i x_i \\ \nabla_b L(w, b) &= -\sum_{x_i \in M} y_i \end{aligned} \tag{5-70}$$

当出现错误分类点(x, y)时，对w, b进行更新：

$$\begin{aligned} w &\leftarrow w + \eta y_i x_i \\ b &\leftarrow b + \eta y_i \end{aligned} \tag{5-71}$$

其中，$\eta(0 < \eta \leq 1)$是步长，在统计学习中又称为学习率。这样，通过迭代可以修正参数w和b，待损失函数不断减小，直至为0，得到超平面S。

2. 多层感知机

单层感知机不能表达的问题称为线性不可分问题[81]。在单层感知机的输入层和输出层之间加入一层或多层处理单元，就构成了多层感知机，如图5-20所示。

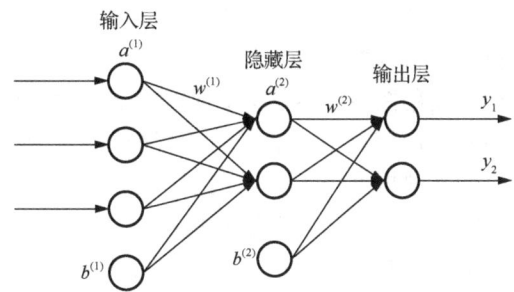

图 5-20 多层感知机模型

多层感知机模型只允许某一层的权值可调,这是因为无法得知网络隐藏层的神经元的理想输出,所以难以给出一个有效的多层感知机的学习算法。多层感知机克服了单层感知机的许多缺点,并解决了原来的一些单层感知机无法解决的问题。

图 5-20 所示的这种多层感知机具有非常好的非线性分类效果,其计算公式如下:

$$a^{(2)} = g(w^{(1)} \times a^{(1)} + b^{(1)}) \tag{5-72}$$

$$y = g(w^{(2)} \times a^{(2)} + b^{(2)}) \tag{5-73}$$

其中,$y(y_1, y_2)$ 表示多层感知机的输出信号;$a^{(1)}$ 和 $a^{(2)}$ 分别表示多层感知机的第一层和第二层的输入信号,同时 $a^{(2)}$ 也是第一层网络的输出信号;$w^{(1)}$ 和 $w^{(2)}$ 分别表示多层感知机的第一层和第二层的权值;$b^{(1)}$ 和 $b^{(2)}$ 分别表示多层感知机的输入层和隐藏层的权值。

单层感知机具有局限性的典型实例是它无法学习异或函数。带有隐藏层的多层感知机(即多层人工神经网络)通过矩阵和向量相乘(本质上是进行了一次线性变换),可使原来线性不可分问题变为线性可分问题。这种带有隐藏层的神经网络为更复杂的算法、网络拓扑学、深度学习奠定了基础。

5.4.2 前馈神经网络

前馈神经网络(feedforward neural network),简称前馈网络,是人工神经网络的一种。在前馈神经网络中,各神经元从输入层开始,接收前一级的输入,并输出到下一级,直至输出层。整个网络中无反馈,可用一个有向无环图表示,如图 5-21 所示。前馈神经网络由 3 种类型的层组成:输入层、隐藏层、输出层。

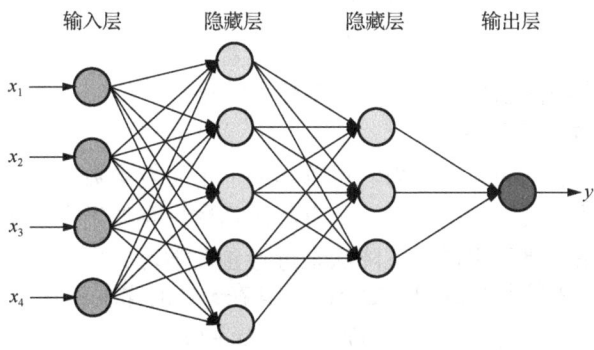

图 5-21 前馈神经网络

输入层是网络的第一层，它负责接收输入数据并将其传递到下一层。输入层不会对数据执行任何计算或转换，它仅充当输入数据的占位符。输入层具有多个神经元，对应于输入数据中的要素数量。例如，如果使用图像作为输入，则输入层中的神经元数量将是图像中的像素数。输入层中的每个神经元都连接到下一层中的所有神经元。神经网络前馈的输入层很简单，它只有一个功能来接收输入数据并将其馈送到下一层。输入层没有可学习的参数，因此没有必要更新这些参数，它仅作为神经网络工作的起点，计算从下一层开始。

隐藏层是指输入层和输出层之间的一个层。之所以称为隐藏层，是因为它不直接与外部环境交互。相反，它只接收来自输入层或先前隐藏层的输入，然后在将输出传递到下一层之前执行内部计算。隐藏层的主要功能是提取输入数据的特征和抽象表示。通过多个隐藏层，神经网络可以学习输入数据中越来越复杂和抽象的特征。隐藏层中的每个神经元都接收来自前一层神经元的输入，对其进行处理，并传递到下一层。这样，隐藏层可以转换输入数据并提取有用的特征，从而使网络能够学习输入和输出之间更复杂和抽象的关系。激活函数用于隐藏层，以将非线性引入网络。激活函数的常见示例包括 ReLU、Sigmoid 和 Tanh 等。激活函数的选择取决于具体问题，但 ReLU 在许多情况下是常用的，因为它往往工作良好并能提高训练速度。隐藏层中的神经元与层的数量是在网络设计和训练过程中可以调整的超参数之一。

输出层是网络架构中的最后一层。它的主要功能是根据处理后的输入数据生成网络的最终输出。输出层将最后一个隐藏层的输出作为其输入，并通过对该数据应用一组最终的变换来生成网络的最终输出。

激活函数是应用于神经网络前馈中神经元输出的数学函数。它将非线性引入网络，使其能够学习和建模输入与输出之间更复杂的关系。如果没有激活函数，神经网络将是线性的，功能较弱，表达能力较差[82]。

1. 前馈神经网络前向传播

用如下符号表示前馈神经网络中的参数。L，表示神经网络的层数；$m^{(l)}$，表示第 l 层神经元的个数；$f_l(\cdot)$，表示第 l 层神经元的个数；$\boldsymbol{W}^{(l)} \in \mathbb{R}^{m^{(l)} \times m^{(l-1)}}$，表示 $l-1$ 层到第 l 层的权重矩阵；$\boldsymbol{b}^{(l)} \in \mathbb{R}^{m^{(l)}}$，表示 $l-1$ 层到第 l 层的偏置；$\boldsymbol{z}^{(l)} \in \mathbb{R}^{m^{(l)}}$，表示 l 层神经元的净输入（净活值）；$\boldsymbol{a}^{(l)} \in \mathbb{R}^{m^{(l)}}$，表示 l 层神经元的输出（活性值）。

前馈神经网络通过如下公式进行信息传播：

$$\boldsymbol{z}^{(l)} = \boldsymbol{W}^{(l)} \cdot \boldsymbol{a}^{(l-1)} + \boldsymbol{b}^{(l)} \tag{5-74}$$

$$\boldsymbol{a}^{(l)} = f_l(\boldsymbol{z}^{(l)}) \tag{5-75}$$

前馈神经网络经过逐层的信息传递，得到网络最后的输出 $\boldsymbol{a}^{(l)}$。

2. 前馈神经网络梯度下降法

神经网络具有极其强大的拟合能力，可以作为一个万能函数来使用，通过进行复杂的特征转换，可以以任意精度来近似于任何一个有界闭函数。类似于其他机器学习算法求解参数的数值计算方法，首先考虑利用梯度下降法来进行参数学习。梯度下降是一种使损失函数最小化的方法，对于一元变量所构成的函数 $f(\cdot)$，其在 x 处的梯度就是该函数的导数：

$$\nabla f(x) = \frac{\mathrm{d}f(x)}{\mathrm{d}x} = \lim_{h \to 0} \frac{f(x+h) - f(x)}{h} \tag{5-76}$$

如果对于二元函数，则梯度为

$$\nabla f(x_1, x_2) = \frac{\partial y}{\partial x_1} i + \frac{\partial y}{\partial x_2} j \tag{5-77}$$

对于参数 $\boldsymbol{W}^{(l)}$，其梯度下降法的公式为

$$\boldsymbol{W}^{(l)} = \boldsymbol{W}^{(l)} - \eta \frac{\partial f(\boldsymbol{W}, \boldsymbol{b})}{\boldsymbol{W}^{(l)}} \tag{5-78}$$

同理，参数 $\boldsymbol{b}^{(l)}$ 的梯度下降法公式为

$$\boldsymbol{b}^{(l)} = \boldsymbol{b}^{(l)} - \eta \frac{\partial f(\boldsymbol{W}, \boldsymbol{b})}{\boldsymbol{b}^{(l)}} \tag{5-79}$$

其中，η 为均学习率。

5.4.3 反向传播神经网络

反向传播神经网络(back propagation neural network，BPNN)是深度学习领域中最基本和最常用的训练算法之一，由 Paul Werbos 在 1974 年首次提出[82]。BPNN 的核心在于通过梯度下降法更新神经网络的权值和偏置，以此优化网络的整体性能。这种算法在图像识别、语音识别、自然语言处理等诸多领域都有着广泛的应用。

反向传播算法的核心是基于链式法则和梯度下降原理。在训练过程中，网络首先进行前向传播计算输出结果，然后根据输出结果与期望输出之间的误差，通过反向传播计算每一层神经元的权重和偏置对总误差的贡献，进而调整权重和偏置，使得误差函数最小化。这就是反向传播定理，它是 BPNN 训练的基础。

BPNN 的训练过程主要包括两个阶段：前向传播与反向传播。前向传播阶段，网络接收输入数据并通过多层神经元逐层计算得到输出。反向传播阶段，首先计算实际输出与目标输出之间的误差，然后根据误差反向传播，计算每一层的梯度，进而更新权重和偏置。具体来说，通过计算损失函数关于每个权重和偏置的梯度，然后按照梯度下降方向调整参数，从而不断优化模型性能。

图 5-22 所示为仅有一个隐藏层的前馈神经网络。

信息正向传播的过程如图 5-23 所示，激活函数选用 Sigmoid 函数，其公式为

$$S(x) = \frac{1}{1 + \mathrm{e}^{-x}} \tag{5-80}$$

$$\frac{\partial S(x)}{\partial x} = S(x)[1 - S(x)] \tag{5-81}$$

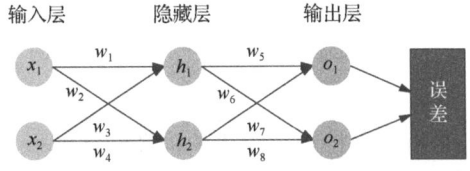

图 5-22 仅有一个隐藏层的前馈神经网络

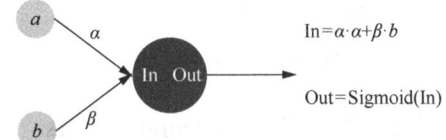

图 5-23 信息正向传播

假设网络的期望输出为 $\{y_1, y_2\}$，实际输出为 $\{o_1, o_2\}$，以 o_1 为例，前向传播的计算过程为

$$\text{In}_{o_1} = w_5 \cdot h_1 + w_7 \cdot h_2$$
$$o_1 = S(\text{In}_{o_1}) \tag{5-82}$$

其中，In_{o_1} 表示 o_1 的输入值。

计算损失函数，此处以均方误差作为该网络的损失函数，具体公式为

$$\text{Error} = \frac{1}{2} \sum_{i=1}^{2} (o_i - y_i)^2, \quad i = 1, 2 \tag{5-83}$$

计算 $w_5 \sim w_8$ 的梯度，以 w_5 为例，其梯度计算公式如下：

$$\delta_5 = \frac{\partial \text{Error}}{\partial w_5} = \frac{\partial \text{Error}}{\partial o_1} \cdot \frac{\partial o_1}{\partial \text{In}_{o_1}} \cdot \frac{\partial \text{In}_{o_1}}{\partial w_5}$$

$$\frac{\partial \text{Error}}{\partial o_1} = o_1 - y_1$$

$$\frac{\partial o_1}{\partial \text{In}_{o_1}} = o_1 \cdot (1 - o_1) \tag{5-84}$$

$$\frac{\partial \text{In}_{o_1}}{\partial w_5} = h_1$$

计算 $w_1 \sim w_4$ 的梯度，以 w_1 为例，其梯度计算公式如下：

$$\delta_1 = \frac{\partial \text{Error}}{\partial w_1} = \frac{\partial \text{Error}}{\partial o_1} \cdot \frac{\partial o_1}{\partial w_1} + \frac{\partial \text{Error}}{\partial o_2} \cdot \frac{\partial o_2}{\partial w_1}$$

$$= \frac{\partial \text{Error}}{\partial o_1} \cdot \frac{\partial o_1}{\partial \text{In}_{o_1}} \cdot \frac{\partial \text{In}_{o_1}}{\partial h_1} \cdot \frac{\partial h_1}{\partial \text{In}_{h_1}} \cdot \frac{\partial \text{In}_{h_1}}{\partial w_1} + \frac{\partial \text{Error}}{\partial o_2} \cdot \frac{\partial o_2}{\partial \text{In}_{o_2}} \cdot \frac{\partial \text{In}_{o_2}}{\partial h_1} \cdot \frac{\partial h_1}{\partial \text{In}_{h_1}} \cdot \frac{\partial \text{In}_{h_1}}{\partial w_1}$$

$$= \left(\frac{\partial \text{Error}}{\partial o_1} \cdot \frac{\partial o_1}{\partial \text{In}_{o_1}} \cdot \frac{\partial \text{In}_{o_1}}{\partial h_1} + \frac{\partial \text{Error}}{\partial o_2} \cdot \frac{\partial o_2}{\partial \text{In}_{o_2}} \cdot \frac{\partial \text{In}_{o_2}}{\partial h_1} \right) \cdot \frac{\partial h_1}{\partial \text{In}_{h_1}} \cdot \frac{\partial \text{In}_{h_1}}{\partial w_1} \tag{5-85}$$

其中，In_{h_1}、In_{o_2} 分别表示 h_1、o_2 的输入值。

利用计算出的梯度更新参数：

$$w_i' = w_i - \eta \delta_i, \quad i = 1, 2 \tag{5-86}$$

其中，w_i' 表示更新后的权重；w_i 表示原权重；η 表示学习率，$0 < \eta < 1$；δ_i 表示梯度值。

反向传播算法的训练结果取决于输出的误差和相邻的权值，误差是从最后一层到第一层反向传播。将"误差修正型"的学习规则与梯度下降法结合使用，是训练人工神经网络的一种常见方法，该方法会对网络中所有的权值计算损失函数的梯度，这个梯度可用于更新权值以获得最小化损失函数。

5.4.4 深度神经网络

深度神经网络(deep neural network，DNN)是一类由多层神经元组成的神经网络模型，通常由输入层、多个隐藏层和输出层组成，其中每个隐藏层都包含许多神经元。深度神经网络通过层层传递数据和特征学习输入数据的复杂表示，每一层都对数据进行一些转换，然后将结果传递给下一层，直到最后的输出层生成模型对输入数据的预测和分类。目前深度神经网络在机器学习和人工智能领域中被广泛应用，常见的深度学习神经网络有卷积神经网络

(convolutional neural network，CNN)、循环神经网络(recurrent neural network，RNN)、生成对抗网络(generative adversarial network，GAN)、残差网络(residual network，ResNet)、深度信念网络(deep belief network，DBN)等。

1. 卷积神经网络

20世纪60年代，Hubel和Wiesel通过对猫视觉皮层细胞的研究[83]，提出了感受野(receptive field)的概念。80年代，日本学者Fukushima在感受野的基础上提出了神经认知机(neocognitron)，神经认知机可以看作CNN的第一个实现，也是感受野概念在人工神经网络领域的首次应用。基于CNN的深度神经网络对于大尺度图像处理有很好的表现，已经在图像处理、人脸识别等计算机视觉方面得到了广泛的应用。它的核心思想是通过深层网络对图像的低级特征进行提取，随着网络的加深，将低级特征不断地向高级特征映射，在最后的高级映射特征中完成分类识别等工作。CNN包含卷积层、池化层和全连接层[84]。具体介绍如下。

1) 卷积层

图像输入CNN后，经过预处理操作将图像转化为矩阵，矩阵中的数值代表着图像中相应位置的像素。卷积层对经过预处理的图像进行卷积操作，图像经过特定卷积矩阵滤波后，所得到的卷积结果可以认为是保留了像素点所构成的特定空间分布模式。

卷积的具体过程如图5-24所示，输入图像经过预处理变成了一个二维的灰度图像，3×3的卷积核从图像的左上角开始滑动，每次滑动一个像素单位(即卷积步长为1)。每滑动到一个位置，卷积核与图像上对应位置的像素值相乘并求和，所得值组成特征图。滑动的顺序为从左到右、从上到下。

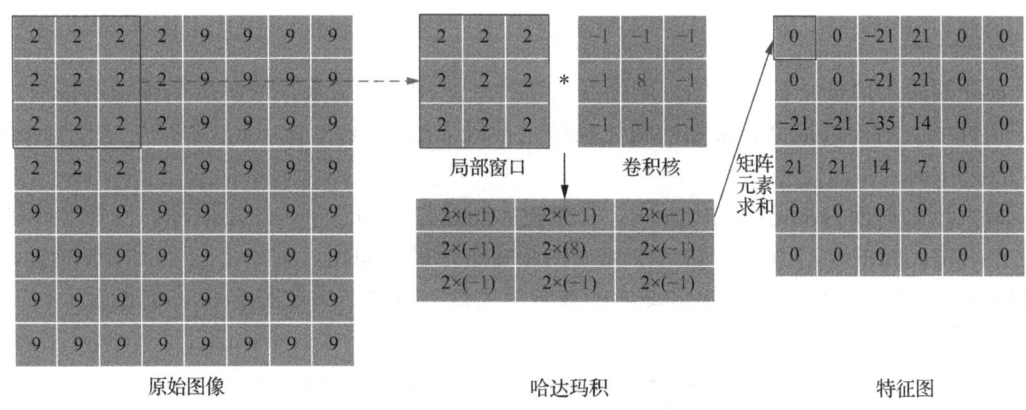

图 5-24 卷积过程

卷积后的特征图的每个像素与网络隐藏层中的神经元相连，每个卷积核检测的都是相同的特征，这些相同的特征在图像中的不同位置。当提到网络中的卷积时，通常指由多个并行卷积组成的运算，一般希望网络的每一层都能够在多个位置提取多种类型的特征。

如图5-25所示，一个7×7大小的图像，经过3个3×3大小的卷积核卷积，可以得到3个5×5大小的特征图。

此外，当输入彩色图像时，图像在每个像素点都会有红绿蓝3种颜色的亮度值，则预处理后的图像通常为一个三维张量，卷积的通道数为3，其卷积过程如图5-26所示，一个大小为32×32×3的图像，经过6个大小为5×5×3的卷积核卷积，可以得到6个大小为28×28的特征图。

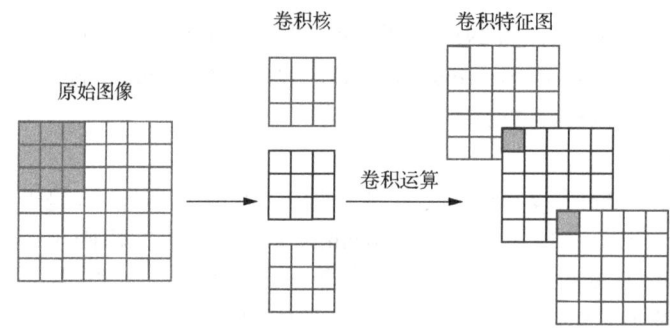

图 5-25　含有多个并行卷积核的卷积

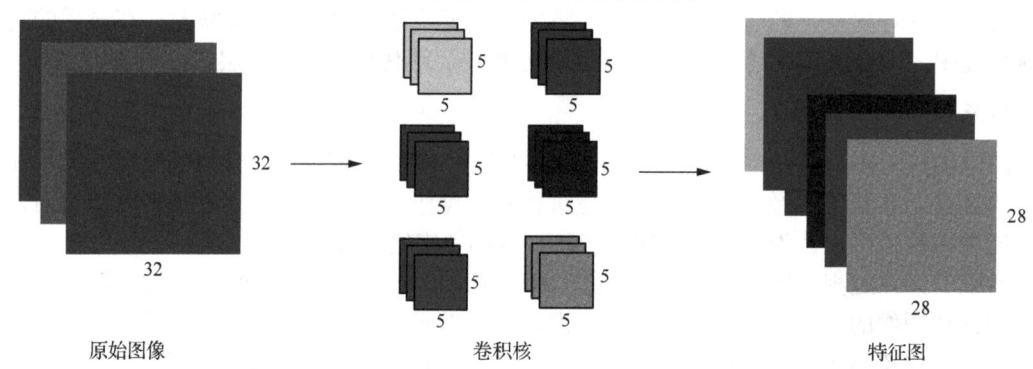

图 5-26　通道数为 3 的卷积过程

2) 池化层

池化层用于降低特征映射的空间维度，减少计算量和参数量，同时提高模型的鲁棒性，在一定程度上防止过拟合。常见的池化操作包括最大池化（max pooling）和平均池化（average pooling）。

最大池化是最为常见的池化操作，它将输入图像划分为若干个矩形区域，对每个子区域输出最大值。如图 5-27 所示，对一个 4×4 的图像进行最大池化，对 2×2 大小区域按照步长为 2 进行最大池化，即取 2×2 大小区域内的像素最大值，池化结果如图 5-27 右侧所示。

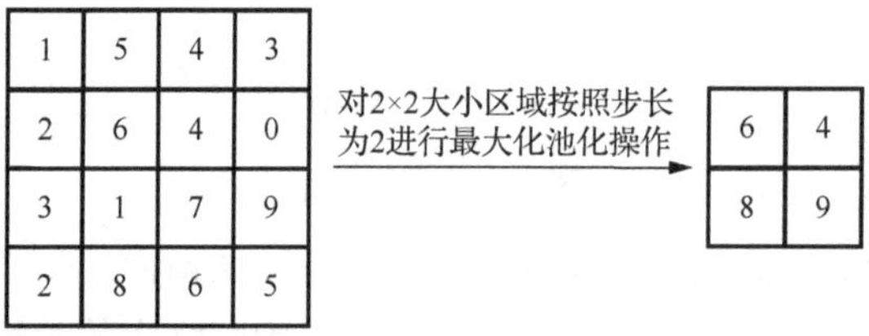

图 5-27　最大池化

平均池化是对邻域内的特征点求平均值。平均池化能够很好地保留背景信息，但是容易使图像变得模糊。如图 5-28 所示，对一个 4×4 的图像进行平均池化，对 2×2 大小区域按照步长为 2 进行平均池化，即取 2×2 大小区域内的像素平均值，池化结果如图 5-28 右侧所示。

3) 全连接层

全连接层一般位于整个 CNN 的最后，负责将卷积输出的二维特征图转化成一个一维向

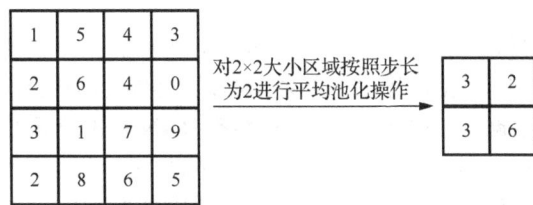

图 5-28　平均池化

量,由此实现了端到端的学习过程。全连接层的每一个节点都与上一层的所有节点相连,因而称为全连接层,由于其全向连的特性,一般全连接层的参数也是最多的。

经过多轮的卷积层和池化层处理后,可以认为图像中的信息已经被抽象成为信息含量更高的特征,全连接层将特征转换成了向量,然后经过分类层对图像进行分类,输出识别分类的置信度。

4) 卷积神经网络的特点

CNN 采用稀疏连接的方式。传统的人工神经网络通常在各层之间采用全连接的方式,但是全连接神经网络的参数量会随着输入和隐藏层神经元的数量增加而呈现平方级增长,参数量较大,容易引起过拟合。CNN 采用的稀疏连接的特点是每个神经元仅与前一层的一小部分神经元连接,而不是与整个前一层神经元都连接,这种连接方式有效减少了参数量,提高了计算效率。

CNN 采用权值共享的策略。CNN 来源于检点的人工神经网络,各个节点之间通过权值连接。权值共享类似于生物神经网络,能够降低网络模型的复杂度,减少权值数量。图 5-24 给出了 CNN 权值共享示意图,用一个卷积核对图片做卷积,卷积核里面一共含有 $3 \times 3 = 9$ 个参数,这 9 个参数是共享的,可以将这 9 个参数看成是卷积提取特征的方式,该方式与位置无关。

CNN 中往往会使用多个不同的卷积核来提取输入数据的特征。每个卷积核都会对输入图像进行卷积处理,生成另一幅图像。不同卷积核生成的不同图像可以理解为该输入图像的不同通道。多卷积核的特点有助于 CNN 有效地捕获输入数据中的多种局部特征,提高模型对复杂模式的表示能力。CNN 通常由多个卷积层、池化层和全连接层组成,如图 5-29 所示,这些层级结构相互堆叠以构建深层神经网络。一层卷积及降采样往往只学到了局部的特征。层数越多,学到的特征越全局化。因此,通过这样的多层处理,低级的特征组合形成更高级的特征表示。

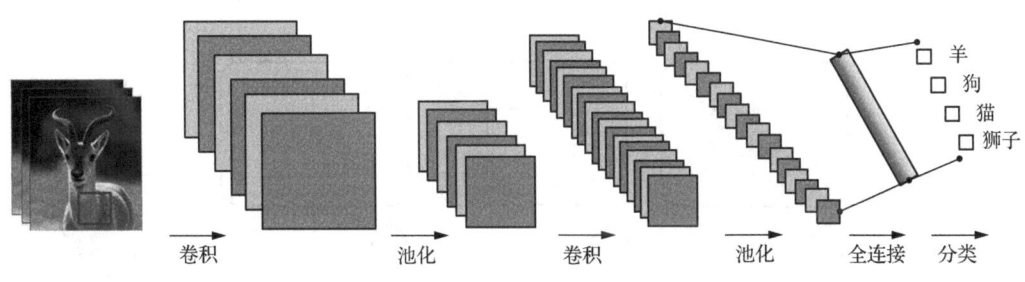

图 5-29　多层处理示意图

2. 循环神经网络

循环神经网络(RNN)源自 1982 年 Saratha Sathasivam 提出的霍普菲尔德网络。RNN 在全连接神经网络的基础上增加了前后时序上的关系,可以更好地处理机器翻译等与时序相关的问题。

RNN 是一种对序列数据有较强处理能力的网络。RNN 在网络模型中的不同部分进行权值共享使得模型可以扩展到不同样式的样本,例如,CNN 中一个确定好的卷积核模板几乎可以处理任何大小的图片。将图片分成多个区域,使用同样的卷积核对每一个区域进行处理,最后可以获得非常好的处理结果。同样地,循环网络使用类似的模块(形式上相似)对整个序列进行处理,可以将很长的序列进行泛化,得到需要的结果。

RNN 的目的就是处理序列数据,传统的神经网络模型是从输入层到隐藏层再到输出层,层与层之间是全连接的,每层之间的节点是无连接的,但是这种普通的神经网络对于很多问题都无能为力。例如,要预测句子的下一个单词是什么,一般需要用到前面的单词,因为一个句子中前后单词并不是独立的。

RNN 包括三个部分:输入层、隐藏层、输出层,相对于前馈神经网络,RNN 可以接收上一个时间点的隐藏状态。典型的 RNN 网络架构如图 5-30 所示。与普通的前馈神经网络的区别在于:RNN 的神经网络单元不但与输入和输出存在联系,而且其自身也存在一个回路。这种回路允许信息从网络中的一步传递到下一步。

将 RNN 按时间序列展开循环为图 5-31 所示的形式,可以看出 RNN 中上一时刻的网络状态简化会影响到下一时刻的网络状态。同时,RNN 要求每一时刻都要有输入,但是不一定每个时刻都需要有输出。

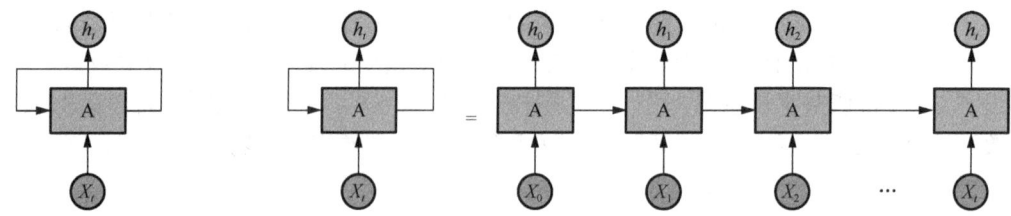

图 5-30 典型的 RNN 网络结构　　　　图 5-31 展开的 RNN 网络结构

RNN 单个信息传输通道上的基本结构如图 5-32 所示,RNN 模型在每个时间状态下的网络拓扑结构相同,均由 3 部分组成,即输入单元、输出单元和隐藏单元,分别使用 x、o、h 表示。RNN 的隐藏层输出一分为二,一部分传给输出层,另一部分与下一时刻的输入层一起作为隐藏层的输入。

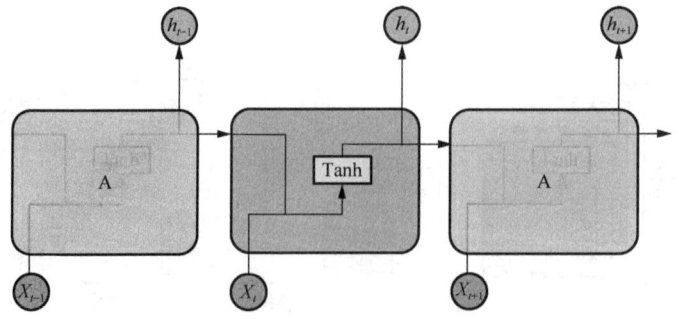

图 5-32 RNN 单个信息传输通道上的基本结构

在 RNN 的展开形式中，当前时间步的隐藏状态 h_t 是由上一时间步的隐藏状态 h_{t-1} 和当前时间步的输入值 x_t 共同决定的，输出值 o_t 是由隐藏状态 h_t 决定的，其关系如下：

$$h_t = f(Ux_t + Wh_{t-1})$$
$$o_t = g(Vh_t)$$
(5-87)

参数 U、V、W 分别对应输入到隐藏单元的权值、隐藏单元到输出的权值、前一时间步的隐藏单元到当前时间步的隐藏单元的权值；f、g 分别是隐藏单元和输出的激活函数，隐藏单元一般使用非线性激活函数，如 Tanh、ReLU，图中使用 Tanh 作为激活函数，输出层常将 softmax 函数作为激活函数。

时间反向传播（back-propagation through time，BPTT）算法是常用的 RNN 训练方法，其本质是反向传播算法，只不过 RNN 处理的是时间序列数据，要基于时间反向传播，因此将其称为时间反向传播算法。BPTT 算法主要应用了梯度下降法，训练时先对序列中每个时刻的输入值进行正向传播，再通过反向传播计算各处参数的梯度值并更新参数。

本 章 小 结

本章主要介绍了海洋目标检测方法中的关键内容，包括目标特征设计与分析、典型人工特征原理、经典特征模型方法和人工神经网络。目标特征设计与分析部分详细讨论了目标的直方图特征、局部区域特征、边界特征和统计特征等多种特征，目标特征在目标的检测中扮演着至关重要的角色，它是对数据额抽象和表示，能够帮助模型更好地理解和处理输入数据，为后续的目标检测提供了重要的基础。典型人工特征原理部分介绍了 HOG 特征、SIFT/SURF 特征和 Haar 特征等常用的人工特征提取方法，这些方法在目标检测中发挥着重要作用。经典特征模型方法部分介绍了特征的可分性测度、基于类内散布矩阵的特征提取、K-L 变换特征提取以及特征降维方法等内容，这些方法能够有效地提取目标特征并降低特征的维度，从而提高目标检测的效率和准确性。本章还介绍了人工神经网络方法，包括感知机原理、前馈神经网络、反向传播神经网络和深度神经网络等内容，这些方法在海洋目标检测中具有很高的灵活性和适应性，能够根据不同的需求进行灵活调整和优化。

第6章 海洋目标跟踪方法

6.1 目标跟踪特征模型

在计算机视觉领域,视觉目标跟踪(简称跟踪)并非单一的概念,它主要关注的是在连续的视频帧或图像中持续跟踪特定区域或对象,而无须关注其具体的语义类别。这个过程可以概括为"无类别万物跟踪",特别是在广泛的应用场景中,如日常监控中的任意物体跟踪。然而,在特定场景下,例如,对于海洋环境感知中的目标跟踪,可能会针对预知的对象类型进行更精确的跟踪,如跟踪某片海域特定的鱼类目标。

对于跟踪的定义,不同的研究者给出了各自的解读,例如,有学者将其视为"在视频序列中持续识别并定位感兴趣区域的过程"或者"根据初始帧中的目标状态(位置和大小等),预测其在后续帧中的动态"。尽管表述各异,但其核心目标是一致的,即在视频的时间维度上,寻找并更新先前帧中选定物体的位置信息。用简洁明了的语言总结,视觉目标跟踪就是在一个视频序列中,根据初始设定,持续分析和理解目标物体在后续帧中的动态表现。

6.1.1 特征模型分类

目标跟踪特征模型是用于描述目标特征的数学模型,它可以将目标与背景区分开来,并为跟踪算法提供目标的判别能力。目标跟踪特征模型主要包括手工特征(hand-crafted feature)和深度特征(deep feature)两大类。

1. 手工特征

手工特征是早期目标跟踪算法的主要方法。这类特征通过人工设计的方式提取图像的某些属性,具有较强的可解释性。手工特征包括以下几类。

1) 颜色特征

颜色特征[85]是利用图像的颜色信息进行描述,最简单的形式是像素值。这类特征符合人类对于图像的理解,计算简单且直观。常见的颜色特征表示方法包括颜色直方图[86]、颜色空间转换等。

2) 形状特征

形状特征描述了图像中物体的几何形状信息,如边缘、轮廓等。常用的方法包括霍夫变换[87]、边缘检测[88](如 Canny 边缘检测)等。

3) 空间特征

空间特征基于图像中物体的几何位置和空间关系,如物体的大小、位置等。

4) 纹理特征

纹理特征捕捉图像中像素值的局部变化模式,如粗糙度、平滑度等。常用的方法包括灰度共生矩阵、局部二值模式[89](LBP)等。

5) 梯度特征

梯度特征描述图像像素值在某个方向上的变化。梯度直方图[90](HOG)是一种常见的梯度特征表示方法，能够有效地捕捉图像的边缘和轮廓信息。

2. 深度特征

随着深度学习的兴起，基于卷积神经网络(CNN)的深度特征逐渐成为目标跟踪研究的主流方法。深度特征[91]通过多层非线性变换，从原始图像中自动学习出高层次的抽象特征，具有更强的判别能力。深度特征的优势在于以下几点。

高层次抽象：深度特征能够捕捉到图像中更加抽象和复杂的模式，不仅限于低层次的颜色、形状等信息。

自适应学习：深度神经网络可以通过大规模数据训练，自动学习出最优的特征表示，减少了手工特征的烦琐过程。

强大判别力：深度特征在处理复杂场景、遮挡、光照变化等问题上具有显著优势，大大提高了目标跟踪的鲁棒性和精度。

6.1.2 特征模型表达

目标描述与特征的选择密切相关。选择适当的特征在目标跟踪中具有重要的作用。通常，好的特征应该具有可区别性好、可靠性高、独立性好、数量少等特点，因此可以很容易地将目标从特征空间中区分出来，在特征空间中进行聚类、分散等操作。目标跟踪过程中常用的特征如下。

1. 颜色特征

颜色特征是最显著、最可靠、最稳定的视觉特征。颜色与图像中所包含的物体、场景的相关性很高，人们对一幅图像的印象，往往从图像中颜色的空间分布开始。目标的颜色主要由两个物理因素决定：一个是光源的功率谱分布；另一个是目标的表面反射性质。在图像处理领域，现在采用的大多数颜色空间都是面向硬件或面向应用的。迄今为止，已提出的颜色空间已经有上百种，如 RGB、CMY、HSI、Lab 等。RGB 空间是最常用的颜色空间，但是 RGB 在颜色感知上是不均匀的。LUV 和 Lab 是感知均匀的颜色空间，HSV 是近似均匀的颜色空间，但是这些空间对噪声都很敏感。

2. 边缘特征

边缘是一幅图像中不同区域之间的边界线，边缘检测的目的是捕捉亮度急剧变化的区域，而这些区域通常是视觉目标跟踪所关注的。同时，针对目标跟踪，边缘检测所得到的结果将会大大减少图像数据量，从而过滤掉很多不需要的信息，留下图像的重要结构，使所要处理的工作大大简化，实现实时的视觉目标跟踪。由于边缘是由图像深度不连续、图像(梯度)朝向不连续、图像光照(强度)不连续等因素所造成的，因此与颜色特征相比，边缘的一个重要性质是对光照变化不敏感。目前最为流行的边缘检测方法是 Canny 算子和 Sobel 算子。

3. 纹理特征

纹理是一种普遍存在的视觉现象，是对图像局部区域亮度变化性质(如平滑性、规则性等)的一种描述。一般来说，可以认为纹理由许多相互接近、相互交织的元素构成，并常富有周期性。

在各种特征中，颜色在跟踪领域是使用得最为广泛的特征。但是，颜色对于光照的变化很敏感,因此如果应用环境中光照变化较大,则应该采用其他特征(如边缘、纹理等)进行跟踪。同时,基于各种特征的组合特征来更加准确完备地描述目标的方法在跟踪中也有比较广泛的研究。

6.1.3 特征模型实时更新

在目标跟踪过程中,目标的外观可能会发生变化,如光照变化、视角变化、部分遮挡等。因此,特征模型需要具备实时更新的能力,以适应目标外观的变化,提高跟踪的鲁棒性和准确性。模型的实时性与训练方式如图 6-1 所示。

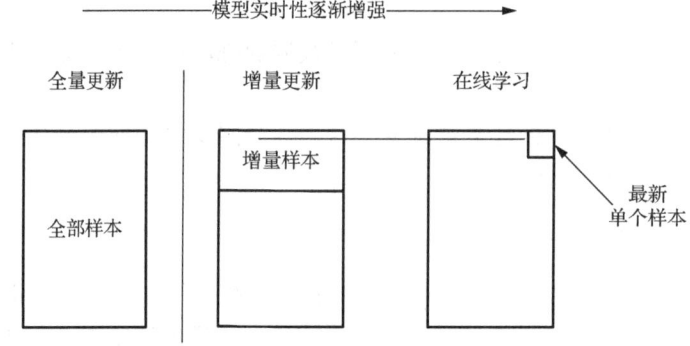

图 6-1 模型的实时性与训练方式

1. 全量更新

模型训练最常采用的方式是全量更新[92],即模型使用某一时间段内的所有训练样本进行重新训练,然后用新训练的模型替换"过时"的模型。然而,全量更新方法需要处理大量训练样本,因此训练时间较长。此外,全量更新通常在离线的大数据平台上进行,如使用 Spark 结合 TensorFlow,这导致数据处理延迟较长。因此,全量更新在模型更新的"实时性"方面表现最差。

实际上,对于已经训练好的模型,可以只对新增的增量样本进行学习,这就是增量更新。通过增量更新,模型可以快速适应新数据,显著缩短训练时间和数据延迟,从而提升模型更新的实时性。

2. 增量更新

增量更新是指仅将新加入的样本输入模型进行增量学习。从技术角度来看,深度学习模型通常采用随机梯度下降(SGD)及其变种进行学习,对增量样本的学习相当于在已有样本的基础上继续输入增量样本进行梯度下降。因此,在深度学习模型的框架下,将全量更新改为增量更新的难度并不大。

然而,工程上的任何方案都要权衡取舍,增量更新也不例外。由于仅利用增量样本进行学习,模型在多个循环之后会收敛到新样本的最优点,而难以收敛到原有样本和增量样本的全局最优点。

因此,在实际的推荐系统中,通常采用增量更新和全量更新相结合的方式。在进行几轮增量更新后,会在业务量较小的时间窗口进行全量更新,以纠正模型在增量更新过程中积累的误差。这种方法在"实时性"和"全局最优"之间进行取舍和权衡。

3. 在线学习

在线学习是增量更新的进一步改进。增量更新是在获得一批新样本时对模型进行更新，而在线学习是在每次获得一个新样本时就实时更新模型。在线学习在技术上也可以通过 SGD 类的方法实现。然而，使用传统的 SGD 方法会导致一个严重的问题，即模型的稀疏性很差，打开过多"碎片化"的不重要特征。

关注模型的"稀疏性"在某种意义上也是工程上的考虑。例如，在一个输入向量维度达到几百万的模型中，如果模型的稀疏性好，则可以在不影响模型效果的前提下，仅让极小部分维度的输入向量对应的权重非零。这样，在模型上线时，模型的体积会很小，这无疑有利于整个模型的服务过程。无论是存储模型所需的内存空间，还是线上推理的速度，都会因为模型的稀疏性而受益。

使用 SGD 方法进行模型更新相比于批量更新方法，容易产生大量小权重的特征，从而增大模型部署和更新的难度。为了使在线学习过程中兼顾训练效果和模型稀疏性，已有大量相关研究。最著名的包括微软的 RDA、Google 的 FOBOS，以及广为人知的 FTRL 等。

通过结合这些先进方法，在线学习能够在保持模型稀疏性的同时，确保训练效果，从而实现高效的模型更新和部署。

4. 模型局部更新

提高模型实时性的另一种改进方向是进行模型的局部更新。其基本思路是降低训练效率低的部分的更新频率，同时提高训练效率高的部分的更新频率。这种方法的典型代表是 Facebook 的 GBDT+LR 模型[93]，其模型结构如图 6-2 所示。

GBDT+LR 模型结构中，GBDT 用于自动化特征工程，而 LR 则用于拟合优化目标。由于 GBDT 采用串行方式依次训练每一棵树，故其训练效率较低，更新周期较长。如果每次都同时训练 GBDT+LR 整个模型，GBDT 的低效将拖慢 LR 的更新速度。

为了兼顾 GBDT 的特征处理能力和 LR 快速拟合优化目标的能力，Facebook 采取了一种部署方法，即每天训练一次 GBDT 模型，并在固定 GBDT 模型后，准实时地训练 LR 模型，以快速捕捉数据整体的变化。通过这种模型的局部更新，实现了 GBDT 和 LR 能力的平衡。

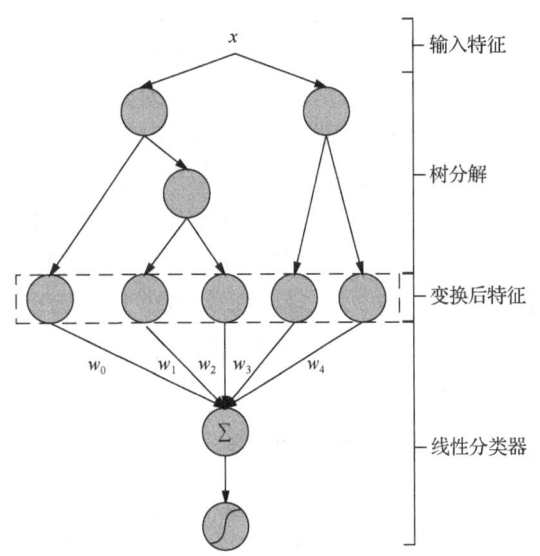

图 6-2　GBDT+LR 模型结构

模型局部更新的方法在嵌入层（Embedding 层）+神经网络的深度学习模型中也得到广泛应用。嵌入层负责将高维稀疏输入向量转换为稠密的嵌入向量，因此嵌入层的参数往往占据深度学习模型的 90%以上。嵌入层的更新会拖累模型整体的更新速度，因此业界常采用嵌入层单独训练甚至预训练的方法，并对嵌入层以上的模型部分进行高频更新。通过这种策略，可以在确保嵌入层有效性的同时提高模型整体更新效率。Wide&Deep 模型[94]是经典的嵌入层+神经网络的结构，其模型结构如图 6-3 所示。

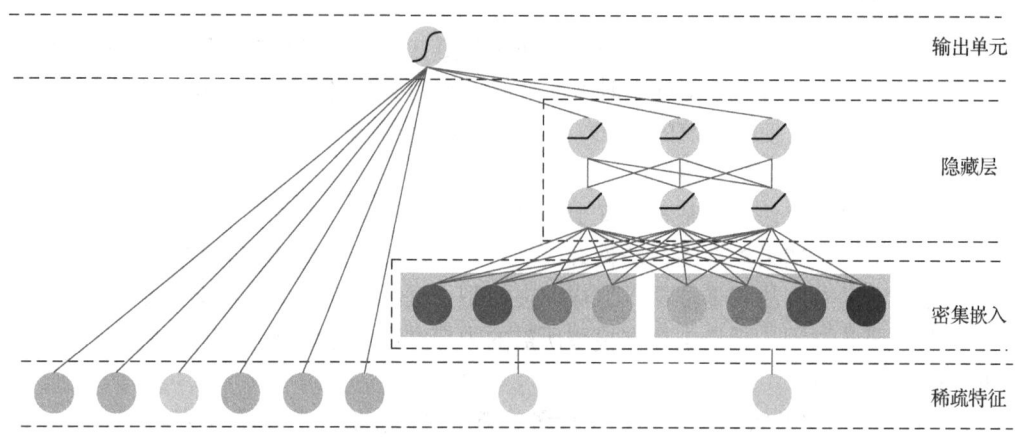

图 6-3 Wide&Deep 模型结构

6.2 目标跟踪基本原理与分类

在计算机视觉的多元研究领域中,视频目标跟踪占据着显著的核心地位,它与人工智能和大数据时代的前沿趋势紧密相连。

目标的运动特性对后续的分析和决策起着至关重要的作用。通过精准的视频目标跟踪,可以进一步深化对动作识别、行为分析和意图的理解,而这些任务的准确执行直接依赖于跟踪技术的精度。因此,视频目标跟踪技术在科学研究和实际工程应用中具有不可估量的价值,国内外的研究者和机构对此给予了高度关注,并持续投入研究[95]。

以视频目标跟踪为核心技术或作为关键辅助手段的应用场景丰富多样,例如,在智能监控与安防系统[96]中,它提升了安全防范的智能化水平;在视觉辅助的人机交互[97]中,增强了用户体验;在机器人辅助视觉导航[98]中,有助于机器人的自主定位;在自动驾驶的环境感知[99]中,确保了车辆对周围环境的实时理解;在智慧交通管理和军事制导系统中,提供了关键的信息支持。

6.2.1 目标跟踪框架

视觉目标跟踪任务就是在给定某视频序列初始帧的目标大小与位置的情况下,预测后续帧中该目标的大小与位置。这一基本任务流程可以按图 6-4 所示的框架划分。

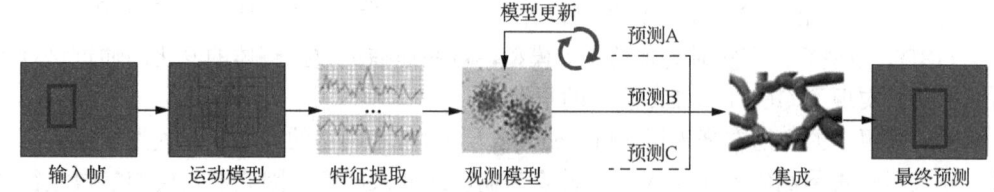

图 6-4 视觉目标跟踪系统流程图

输入初始化目标框,在下一帧中产生众多候选框,提取这些候选框的特征,然后对这些候选框评分,最后在这些评分中找一个得分最高的候选框作为预测的目标,或者对多个预测值进行融合得到更优的预测目标。根据图 6-4 所示的框架，可以把目标跟踪划分为 5 项主要的研究内容，下面分别对其进行简要介绍。

1. 运动模型：如何产生众多的候选样本

运动模型(motion model)：生成候选样本的速度与质量直接决定了跟踪系统表现的优劣。常用的有两种方法：粒子滤波[100](particle filter)和滑动窗口(sliding window)。粒子滤波是一种序贯贝叶斯推断方法，通过递归的方式推断目标的隐含状态。滑动窗口是一种穷举搜索方法，它列出目标附近的所有可能的样本作为候选样本。

2. 特征提取：利用何种特征表示目标

特征提取(feature extraction)：鉴别性的特征表示是目标跟踪的关键之一。常用的特征被分为两种类型：手工特征和深度特征[101]。常用的手工特征有灰度(gray)特征、方向梯度直方图(HOG)、哈尔(Haar)特征，尺度不变特征变换[102](SIFT)特征等。与人为设计的特征不同，深度特征是通过大量的训练样本学习出来的特征，它比手工特征更具有鉴别性。因此，利用深度特征的跟踪方法通常很轻松地就能获得一个不错的效果。

3. 观测模型：如何为众多候选样本进行评分

观测模型(observation model)：大多数的跟踪方法主要集中在这一块的设计上。根据不同的思路，观测模型可分为两类：生成式模型(generative model)和判别式模型(discriminative model)。生成式模型通常寻找与目标模板最相似的候选作为跟踪结果，这一过程可以视为模板匹配。常用的理论方法包括：子空间、稀疏表示、字典学习等。判别式模型通过训练一个分类器区分目标与背景，选择置信度最高的候选样本作为预测结果。判别式方法已经成为目标跟踪中的主流方法，因为有大量的机器学习方法可以利用。常用的理论方法包括：逻辑回归、岭回归、支持向量机、多示例学习、相关滤波等。

4. 模型更新：如何更新观测模型使其适应目标的变化

模型更新(model update)：模型更新主要是更新观测模型，以适应目标表观的变化，防止跟踪过程发生漂移。模型更新没有一个统一的标准，通常认为目标的表观连续变化，所以常常会每一帧都更新一次模型。但也有人认为目标过去的表观对跟踪很重要，连续更新可能会丢失过去的表观信息，引入过多的噪声，因此利用长短期更新相结合的方式来解决这一问题。

5. 集成方法：如何融合多个决策获得一个更优的决策结果

集成方法(ensemble method)：集成方法有利于提高模型的预测精度，也常常被视为一种提高跟踪准确率的有效手段。可以把集成方法笼统地划分为两类：在多个预测结果中选一个最好的，或是利用所有的预测加权平均。

6.2.2 目标跟踪原理与实现

既然需要对某个目标在视频中进行定位和跟踪，那么就需要考虑：首先如何定义或怎么样界定需要跟踪的目标，然后如何在后续帧中定位该目标(locate)，接着如何将目标表示为计算机能够识别的信息(shape)，最后如何在后续帧找到最合适的目标位置(distinguish)。

1. 目标定义

在图像分析中，目标的定义通常通过边界框(bounding-box)进行，这是一种直观而简洁的方法，它明确了目标在图像中的位置(坐标)和大小。矩形框的形式便于量化评估，如使用 IoU(intersection over union)衡量准确性和鲁棒性，因为只需中心点、宽度和高度等基本参数，所以便于算法性能的比较。

2. 后续帧预测

基于先前帧中目标的稳定性和可预测性，在后续帧中通过预设的搜索范围(通常在前一帧目标附近)生成多个可能的候选框，这些候选框的尺寸基于前一帧进行微调，以适应目标在连续帧中的可能移动。

3. 特征提取与表示

为了使计算机能够处理和识别这些候选框，需要将其转换为可计算的特征向量。这通常涉及图像处理技术，如颜色、纹理、形状、梯度等特征的提取，以便于后续的机器学习算法进行匹配。

4. 目标匹配

如何从前一帧的矩形框鉴别后续帧的目标，即找到最像前一帧中的目标的候选框。该步骤主要解决匹配问题，将后续帧中可能是目标的物体和前一帧的跟踪结果进行匹配，选择相似度最大的物体作为后续帧的跟踪结果。

6.2.3 目标跟踪分类及特点

目标跟踪算法基于前一帧视频序列中的目标位置提取外观特征信息，在当前帧中准确快速地定位目标位置，依此实现定位后续视频帧中目标的所在位置。跟踪算法需预先对给出的目标建立跟踪模型，依据不同的模型建立方式可以区分为两大类，分别是生成式模型算法和判别式模型算法。

1. 生成式模型

生成式跟踪算法首先对跟踪目标的外观特征进行提取，依此建立目标的外观模型，在后续视频帧中对候选区域依据目标模型进行搜索，将与目标模型最为匹配的区域作为目标的当前位置。典型生成式目标跟踪算法有光流法、粒子滤波方法和均值漂移算法。生成式模型算法的问题在于目标稍被遮挡或者运动模糊时容易丢失目标而跟踪失败，原因在于对目标建模时只考虑了目标前景特征信息，忽略了目标背景区域的特征信息。其次，此类跟踪算法建模和搜索时都在空间域中进行计算，导致计算矩阵很是复杂，算法效率较为低下[103]。

1) 光流法

光流[104]（optical flow）的概念于 1950 年由 Gibson 首先提出，是目标、场景或摄像机在连续两帧图像间运动时造成的观察成像平面上的像素运动。物体在真实三维世界中的运动投影到二维观察成像平面时，可以通过光流场来表示，计算光流场的目的就是从图像序列中得到无法直接提取的物体运动信息。光流法是一种利用图像序列中像素的时域变化和相邻帧之间的相关性来寻找相邻帧之间的对应关系，从而计算出图像中物体运动信息的方法。一般而言，光流是由场景中前景目标本身的移动、相机的运动，或者两者的共同运动所产生的。

简单来说，光流是空间运动物体在观测成像平面上的像素运动的"瞬时速度"。光流的研究是利用图像序列中的像素强度数据的时域变化和相关性来确定各自像素位置的"运动"。研究光流场的目的就是从图片序列中近似得到不能直接得到的运动场(运动场是指物体在三维真实世界中的运动；光流场是指运动场在二维图像平面上的投影)。

2) 粒子滤波方法

粒子滤波[100](particle filter，PF)是一种使用蒙特卡罗方法的递归滤波器，透过一组具有权重的随机样本(粒子)来表示随机事件的后验概率，从含有噪声或不完整的观测序列，估计出动力系统的状态，粒子滤波器可以运用在任何状态空间的模型上。粒子滤波器是卡尔曼滤波器的一般化方法，卡尔曼滤波器建立在线性的状态空间和高斯分布的噪声上，而粒子滤波器的状态空间模型可以是非线性，且噪声分布可以是任何形式。

1998 年，Andrew 和 Michael 成功将粒子滤波应用在目标跟踪领域。在初始化阶段提取目标特征，在搜索阶段按均匀分布或高斯分布的方式在整个图像搜索区域内进行粒子采样，然后分别计算采样粒子与目标的相似度，相似度最高的位置即为预测的目标位置。后续帧的搜索会依据前一帧中预测的目标位置做重要性重采样。传统的粒子滤波跟踪算法仅采用图像的颜色直方图对图像建模，计算量会随着粒子数量的增加而增加，并且当目标颜色与背景相似时，往往会跟踪失败。

3) 均值漂移算法

均值漂移[105](mean shift)是基于密度的非参数聚类算法，其算法思想是假设不同簇类的数据集符合不同的概率密度分布，找到任一样本点密度增大的最快方向。样本密度高的区域对应于该分布的最大值，这些样本点最终会在局部密度最大值收敛，且收敛到相同局部最大值的点被认为是同一簇类的成员。

2. 判别式模型

判别式模型跟踪算法中，机器学习被引入来训练一个二元分类器，区分目标和背景的特征。算法在对样本特征进行采样时，既考虑目标本身又考虑目标周围的背景信息，将目标和背景的特征信息分别作为正负样本，然后根据采样的特征训练一个二分类的分类器，最后将训练完成的分类器应用在后续帧中，根据分类器的分类结果定位目标的最终位置。

判别式模型算法对比于生成式模型算法，将目标背景区域的信息加入模型训练，辨别能力更好，环境适应性更强，故而目标跟踪领域近年来的热点研究方向以判别式为主流。判别式导向的跟踪算法主体上分为两类，一类以相关滤波方法为研究主体，另一类以深度学习方法为研究主体，在两类方法中，深度学习类跟踪算法在跟踪的精度上处于领先地位，然而相关滤波类跟踪算法在跟踪的速度上领先，实时性较高。

1) 基于相关滤波的跟踪方法

基于相关滤波[106](correlation filter，CF)的目标跟踪算法可以近似看成两个信号寻找最大相关值。通过对第一帧样本图片进行训练，输出一个具有区分背景和目标能力的滤波器，使用该滤波器对后面的每一帧图片进行运算，获取相关值，根据运算后相关值的大小判断目标位置，相关值越大，说明该区域与目标的相似度越高。同时，将每一回合响应结果返回滤波器，对滤波器进行更新，以提高下回合跟踪的准确性。图 6-5 所示为相关滤波结构框图。

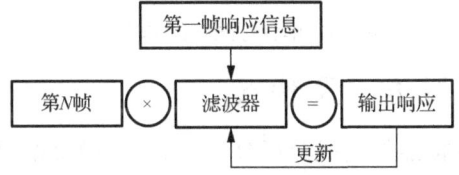

图 6-5 相关滤波结构框图

2) 基于深度学习的跟踪方法

随着近些年来人工智能技术在深度学习的推动下快速迭代,传统机器学习算法在图像检测、语音识别、人脸识别等方面的性能被飞速超越,识别任务的准确率也落后于人工智能技术。在特征提取方面,深度学习提取的特征相较于手工特征更具有辨别性,区别于传统的机器学习方法,深度学习通过自学习的技术从原始的数据中抽取更深层次的特征。因此,目标的外观信息使用深度特征进行表达时,能够获得更好的跟踪精度。

现今,目标跟踪领域主流的深度学习类方法分为两类,一类是将深度学习与相关滤波算法相联合,另一类则完全基于深度学习。

由深度学习与相关滤波算法相联合的跟踪算法,按照一般步骤先进行目标抽象特征的提取,训练模板后进行跟踪。其中,目标深度抽象特征的提取采用神经网络完成,目标的位置估计继而转换成之前的相关滤波类方法。

在完全依赖深度学习完成跟踪任务的算法中,目标的表征特征由深度卷积神经网络完成提取,之后目标的位置也通过神经网络完成估计。相比于相关滤波类算法的快速性能,深度学习类的算法优势在于对目标的跟踪更准确,然而算法的实时性要差很多。

6.3 单目标跟踪方法

单目标跟踪(single object tracking,SOT)是计算机视觉的基础问题之一,因其在智能视频监控、人机交互、自动驾驶、目标分析等领域具有重要应用而受到国内外学者和业界的广泛重视。对于给定的视频序列,单目标跟踪方法须根据初始帧中待跟踪目标的状态(多为目标边界框),对后续视频序列中目标的状态(位置及尺寸)进行实时、准确的预测。与目标检测不同,目标跟踪任务中的跟踪目标无指定类别,且跟踪场景复杂多变,存在目标尺度变化、目标遮挡、运动模糊、目标消失等诸多问题。因此,对目标进行实时、精准、鲁棒的跟踪是一项极具挑战的任务。

6.3.1 单目标跟踪原理

单目标跟踪是指在视频或图像序列中对单个目标进行连续的轨迹跟踪,其基本结构图如图 6-6 所示。其基本原理是利用目标在连续帧中的特征信息,建立目标位置与运动轨迹之间的映射关系。通过不断更新目标位置,实现对其运动轨迹的连续跟踪。

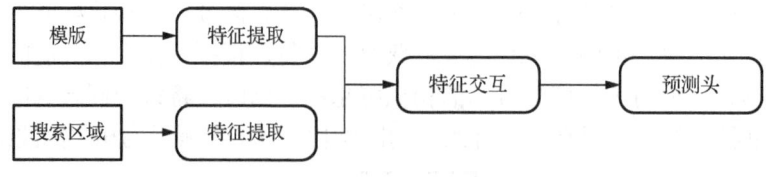

图 6-6 单目标跟踪的基本结构

6.3.2 主要单目标跟踪方法及特点

主流的单目标跟踪方法按照结构成分可分为三类:相关滤波方法、基于孪生网络的方法和基于自注意力的方法。

1. 相关滤波方法

相关滤波跟踪器就是通过互相关(cross-correlation)来定位目标当前帧所在的位置，响应图最大值对应的位置即为当前时刻预测的目标位置。

MOSSE 是第一个相关滤波类算法，2010 年被提出时就以 600fps(1fps = 0.3048m/s)以上的运行速度以及不错的精度受到研究者的关注。MOSSE 利用初始帧选中区域的灰度特征初始化滤波模板，对后续帧进行相关滤波得到响应分数图，图中响应分数最大的点就是目标的所在位置。

2012 年，Henriques 等提出循环结构核检测跟踪(circulant structure of tracking-by detection with kernels，CSK)算法，创新使用循环矩阵对 MOSSE 滤波器进行改进，结构如图 6-7 所示。

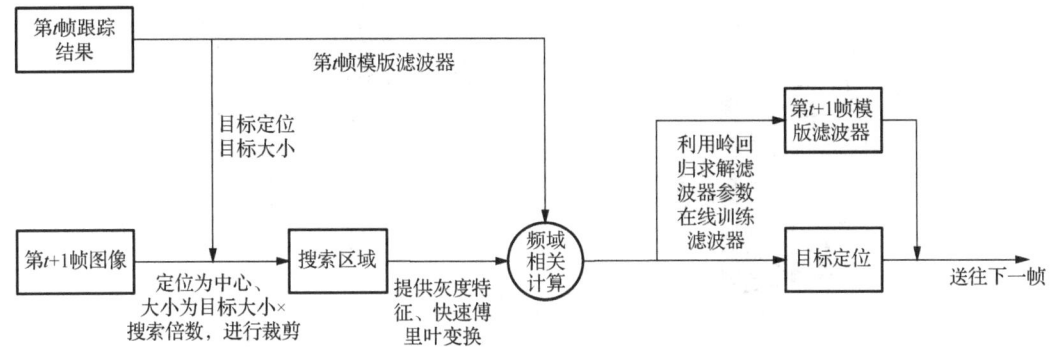

图 6-7 CSK 算法结构

CSK 使用快速傅里叶变换(fast Fourier transform，FFT)与核函数进行简化计算，利用岭回归求得封闭解，在每一帧到来时提取搜索区域的图像进行 FFT，在频域中进行相关操作的复杂度远小于空间域，使得相关滤波算法在跟踪算法中脱颖而出。针对 CSK 的缺点与相关滤波的不足，提出如下不同的改进方案。

1) 特征选择

2014 年，Henriques 等提出 KCF 算法，利用方向梯度直方图(HOG)特征取代 CSK 中的灰度特征。

2) 尺度变化

由于 KCF 不能解决尺度变化问题，2014 年 DSST 将尺度变化看作一个与空间相关滤波相独立的滤波过程，利用并行的尺度滤波器计算最优的响应点，使其作为尺度变化值，跟踪流程如图 6-8 所示。

3) 结构改进

ECO 算法利用高斯混合模型(GMM)处理样本空间，以及利用主成分分析(PCA)处理冗杂特征维度，使得提升精度的同时大幅度提升了运行速度。

从相关滤波方法发展脉络可以看出，随着研究的进展，研究者发现图像特征的表达能力不够充分，逐渐走向与深度学习结合的领域，利用可以提取更高层的语义信息的深度学习框架，使得在现有的精度瓶颈上有所突破。

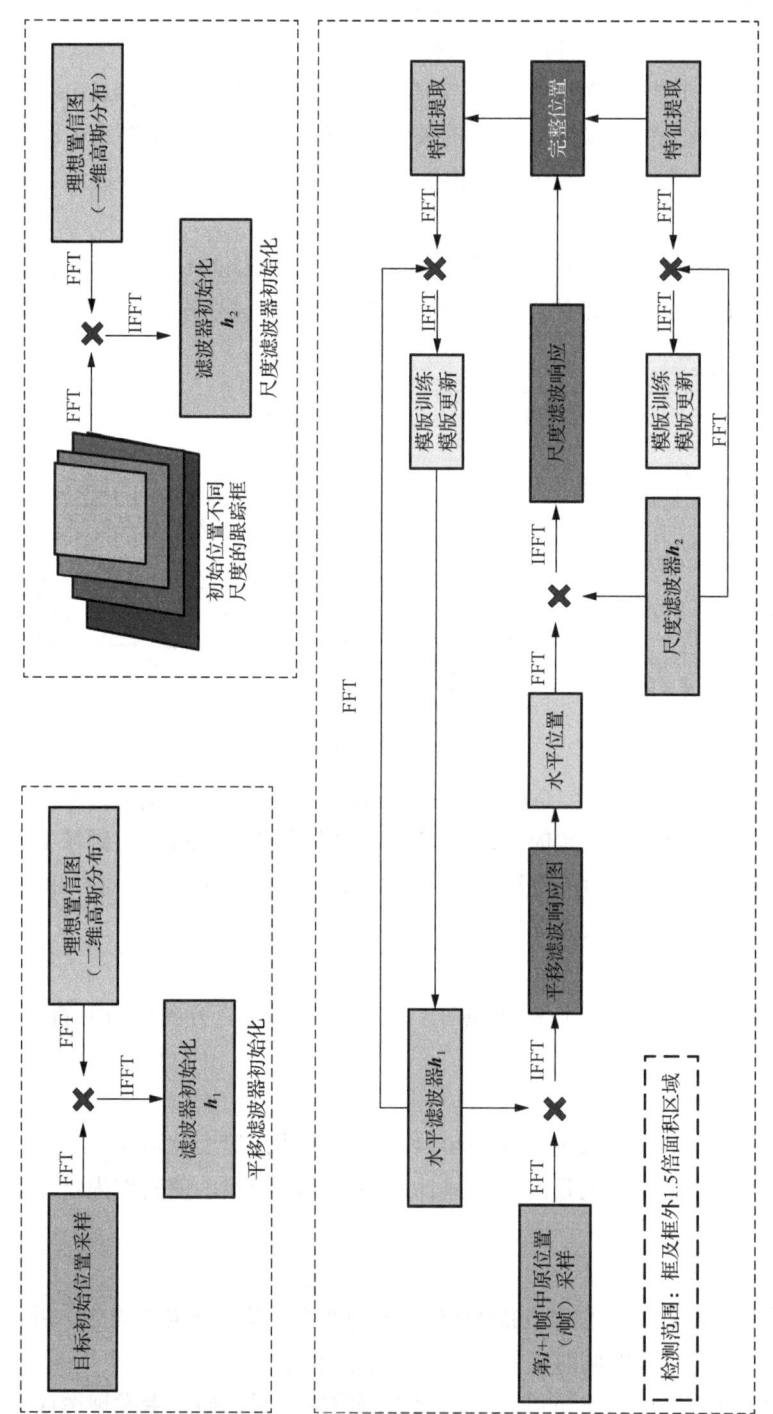

图 6-8 DSST 目标跟踪流程图

2. 基于孪生网络的方法

孪生神经网络(siamese neural network,SNN)来自目标识别方向,其思想是两个相似的物体进行了相同的特征提取环节后得到的特征图应该近似,并且分布满足空间分布,跟踪框架如图 6-9 所示。

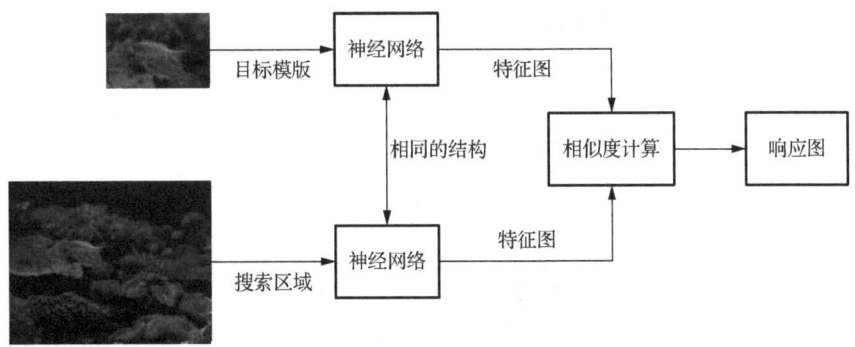

图 6-9 Siamese 类方法框架

为解决手工特征不能满足性能要求的问题,SiamFC 将孪生网络的基本框架打造成如图 6-10 所示的框架,在特征提取部分进行了改进。其基本思想类似于相关滤波中的特征判别,得到最高置信分数的点就是目标所在位置。SiamFC 是 Siamese 系列的开山之作,确立了数据驱动的跟踪器范式,与相关滤波跟踪器相比,移除了模板自更新机制,仅通过离线训练的特征提取网络实现基于深度特征的判别。

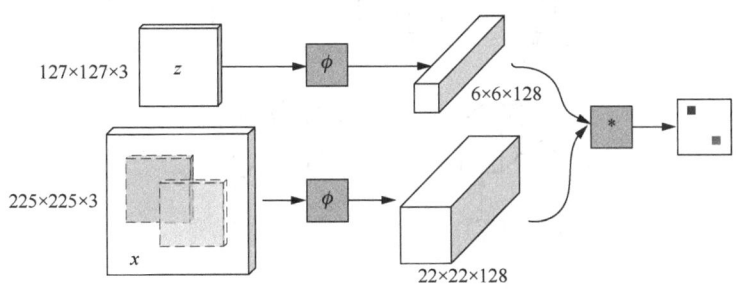

图 6-10 SiamFC 跟踪算法原理

SiamRPN 在 SiamFC 的基础上加入了区域候选网络(region proposal network,RPN),解决了 SiamFC 中对于尺度变化的缺陷,利用边界框回归来代替多尺度检测的功能,将跟踪任务分成两个分支,一个分支为目标定位,另一个分支为边界框回归,如图 6-11 所示。

由于 SiamFC 和 SiamRPN 网络参数量严重分布不均,进而导致网络训练难度的提升及跟踪效果的降低。因此,SiamRPN++方法提出了深度交叉卷积(depth-wise cross convolution),即模板特征与搜索特征逐通道进行相关操作,此时输出特征的通道数与模板特征和搜索特征的通道数相同。实验证明,该方法丰富了特征的语义信息,降低了模型计算量,同时稳定了训练过程。

SiamBAN 充分利用了全卷积网络的表达能力,采用分类分支进行前背景分类,采用回归分支直接回归出对应位置的包围框坐标,该方法简单高效,且性能优于基于锚框的跟踪头。

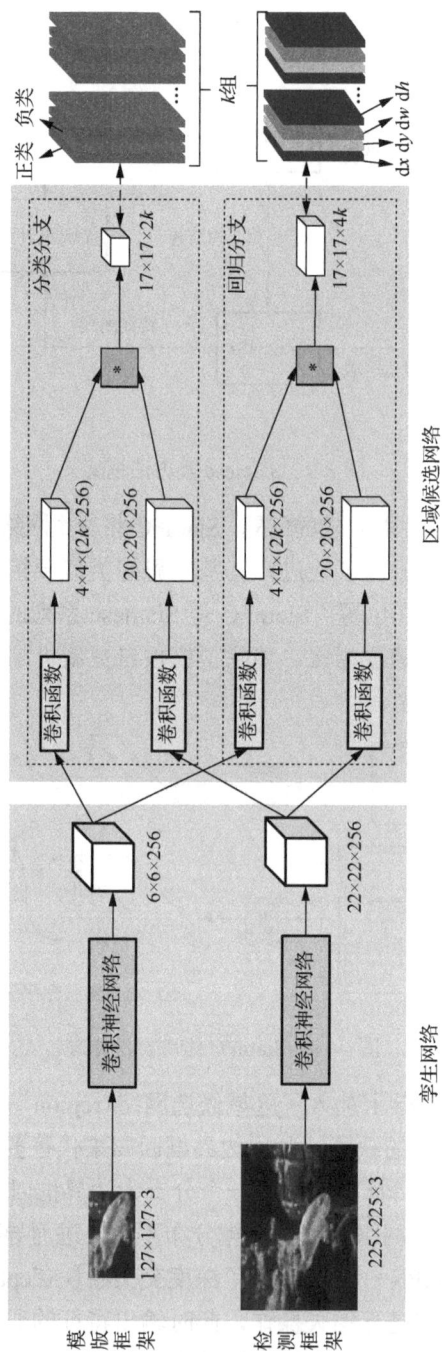

图 6-11　SiamRPN 原理图

3. 基于自注意力的方法

Transformer 源于注意力模型,2017 年由 Google 团队提出了一种全新的网络模型——自注意力(self-attention),Transformer 作为实例化的自注意力模型备受关注,Transformer 基于编码-解码(encoder-decoder)模型,先对输入进行编码(encoder),建立输入的关系,再进行解码(decoder),考虑了全文信息;参考 Seq2Seq 模型,使得输出不必被输入的数量所限制;不使用卷积操作,而是通过设置 Query、Key、Value 矩阵进行训练得到其参数,来学习数据之间的注意力;拥有较强的并行能力,很好地利用了图像处理单元(GPU)强大的并行能力。Transformer 一经提出,在自然语言处理问题上便一骑绝尘,在大量任务中都夺得 SOTA。后来通过研究者的努力,Transformer 及其变种成功移植到了计算机视觉领域,在各项任务中也刷新了 SOTA,已然成为热门的研究方向。

2021 年,Transformer Tracker(TransT)首次运用了 Transformer,在 SNN 的基础上加入了 Transformer 的多注意力机制,在训练资料中学习全局的联系,利用 Transformer 代替 SNN 中的互相关来进行特征融合。STARK 在 Transformer 的编码解码基础上,利用 CNN 提取搜索区域、初始帧与中间帧的特征,传入编码区域建立关系,最终通过解码区域输出一个预测框,将跟踪任务转换成了一个基于 Transformer 的端到端的预测框回归任务。

6.4 多目标跟踪方法

多目标跟踪(multi-object tracking,MOT)是计算机视觉领域的重要研究方向,其主要任务是在视频序列中实时、准确地检测出多个目标的位置,然后赋予每个目标一个唯一的编号,在连续的帧中相同编号的目标连接形成轨迹。

根据视频流中 MOT 算法在处理当前帧时是否会用到后续帧的信息,可以将其分为在线跟踪和离线跟踪两大类:在线跟踪在进行目标身份推理过程中,只能用到当前帧以及之前帧的信息;而离线跟踪除了用到当前以及之前的帧外还会用到后续帧的信息,使用全局信息来提高跟踪质量,把 MOT 看作一个全局优化问题。

6.4.1 多目标跟踪原理

多目标跟踪的流程如下。

(1)检测:从视频原始帧中使用目标检测器(如 Faster R-CNN、YOLOv3 等)检测目标,并获取它们的检测框。

(2)特征提取和运动预测:选择所有目标框中的目标,并进行特征提取,这些特征可以包括目标的外观特征和运动特征。对于外观特征,可以使用局部特征(如角点和描述子)或区域特征(如颜色直方图、HOG 等)。同时,也可以预测目标的运动,如利用光流或运动模型。

(3)相似度计算:针对每对前后两帧中的目标,计算它们之间的相似度。相似度的计算可以考虑多个因素,包括外观、运动、交互和排除等。这有助于确定前后两帧中是否是同一个目标,并且帮助识别遮挡和其他场景变化。

(4)数据关联:基于相似度计算的结果,进行数据关联,即为每个目标分配一个唯一的标识符(ID)。这通常涉及解决一个关联问题,确保每个目标在不同帧之间都有一致的标识,并且处理遮挡、丢失等情况。

6.4.2 主要多目标跟踪方法及特点

1. 传统多目标跟踪

早期的 MOT 算法主要是通过对目标的外观进行建模,然后在后续的视频序列中找到最相似的特征进行目标定位,常用的特征包括尺度不变特征变换(SIFT)、加速鲁棒特征(SURF)、方向梯度直方图(HOG)特征、Harr 特征等。KLT(Kanade-Lucas-Tomasi)算法是一种经典的光流估计算法,用于计算图像序列中像素点在时间上的运动,它基于一组特征点的选取,通过计算这些特征点在相邻帧之间的位移来估计像素的运动。KLT 算法的优点是计算效率高,适用于小范围的目标跟踪;然而,它对光照变化和视角变化比较敏感,且不适用于目标遮挡或大范围的目标跟踪。在复杂场景下,KLT 算法的效果并不理想。

随着研究的深入,人们发现基于目标建模的方法对整张图片进行处理的实时性较差,且目标本身的外观变化具有随机性和多样性。仅通过单一的数学模型描述待跟踪的目标具有很大局限性,难以有效进行预测,不能很好地解决跟踪时出现的目标遮挡问题。后来,研究者开始将预测算法加入跟踪中,在预测值附近进行目标搜索,从而缩小搜索范围。基于卡尔曼滤波的跟踪方法通过状态方程和历史帧目标位置来预测下一帧的目标位置,但是该类方法仅仅适用于线性运动。

为了对非线性运动进行更好的跟踪,Isard 等提出了粒子滤波算法,其核心思想是使用一组粒子来表示目标的状态分布,并通过不断地重采样和更新来估计目标的位置和运动。该方法由于缺少当前时刻的观测信息,在复杂场景下跟踪效果较差。采用核密度构建表观模型的方法可以缩小搜索范围,通常采用均值漂移对运动目标的位置进行评估,例如,将均值漂移算法用于目标跟踪,使用颜色直方图建立表观模型,通过梯度上升不断迭代求解密度函数的局部极值来定位目标。

此外,基于相关滤波的 MOT 算法也是常用的一类方法。相关滤波源于信号处理领域,相关性表示两个信号之间的相似程度,其核心思想是寻找一个滤波模板,让下一帧的图像与滤波模板做卷积操作,响应最大的区域是预测的目标,其本质是求解一个多元二次多项式的回归问题。

上述传统 MOT 算法在目标运动相对缓慢、光照条件较好以及背景相对简单的情况下可以做到实时跟踪。但是这些使用手工特征的方法容易受到光照变化、目标遮挡、视角变化等因素的影响,对目标形状和背景干扰较为敏感,与此同时对目标运动模型和外观模型的先验知识有着较高要求,使得算法在复杂场景下鲁棒性较差且泛化能力有限。

深度学习作为一种机器学习方法,自 20 世纪 80 年代开始出现。2012 年,ImageNet 图像分类挑战赛中的卷积神经网络(CNN)取得了显著优势,自此深度学习引起了广泛关注。以时间为线索绘制的具有代表性的工作如图 6-12 所示,从图中可以看出 2012 年以前,MOT 方法以传统方法为主,自 2012 年以后深度学习方法逐渐引入 MOT 领域,并逐渐成为主流方式。

2. 基于深度学习的多目标跟踪

基于深度学习的 MOT 算法根据检测和跟踪阶段是否独立,可以分为 DBT 和 JDT 两个类别。

DBT 算法主要分为检测和跟踪两个阶段:第一阶段,使用基于卷积神经网络的检测器对每一帧图像中感兴趣的目标用矩形框进行标注;第二阶段,跟踪器使用检测器的输出结果再次提取目标的外观、运动等特征,并计算和 $t-1$ 帧中已存在轨迹特征之间的相似度以进行目标和轨迹的关联。

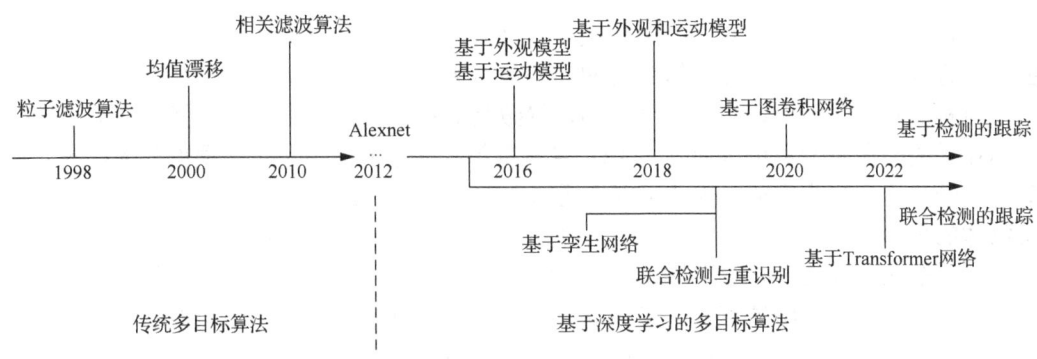

图 6-12 不同阶段代表性 MOT 算法发展脉络图

JDT 算法则是将检测和跟踪融合到一个框架中,对检测器中提取的特征进行复用,跟踪器可以直接利用检测器输出目标的外观特征,省去了跟踪器接收检测结果的过程。

1) 基于深度学习的 DBT 算法

跟踪阶段是 MOT 算法的核心,在这一阶段利用检测阶段输出的结果,使用运动、位置、外观线索或它们的组合来进行检测框和已存在轨迹的跨帧关联。因此,基于深度学习的 DBT 算法可以分为基于外观模型、基于运动模型、基于外观和运动模型、基于图卷积网络几种类型。

(1) 基于外观模型的跟踪算法。

目标的外观特征是 MOT 中计算相似度矩阵的重要线索。在 SOT 算法中也有不少基于外观模型,其主要区别在于 SOT 侧重于构建复杂的外观模型以区分目标和背景的不同,而 MOT 中则大多是利用目标的外观信息来区分不同目标。

深度亲和网络(deep affinity network,DAN)用于对不一定相邻帧之间目标的外观进行建模并评估其相似性,以便后续进行可靠的轨迹匹配。行人重识别(person re-identification),简称 Re-ID,是一种利用计算机视觉技术判断图像或者视频序列中是否存在特定行人的技术,受 Re-ID 任务的启发,许多 MOT 任务也采用了基于 Re-ID 的方法来提取目标的外观特征。学者们使用了自监督外观模型进行 Re-ID 特征的提取,在不使用跟踪注释的情况下就能训练一个新的外观嵌入模型。而以上基于 Re-ID 模型的方法在实际应用中的缺点是:一旦存在衣着相似、背景或者光线干扰等因素,产生的外观特征就有可能出错。为了解决上述问题,部分学者提出了一种多轨迹池模块,可以使用所有的轨迹联合更新外观模型从而提高目标在外观相似时的匹配可靠性,并且利用轨迹之间的依赖关系提出了一种新的池训练策略,由此产生基于双线性长短时记忆网络(long-short term memory network, LSTM)架构的跟踪器,其精度与当时最先进的在线跟踪器相当但速度较慢。

基于外观模型的 MOT 算法可以很好地提取检测框内具有鉴别力的特征,以便对目标进行更好的描述,从而提高算法性能,在目标运动模式复杂或相机运动场景下表现更好,其缺点是外观模型容易受到光照、遮挡等情况的影响,进而造成误判。

(2) 基于运动模型的跟踪算法。

运动特征是 MOT 跟踪阶段另一个常用的特征。运动模型通过捕捉目标的动态行为来预估目标在未来帧的潜在位置,从而缩小搜索空间。其中,最常用的是线性运动模型,它假设目标在每个时间段内的运动速度是恒定的,但是在复杂场景,如物体突然加速、变向、遮挡等情况下,线性运动模型就不再适用。

SORT 算法把目标帧间的位移视作线性匀速运动,通过卡尔曼滤波器基于前一帧的目标位置来预测当前帧的目标位置。当视频帧率较高时，即使运动目标在整个运动过程中是非线性的，目标的运动依然可以在很短的时间间隔内视为线性运动，故算法也能很好地工作。然而，在目标跟踪的过程中，物体发生遮挡，导致目标在视频序列上的时间间隔变大，即使一个目标在丢失一段时间后可以通过 SORT 算法重新关联，但是由于时间误差放大，卡尔曼滤波参数已经远远偏离真实值，因此可能会再次丢失。此外，在高帧率视频中 SORT 算法可能会使物体的位移和噪声具有相同的量级，且噪声会累积到后续位置估计中。

为了缓解这一问题，研究者提出 OC-SORT 算法，运用以观测为中心的更新策略来减小累积误差，即一旦一个跟踪轨迹在丢失跟踪一段时间后又重新与观测结果相关联，便会根据丢失目标期间开始和结束的观测值来生成虚拟轨迹，用虚拟轨迹重新更新丢失期间的卡尔曼滤波器的参数，这样就避免了误差的积累。另外，相关文章还提出用观测值代替估计值以降低运动方向计算的噪声，并引入运动方向的一致性表达项来帮助关联，提出以观测为中心的恢复来将轨迹最后一次观测与新检测到的观测相关联，以恢复轨迹，实验表明此方法相较于 SORT 算法对遮挡和非线性物体运动具有更强的鲁棒性。

基于运动模型的 MOT 算法可以很好地改善目标遮挡和检测器漏检而导致的轨迹碎片化问题，相比于利用外观特征的跟踪器，速度更快，对检测器的性能依赖更小，在一些外观特征提取不可靠的复杂场景中更具鲁棒性。但这类算法非常依赖运动模型预测目标的位置，所以对于运动轨迹复杂场景的跟踪能力会有所下降。

(3) 基于外观和运动模型的跟踪算法。

在一些复杂场景，如存在遮挡或相机移动情况下，仅依靠外观或者运动特征很难对目标进行鲁棒跟踪。为了解决上述问题，有研究者将目标的外观信息和运动信息引入 MOT 算法，以提高对目标跟踪的准确性和鲁棒性。SORT 算法就是利用运动特征对目标的位置进行预测，而 DeepSORT 算法则是在其基础之上借助了 Re-ID 领域模型引入外观信息，从而改善 SORT 算法 ID Switch 过大的问题。

基于外观和运动模型的 MOT 方法可以弥补单独使用外观模型或运动模型的缺点，在复杂的场景下有更强的鲁棒性，但是其算法复杂度较高，实时性也有所下降。

(4) 基于图卷积网络的跟踪算法。

图卷积神经网络 (graph convolutional network, GCN) 在 MOT 中将检测对象视为节点，将检测对象与轨迹之间的关联关系视为边构建图，从而将 MOT 中检测对象和轨迹的匹配问题转化为最小成本网络流量优化问题。虽然目标的状态、位置、运动特征等发生变化，但算法仍使用之前的信息进行目标关联跟踪，这会导致跟踪准确性的下降，这种情况在采用静态图进行目标匹配时尤为明显。针对上述问题，学者们设计了一个外观图网络和一个运动图网络来分别捕捉目标间的外观相似性和运动相似性，另外精心设计了更新机制，使得图中的节点、边和全局变量都可以更新，最后还提出了一种处理遗漏检测的策略，以弥补检测器的缺陷。

传统跟踪算法大多只考虑目标的外观特征和运动特征，而基于图卷积网络的 MOT 算法可以很好地考虑目标与目标之间的空间关系对目标关联的影响，因此基于图卷积网络的 MOT 算法在建模能力、鲁棒性方面表现出色，是处理复杂 MOT 问题的重要方法。

总体来讲，基于深度学习的 DBT 算法将 MOT 问题分为两个阶段：检测和跟踪，此时 MOT 系统中至少需要检测器和跟踪器两个计算密集型构件。这样整个算法执行时间大约是两个构件各自执行时间之和，并且会随着场景中目标数的增多而变大，不太适用于构建实时 MOT 系统。为了降低时间复杂度，基于深度学习的 JDT 算法逐渐引起研究者的关注。

2) 基于深度学习的 JDT 算法

JDT 是另一类常见的基于深度学习的 MOT 算法,将检测阶段和跟踪阶段结合在一起,有的 JDT 算法是将检测和跟踪阶段设计成一个端到端的网络,联合优化;还有的 JDT 算法是将检测阶段的网络和跟踪阶段特征提取部分的网络设计成一个网络,或者通过特定设计直接用检测部分网络生成跟踪阶段所需的运动特征,它们的区别是检测阶段和跟踪阶段融合程度的不同。下面将分别介绍基于 Transformer、基于孪生网络和基于深度特征融合复用的 JDT 算法。

(1) 基于 Transformer 的 JDT 算法。

Transformer 是 Google 提出的一种基于注意力机制的深度学习模型,能够有效捕捉序列数据中长距离依赖关系,最初被应用于自然语言处理领域,后由于其出色的特征表征能力被广泛地应用于计算机视觉领域。

TransTrack 首次将 Transformer 应用到 MOT 任务中,设计了两个并行的解码器分别用于检测和跟踪,并利用 Query-Key 机制来跟踪当前帧中已存在的目标并检测新的目标。Trackformer 框架参考 DETR 思路,是端到端的并且以 Tracking-by-attention 为全新思路实现帧间的数据关联。注意力机制则确保了该模型同时考虑位置、遮挡和目标的识别特征。

TransCenter 方法抛弃了以往从稀疏查询输出稀疏目标框的方式,采用像素级多尺度密集查询预测目标中心点的方式,一定程度上解决了目标框重叠问题。此外,TransCenter 在训练过程中不需要烦琐的匹配算法,只需要简单的回归中心位置即可。为了更加有效地对多个目标之间进行时空建模,TransMOT 将一种新的时空图转换器用于 MOT,通过将检测的轨迹和候选框表述为稀疏带权图以显式建模它们之间的时空关系。由于图的稀疏性,其计算起来更加有效。另外,其作者还建立了一个级联关联结构,用于低置信度检测从而解决长时间遮挡问题。

MOT 研究关键在于目标轨迹的时序建模,现有方法多使用如外观相似度等简单的启发式方法,并不足以对复杂变化进行建模,即时间建模的能力不足。针对此问题,学者们提出了一个完全的端到端跟踪框架 MOTR,并提出全新的 Track Query 的概念:每个 Track Query 将为一个目标进行完整的跟踪建模,在帧与帧之间传输、更新从而实现无缝检测和跟踪。此外,MOTR 中还提出了时域聚合网络融合多帧训练并为长程时域依赖关系建模,隐式地进行时间关联。研究者在 MOTR 基础上提出了 MOTRv2,他们认为 DETR 网络同时进行学习检测和数据关联两个不同的任务是有冲突的,因此在 MOTR 基础上加入了额外的目标检测器,而整体上依旧保持了模型端到端的特性。

总体来讲,基于 Transformer 的 JDT 算法具有强大的建模能力和全局信息处理能力,但计算复杂度较高且实时性较差。在实际应用中,需要根据具体场景和需求来选择是否采用基于 Transformer 的 JDT 算法。

(2) 基于孪生网络的 JDT 算法。

孪生网络是基于两个人工神经网络构建的耦合架构,起初常用于单目标跟踪领域。基于孪生网络的跟踪算法是将跟踪问题转化为检测目标与目标模板的相关性匹配问题。

在将单目标跟踪迁移到多目标跟踪领域时,直接将每个目标视为一个独立的单目标跟踪器会导致跟踪速度下降,尤其是在目标数量众多或者目标之间相互遮挡的情况下。为了解决这个问题,研究者提出了一系列基于孪生网络的方法。其中,深度匈牙利网络通过这种方式,可以并行训练多个单目标跟踪器来进行多目标跟踪。部分学者提出了一种方法,通过利用前一帧轨迹的边界框来回归当前帧轨迹的边界框,省略了匹配的过程,同时引入了孪生网络来生成外观向量进行短期的重试别。学者们选取一对邻近的图像,通过区域候选网络产生大量的候选区域,并使用简单的正负样本指定策略和非参数化的 softmax 交叉熵损失函数来完成对嵌入特征的优化,以及使用基于双端 softmax 的目标相似度计算来保证相互匹配的一致性,从而实现轨迹-检测之间的关联。另一种方法是将单目标跟踪 SiameRPN 作为 MOT 中的预测器替换传统的卡尔曼滤波算法,提高了算法对高速、非线性等场景的适应性。

总体来说,孪生网络作为一种特殊的网络结构,主要用于 MOT 算法中的匹配阶段的相似度计算。然而,在 MOT 场景中,目标数量众多且目标之间可能相互遮挡,这会影响相似度的计算,因此研究者们需要综合考虑孪生网络的特性和 MOT 场景的复杂性来设计更加有效的跟踪算法。

(3) 基于深度特征融合复用的 JDT 算法。

在基于 DBT 的算法中,有两个用于提取特征的网络,分别用于目标检测和数据关联的深度特征提取。由于这两个网络提取的特征存在差异,不能直接使用,因此通过目标检测和 Re-ID 任务共享特征提取网络的方式可以提高模型的复用性。一般的做法是在目标检测网络里添加一个专门用于提取数据关联特征的分支。

2019 年,JDE 算法创新性地将目标检测环节和外观特征提取环节融合设计为一个网络,这大大提高了 MOT 算法的推理速度,虽然跟踪精度有所降低,但也为 MOT 的发展提供了新的思路。研究者在 Retina Net 基础上增加了提取实例级 Re-ID 特征的分支,用于后续的数据关联。

学者们分析了 JDE 算法性能下降的原因,认为这是由目标表征存在竞争引起的。在检测阶段,需要判定类别的目标(例如行人)常具有相似的语义,而 Re-ID 则倾向于区分不同的实例(如行人的个体),这本质上与检测任务是矛盾的。在一项任务中,追求高性能可能会导致另一项任务的性能下降。此外,JDE 算法在检测阶段引入特征金字塔网络,不同尺度被分配给不同分辨率的特征,这种分配方式同样不适合跟踪器中的 Re-ID 任务,会导致语义级别的错位。因此,相关研究提出了互惠关系网络和尺度感知注意力网络来缓解上述目标表征竞争和语义错位的问题。

另外一些学者认为,在人物密集场景中,一个锚框可能包含多个目标,一个目标也可能被多个锚框覆盖,因此 JDE 基于锚框的检测不利于 Re-ID 任务,故提出了 FairMOT,其在基于无锚框的检测网络 CenterNet 中添加了一个并行分支,来提取像素级的 Re-ID 特征,实验结果表明其大幅优于之前提出的方法,为该类 MOT 算法提供了一个不错的基线算法。研究者从标签分配和损失函数两个角度探索如何更好地联合训练检测和 Re-ID,提出了身份感知的标签分配方式,联合考虑检测和 Re-ID 成本,自适应地为每个目标框选择合适的正样本,因此更加公平地对待两个子任务。此外,他们设计了判别性焦点损失函数,监督训练重点关注具有强身份辨别力的正样本。

基于深度特征融合复用的 JDT 算法将跟踪阶段的网络与检测阶段的网络融合,提高了模型的复用性,速度上也具有很大优势。但目标检测和重识别本质上是不同的两个任务,因此平衡二者之间的差异性是未来该类算法研究的重点。

本 章 小 结

本章探讨了海洋目标跟踪领域的核心理论,包括目标跟踪的基本原理和分类,以及单目标跟踪和多目标跟踪的相关内容,重点介绍了主要的单目标跟踪和多目标跟踪方法及其特点,这一系列理论构建为后续海洋目标定位技术的探讨提供了坚实的理论基石。

第 7 章　海洋目标定位方法

7.1　侧扫声呐技术

　　侧扫声呐是侧视声呐的一种,是地貌测量的主要设备。侧扫声呐有三个突出的特点:分辨力高、能得到连续的二维海底图像、价格较低,被广泛应用于以下领域。

　　海洋测绘。侧扫声呐可以显示微地貌形态和分布,可以得到连续且有一定宽度的二维海底声图,而且还能做到全覆盖不漏测,这是测深仪和条带测深仪所不能替代的,所以港口、重要航道、重要海区都要经过侧扫声呐测量。

　　海洋工程勘探。利用侧扫声呐可以分析海底地貌、海底构造、大概底质,以及海床迁移和稳定性。因此,侧扫声呐也广泛应用于海洋工程勘探领域,如海底电缆、海底输油管线的路由调查等。

　　水下沉船沉物寻找。侧扫声呐分辨力高,可以发现沉船,并能显示沉船的坐卧海底姿态和破损情况。这是其他探测设备不可替代的。

7.1.1　基本原理

1. 侧扫声呐换能器的指向性

　　侧扫声呐左右各安装一条换能器线阵,换能器一般是向下倾斜安装,倾斜 10°~20°,有些侧扫声呐为了达到最佳角度,将换能器做成倾斜角遥控可调的。

2. 海底对侧扫声呐发射波的反射和散射

　　侧扫声呐的换能器阵首先发射一个短促的声脉冲,声波按球面波方式向外传播,碰到海底或水中物体会产生散射,其中的反向散射波(也称为回波)会按原传播路线返回换能器从而被换能器接收,转换成电信号,并输送给接收机的前置放大器。

　　一般情况下,正下方的海底距换能器最近,所以声波先到达正下方海底,然后按距离远近,海底回波陆续返回换能器,经换能器转换成一系列电脉冲。一般情况下,硬的、粗糙的、凸起的海底回波强,软的、平滑的、凹陷的海底回波弱,被遮挡的海底不产生回波,距离越远,回波越弱。

3. 侧扫声呐的工作流程

　　侧扫声呐的换能器可由海洋机器人以拖曳式或内嵌式搭载,在海洋机器人运动时,每隔一定时间,侧扫声呐的换能器向两侧发射一次声脉冲,声波按球面波规律传播。一般情况下,声波先到达海底,因为是正入射,所以正下方产生一个很强的反射波,然后声脉冲波由近及远地扫过海底,海底产生的反向散射波陆续传回换能器。因为不同距离处海底的回波在不同的时刻到达换能器,所以换能器输出一个和不同距离海底对应的电脉冲串,其幅度和海底特性有关。

　　利用接收机和计算机对这一脉冲串进行处理,最后变成数字量,并显示在显示器上,每一次发射的回波数据显示在显示器的一条横线上,每一点显示的位置和回波到达的时刻对应,每一点的亮度和回波幅度有关。

设备将每一发射周期的接收数据一线接一线地纵向排列，显示在显示器上，就构成了二维海底地貌声图。声图平面和海底平面成逐点映射关系，声图的亮度包含了海底的特征。

4. 侧扫声呐回波信号的幅度动态和动态压缩

侧扫声呐一次发射后的回波信号的幅度是起伏变化的，其大小与发射声波的能量、距离远近、海底散射系数、换能器指向性等因素有关。

一般情况下，侧扫声呐回波信号大小（信号动态）相差 80~120dB（104~106 倍），对于如此大的动态范围，不但接收机不能适应，显示器也不容易显示。接收电路的动态范围为 40~80dB，一般为 50dB，这样就必须压缩信号动态。

下面从影响回波信号强弱的四个因素入手，来讨论信号的动态压缩。

1) 发射声波的能量

发射声波的能量由发射功率及换能器发射灵敏度决定。现在大部分侧扫声呐的发射声波能量是固定的，个别侧扫声呐根据期望探测范围改变发射功率。如果发射功率固定，则不影响信号动态。

2) 距离远近

距离影响信号强弱表现在两个方面：与距离平方的 2 倍成正比的传播扩散衰减和与距离成正比的吸收衰减，吸收系数又与水文条件有关。

因为距离是时间的函数：$r=TC$，T 为传播时间，C 为声速，所以信号强弱与传播时间有关，如果对接收的信号按时间规律进行补偿，则称为时间增益控制（time gain control, TGC），也称为时变增益（time varied gain, TYG）。

3) 海底反向散射系数

海底反向散射系数与海底底质类型、声波掠射角有关。关于声波掠射角的影响，一般情况是正入射（90°）反射很强，随掠射角的减小，回波逐渐减弱，在减小到 20°以后衰减加剧，到 10°以后衰减进一步加剧。掠射角和海底倾斜有关，所以这一项补偿起来较困难。一般只是认为距离越远，掠射角越小，回波越弱。

海底底质和粗糙度密切相关，一般情况下是软底、平滑海底回波弱；硬底、粗糙海底回波强，这一动态可达 40dB（100 倍）左右。但海底是随机的，很难用固定的规律去补偿。海底反向散射系数随机成分大，不便用固定的办法补偿，但可以用自动增益控制（auto gain control, AGC）的办法去补偿。

4) 换能器指向性

如前所述，换能器声轴方向指向最远距离的海底，所以远处灵敏度高，近处灵敏度低，正好和距离的影响趋势相反，可以部分抵消距离的影响。换能器指向性对回波信号的影响没有固定规律，不能用 TGC 进行严格的补偿。

为了更好地进行动态压缩，现在的侧扫声呐还设置了人工干预的环节，称为手动增益控制（manual gain control, MGC），可以在界面上实现，也可以设置自动增益控制，使声图质量更好。

通常 TGC 设置动态约为 100dB，MGC 设置调节范围为-40~40dB。一般侧扫声呐中将 MGC 分成两部分：一部分是不随时间变化的手调固定增益；另一部分是以曲线形式设置的时变增益。根据经验，固定增益设置为 0~10dB 即可，时变部分要根据声图设置。一般情况下，时变增益曲线远场较平坦，近场变化大，要设置细一些，可以多设置几个点。手动增益设置对声图质量影响很大，设置是否合适要以声图灰度远近是否一致为准。近场要仔细调节，最好调出海底线。

7.1.2 关键应用

侧扫声呐有三个突出的特点：一是分辨率高，二是能得到连续的二维海底图像，三是价格较低。

1. 海洋测绘

侧扫声呐广泛应用于海洋测绘，以绘制海底地形图。通过高分辨率的成像，可以详细了解海底的地貌特征，包括海沟、山脊、沙丘等。

2. 水下考古

在水下考古中，侧扫声呐用于发现和记录沉船、古代港口和其他文化遗址。其高分辨率成像能够提供详细的遗址分布图，帮助考古学家进行研究和保护。

3. 环境监测

侧扫声呐用于监测海底环境变化，如沉积物运动、海底侵蚀和海草床分布等。这些信息对于环境保护和管理非常重要。

4. 渔业资源调查

渔业部门利用侧扫声呐技术来调查和监测鱼群分布及海底栖息地。通过了解鱼类的栖息环境，可以更好地管理渔业资源，制定科学的捕捞策略。

5. 水下工程

在水下工程，如管道铺设、海底电缆敷设和港口建设中，侧扫声呐用于勘测施工区域的地形和障碍物，确保工程顺利进行。

随着技术的进步，侧扫声呐正朝着更高分辨率、更大覆盖范围、更深水域应用和更智能化的数据处理方向发展。结合无人水下航行器(UUV)和人工智能技术，侧扫声呐在各领域的应用前景将更加广阔。侧扫声呐技术的广泛应用展示了其在水下探测和成像领域的重要性，随着技术的不断进步，它将在更多领域发挥更加关键的作用。

7.2 多基地声呐定位算法

多基地系统的定位处理可以分成分布-集中式与集中式两种处理结构。本章讨论的是集中式处理方式，其配置是一个(或多个)发射站和 n 个接收站，接收站与发射站之间通过信号同步网络实现在时域、频域、空间域上的严格同步，各站将所测得的目标数据通过数据传递网络传输到中央处理机，进行点迹相关、定位与跟踪等处理。其中，也可应用一部单基地声呐 T/R 作为发射站，这样就得到两类常见的多基地系统：$T/R\text{-}R^n$ 和 $T\text{-}R^n$。另外，还有一种多基地体制 $(T/R)^n$。这三种类型的多基地系统中，$T\text{-}R^n$ 站和 R_i 站 $(i=1,2,\cdots,n)$ 都可以测得与目标的距离。接下来，对这三种类型的多基地声呐系统利用距离信息来定位的算法(TOL算法)进行深入研究。

7.2.1 $T/R\text{-}R^n$ 型多基地定位系统

1. 定位原理

在 $T/R\text{-}R^n$ 系统中，T/R 站测量目标距离 r_T，R_i 站测量距离和 ρ，从而得到 1 个圆(圆心

位于 T/R 站)和 n 个椭圆面(其焦点位于 T/R 站和 R_i 站),这 $n+1$ 条曲线在二维平面内的相交点即为目标位置,则定位方程为

$$\begin{cases} r_{\sum_i} = \sqrt{(x-x_i)^2+(y-y_i)^2+(z-z_i)^2} + \sqrt{(x-x_T)^2+(y-y_T)^2+(z-z_T)^2} \\ r_T = \sqrt{(x-x_T)^2+(y-y_T)^2+(z-z_T)^2} \end{cases} \quad (7\text{-}1)$$

其中,r_T 和 $r_{\sum_i}$ 的表达式通过移项、平方、整理化简得

$$(x_T-x_i)x+(y_T-y_i)y+(z_T-z_i)z=g_i, \quad i=1,2,\cdots,n \quad (7\text{-}2)$$

其中,$g_i = \frac{1}{2}[r_{\sum_i}^2 + (x_T^2+y_T^2+z_T^2) - (x_i^2+y_i^2+z_i^2) - 2r_{\sum_i} r_T]$。

将式(7-2)表示的 n 个方程写成如下矩阵形式:

$$\boldsymbol{AX} = \boldsymbol{f} \quad (7\text{-}3)$$

式中

$$\boldsymbol{X} = [x,y,z]^\mathrm{T} \quad (7\text{-}4)$$

$$\boldsymbol{f} = [g_1,g_2,\cdots,g_n]^\mathrm{T} \quad (7\text{-}5)$$

$$\boldsymbol{A} = \begin{bmatrix} x_T-x_1 & y_T-y_1 & z_T-z_1 \\ x_T-x_2 & y_T-y_2 & z_T-z_2 \\ \vdots & \vdots & \vdots \\ x_T-x_n & y_T-y_n & z_T-z_n \end{bmatrix} \quad (7\text{-}6)$$

则由方程(7-3)可解得目标位置的估计值:

$$\hat{\boldsymbol{X}} = (\boldsymbol{A}^\mathrm{T}\boldsymbol{A})^{-1}\boldsymbol{A}^\mathrm{T}\boldsymbol{f} \quad (7\text{-}7)$$

2. 定位误差分析

假设各测量误差是零均值、彼此不相关的高斯白噪声,对应于距离及站址测量误差的标准差分别为 σ_{r_T}、$\sigma_{r_{\sum_i}}$、σ_s。对式(7-1)两边求微分,可得定位误差方程:

$$\begin{bmatrix} \mathrm{d}r_{\sum_1} \\ \vdots \\ \mathrm{d}r_{\sum_n} \\ \mathrm{d}r_{\sum_T} \end{bmatrix} = \begin{bmatrix} C_{11}+C_{T1} & C_{12}+C_{T2} & C_{13}+C_{T3} \\ \vdots & \vdots & \vdots \\ C_{n1}+C_{T1} & C_{n2}+C_{T2} & C_{n3}+C_{T3} \\ C_{T1} & C_{T2} & C_{T3} \end{bmatrix} \begin{bmatrix} \mathrm{d}x \\ \mathrm{d}y \\ \mathrm{d}z \end{bmatrix} + \begin{bmatrix} k_T+k_{R,1} \\ \vdots \\ k_T+k_{R,n} \\ k_T \end{bmatrix} \quad (7\text{-}8)$$

式中

$$\begin{cases} C_{j1} = \dfrac{\partial r_j}{\partial x} = \dfrac{x-x_j}{r_j} \\ C_{j2} = \dfrac{\partial r_j}{\partial y} = \dfrac{y-y_j}{r_j} \\ C_{j3} = \dfrac{\partial r_j}{\partial z} = \dfrac{z-z_j}{z_j}, \quad j=T \text{ 或 } 1,2,\cdots,n \end{cases} \quad (7\text{-}9)$$

$$\begin{cases} k_T = -(c_{T1}\,\mathrm{d}x_T + c_{T2}\,\mathrm{d}y_T + c_{T3}\,\mathrm{d}z_T) \\ k_{R,i} = -(c_{i1}\,\mathrm{d}x_i + c_{i2}\,\mathrm{d}y_i + c_{i3}\,\mathrm{d}z_i) \end{cases} \tag{7-10}$$

将式(7-8)写为矩阵形式：

$$\mathrm{d}\boldsymbol{V} = \boldsymbol{C}\,\mathrm{d}\boldsymbol{X} + \mathrm{d}\boldsymbol{X}_s \tag{7-11}$$

式中

$$\mathrm{d}\boldsymbol{V} = [\mathrm{d}r_{\sum_1},\cdots,\mathrm{d}r_{\sum_n},\mathrm{d}r_T]^{\mathrm{T}} \tag{7-12}$$

$$\mathrm{d}\boldsymbol{X} = [\mathrm{d}x,\mathrm{d}y,\mathrm{d}z]^{\mathrm{T}} \tag{7-13}$$

$$\mathrm{d}\boldsymbol{X}_s = [(k_T+k_{R,1}),\cdots,(k_T+k_{R,n}),k_T]^{\mathrm{T}} \tag{7-14}$$

$$\boldsymbol{C} = \begin{bmatrix} c_{T1}+c_{11} & c_{T2}+c_{12} & c_{T3}+c_{13} \\ \vdots & \vdots & \vdots \\ c_{T1}+c_{n1} & c_{T2}+c_{n2} & c_{T3}+c_{n3} \\ c_{T1} & c_{T2} & c_{T3} \end{bmatrix} \tag{7-15}$$

根据式(7-11)，用伪逆法可解得目标的定位误差估计值为

$$\mathrm{d}\boldsymbol{X} = (\boldsymbol{C}^{\mathrm{T}}\boldsymbol{C})^{-1}\boldsymbol{C}^{\mathrm{T}}[\mathrm{d}\boldsymbol{V}-\mathrm{d}\boldsymbol{X}_s] \tag{7-16}$$

相应的误差协方差矩阵为

$$\boldsymbol{P}_{\mathrm{d}x} = E(\mathrm{d}\boldsymbol{X}\cdot\mathrm{d}\boldsymbol{X}^{\mathrm{T}}) = (\boldsymbol{C}^{\mathrm{T}}\boldsymbol{C})^{-1}\boldsymbol{C}^{\mathrm{T}}[E(\mathrm{d}\boldsymbol{V}\cdot\mathrm{d}\boldsymbol{V}^{\mathrm{T}})+E(\mathrm{d}\boldsymbol{X}_s\cdot\mathrm{d}\boldsymbol{X}_s^{\mathrm{T}})][(\boldsymbol{C}^{\mathrm{T}}\boldsymbol{C})^{-1}\boldsymbol{C}^{\mathrm{T}}]^{\mathrm{T}} \tag{7-17}$$

通过计算可得到：

$$E(\mathrm{d}\boldsymbol{V}\,\mathrm{d}\boldsymbol{V}^{\mathrm{T}}) = \begin{bmatrix} \sigma_{\rho 1}^2 & \eta_{12}\sigma_{r_{\sum_1}}\sigma_{r_{\sum_2}} & \cdots & \eta_{1n}\sigma_{r_{\sum_1}}\sigma_{r_{\sum_n}} & \eta_{T2}\sigma_{r_{\sum_1}}\sigma_{r_T} \\ 0 & \sigma_{r_{\sum_2}}^2 & \cdots & \eta_{2n}\sigma_{r_{\sum_2}}\sigma_{r_{\sum_n}} & \eta_{Tn}\sigma_{r_{\sum_2}}\sigma_{r_T} \\ \vdots & 0 & \ddots & \vdots & \vdots \\ \vdots & \vdots & & \sigma_{r_{\sum_n}}^2 & \eta_{Tn}\sigma_{r_{\sum_n}}\sigma_{r_T} \\ 0 & 0 & \cdots & 0 & \sigma_{r_T}^2 \end{bmatrix} \tag{7-18}$$

其中，η_{ij} 为观测误差 $\mathrm{d}r_{\sum_i}$、$\mathrm{d}r_{\sum_j}$ 之间的相关系数 ($i,j=1,2,\cdots,n$，但 $i\neq j$)；η_{Ti} 为 $\mathrm{d}r_{\sum_i}$、$\mathrm{d}r_T$ 之间的相关系数 ($i=1,2,\cdots,n$)：

$$E(\mathrm{d}\boldsymbol{X}_s\cdot\mathrm{d}\boldsymbol{X}_s^{\mathrm{T}}) = [\boldsymbol{I}_{n+1}+\boldsymbol{l}_{n+1}]\sigma_s^2 \tag{7-19}$$

其中，$\boldsymbol{l}_{n+1}$ 为 $n+1$ 阶方阵，其中的元素均为 1。

参考前面的理论分析可知，定位精度的几何分布 GDOP 表示为

$$\mathrm{GDOP} = \sqrt{\mathrm{tr}(\boldsymbol{P}_{\mathrm{d}x})} = \sqrt{\sigma_x^2+\sigma_y^2+\sigma_z^2} \tag{7-20}$$

7.2.2 $T\text{-}R^n$ 型多基地定位系统

1. 定位原理

在多基地系统 $T\text{-}R^n$ 中，T 站只发射声呐信号，R_i 站测量距离和 $\rho_i = r_T + r_i\,(i=1,2,\cdots,n)$，则由 R_i 站测得的 $r_{\sum_i}$ 构成 n 个等时到达椭圆，其中第 i 个椭圆的两个焦点分别为 T 站和 R_i 站。

这 n 个椭圆的交点即为目标位置，则定位方程为

$$\begin{cases} r_T = \sqrt{(x-x_T)^2 + (y-y_T)^2 + (z-z_T)^2} \\ r_i = \sqrt{(x-x_i)^2 + (y-y_i)^2 + (z-z_i)^2} \\ r_{\Sigma_i} = r_T + r_i, \quad i = 1,2,\cdots,n \end{cases} \tag{7-21}$$

整理化简得

$$(x_T - x_i)x + (y_T - y_i)y + (z_T - z_i)z = k_i - r_{\Sigma_i} r_T \tag{7-22}$$

式中

$$k_i = \frac{1}{2}[r_{\Sigma_i}^2 + (x_T^2 + y_T^2 + z_T^2) - (x_i^2 + y_i^2 + z_i^2)], \quad i = 1,2,\cdots,n \tag{7-23}$$

将式(7-22)表示的 n 个方程写成如下形式：

$$\begin{bmatrix} x_T - x_1 & y_T - y_1 & z_T - z_1 \\ x_T - x_2 & y_T - y_2 & z_T - z_2 \\ \vdots & \vdots & \vdots \\ x_T - x_n & y_T - y_n & z_T - z_n \end{bmatrix} \begin{bmatrix} x \\ y \\ z \end{bmatrix} = \begin{bmatrix} k_1 - r_{\Sigma_1} r_T \\ k_2 - r_{\Sigma_2} r_T \\ \vdots \\ k_n - r_{\Sigma_n} r_T \end{bmatrix} \tag{7-24}$$

也可写成：

$$\boldsymbol{AX} = \boldsymbol{f} \tag{7-25}$$

用伪逆法可求得目标的位置估计为

$$\hat{\boldsymbol{X}} = (\boldsymbol{A}^{\mathrm{T}}\boldsymbol{A})^{-1}\boldsymbol{A}^{\mathrm{T}}\boldsymbol{f} \tag{7-26}$$

2. 定位误差分析

对 $r_{\Sigma_i} = r_T + r_i$ 两边求微分可得

$$\mathrm{d}r_{\Sigma_i} = (c_{T1} + c_{i1})\mathrm{d}x + (c_{T2} + c_{i2})\mathrm{d}y + (c_{T3} + c_{i3})\mathrm{d}z + (k_T + k_{R,i}), \quad i = 1,2,\cdots,n \tag{7-27}$$

式中

$$\begin{cases} c_{j1} = \dfrac{\partial r_j}{\partial x} = \dfrac{x - x_j}{r_j} \\ c_{j2} = \dfrac{\partial r_j}{\partial y} = \dfrac{y - y_j}{r_j} \\ c_{j3} = \dfrac{\partial r_j}{\partial z} = \dfrac{z - z_j}{r_j}, \quad j = T \text{ 或 } 1,2,\cdots,n \end{cases} \tag{7-28}$$

$$\begin{cases} k_T = -(c_{T1}\mathrm{d}x_T + c_{T2}\mathrm{d}y_T + c_{T3}\mathrm{d}z_T) \\ k_{R,i} = -(c_{i1}\mathrm{d}x_i + c_{i2}\mathrm{d}y_i + c_{i3}\mathrm{d}z_i) \end{cases} \tag{7-29}$$

将式(7-27)表示的 n 个误差方程写成矢量矩阵形式：

$$\mathrm{d}\boldsymbol{Y} = \boldsymbol{C}\mathrm{d}\boldsymbol{X} + \mathrm{d}\boldsymbol{X}_s \tag{7-30}$$

式中

$$d\boldsymbol{Y} = [dr_{\sum_1}, \cdots, dr_{\sum_n}, dr_T]^T \tag{7-31}$$

$$d\boldsymbol{X} = [dx, dy, dz]^T \tag{7-32}$$

$$d\boldsymbol{X}_s = [k_T + k_{R,1}, \cdots, k_T + k_{R,n}]^T \tag{7-33}$$

$$\boldsymbol{C} = \begin{bmatrix} c_{T1}+c_{11} & c_{T2}+c_{12} & c_{T3}+c_{13} \\ c_{T1}+c_{21} & c_{T2}+c_{22} & c_{T3}+c_{23} \\ \vdots & \vdots & \vdots \\ c_{T1}+c_{n1} & c_{T2}+c_{n2} & c_{T3}+c_{n3} \end{bmatrix} \tag{7-34}$$

根据式(7-30)，用伪逆法可解得目标的定位误差估计为

$$d\boldsymbol{X} = (\boldsymbol{C}^T\boldsymbol{C})^{-1}\boldsymbol{C}^T[d\boldsymbol{V} - d\boldsymbol{X}_s] \tag{7-35}$$

令

$$(\boldsymbol{C}^T\boldsymbol{C})^{-1}\boldsymbol{C}^T \stackrel{\text{def}}{=\!=} \boldsymbol{B} \tag{7-36}$$

故误差协方差矩阵为

$$\boldsymbol{P}_{dx} = E(d\boldsymbol{X} \cdot d\boldsymbol{X}^T) = \boldsymbol{B}[E(d\boldsymbol{V} \cdot d\boldsymbol{V}^T) + E(d\boldsymbol{X}_s \cdot d\boldsymbol{X}_s^T)]\boldsymbol{B}^T \tag{7-37}$$

7.2.3 $(T/R)^n$ 型多基地定位系统

1. 定位原理

$(T/R)^n$ 型多基地系统由 n 个单基地声呐组网而成，它们之间相互协同工作，第 i 个单基地声呐 $(T/R)_i$ 测量目标距离 $r_i(i=1,2,\cdots,n)$，这 n 个圆在二维平面的交点即确定了目标位置，则定位方程为

$$r_i = \sqrt{(x-x_i)^2 + (y-y_i)^2 + (z-z_i)^2}, \quad i=1,2,\cdots,n \tag{7-38}$$

由 r_i 和 r_n 的表达式可推导出：

$$(x_n - x_i)x + (y_n - y_i)y + (z_n - z_i)z = m_i, \quad i=1,2,\cdots,n \tag{7-39}$$

式中

$$m_i = \frac{1}{2}[r_i^2 - r_n^2 + (x_i^2 + y_i^2 + z_i^2) - (x_n^2 + y_n^2 + z_n^2)] \tag{7-40}$$

当 $n \geq 3$ 时，由式(7-39)表示 $n-1$ 个方程可写成如下矩阵形式：

$$\begin{bmatrix} x_n - x_1 & y_n - y_1 & z_n - z_1 \\ x_n - x_2 & y_n - y_2 & z_n - z_2 \\ \vdots & \vdots & \vdots \\ x_n - x_{n-1} & y_n - y_{n-1} & z_n - z_{n-1} \end{bmatrix} \begin{bmatrix} x \\ y \\ z \end{bmatrix} = \begin{bmatrix} m_1 \\ m_2 \\ \vdots \\ m_{n-1} \end{bmatrix} \tag{7-41}$$

或写成：

$$\boldsymbol{AX} = \boldsymbol{f} \tag{7-42}$$

由式(7-42)可解得目标位置估计值为

$$\hat{\boldsymbol{X}} = (\boldsymbol{A}^T\boldsymbol{A})^{-1}\boldsymbol{A}^T\boldsymbol{f} \tag{7-43}$$

2. 定位误差分析

对定位方程两边求微分，可得定位误差方程：

$$\begin{bmatrix} \mathrm{d}r_1 \\ \mathrm{d}r_2 \\ \vdots \\ \mathrm{d}r_n \end{bmatrix} = \begin{bmatrix} c_{11} & c_{12} & c_{13} \\ c_{21} & c_{22} & c_{23} \\ \vdots & \vdots & \vdots \\ c_{n1} & c_{n2} & c_{n3} \end{bmatrix} \begin{bmatrix} \mathrm{d}x \\ \mathrm{d}y \\ \mathrm{d}z \end{bmatrix} + \begin{bmatrix} k_{R,1} \\ k_{R,2} \\ \vdots \\ k_{R,n} \end{bmatrix} \quad (7\text{-}44)$$

或写成：

$$\mathrm{d}\boldsymbol{V} = \boldsymbol{C}\,\mathrm{d}\boldsymbol{X} + \mathrm{d}\boldsymbol{X}_s \quad (7\text{-}45)$$

则由式(7-45)可以解得定位误差的估计值及其误差协方差矩阵分别为

$$\mathrm{d}\boldsymbol{X} = (\boldsymbol{C}^{\mathrm{T}}\boldsymbol{C})^{-1}\boldsymbol{C}^{\mathrm{T}}[\mathrm{d}\boldsymbol{V} - \mathrm{d}\boldsymbol{X}_s] \quad (7\text{-}46)$$

$$\boldsymbol{P}_{\mathrm{d}x} = E(\mathrm{d}\boldsymbol{X} \cdot \mathrm{d}\boldsymbol{X}^{\mathrm{T}}) = (\boldsymbol{C}^{\mathrm{T}}\boldsymbol{C})^{-1}\boldsymbol{C}^{\mathrm{T}}[E(\mathrm{d}\boldsymbol{V} \cdot \mathrm{d}\boldsymbol{V}^{\mathrm{T}}) + E(\mathrm{d}\boldsymbol{X}_s \cdot \mathrm{d}\boldsymbol{X}_s^{\mathrm{T}})][(\boldsymbol{C}^{\mathrm{T}}\boldsymbol{C})^{-1}\boldsymbol{C}^{\mathrm{T}}]^{\mathrm{T}} \quad (7\text{-}47)$$

7.3 单目视觉定位

本节将分析单目视觉相对运动估计算法的局限，研究提高估计算法精度的方法。

基于陆地自主车、低空微小型飞行器、飞行器精密着陆、制导弹药末制导等领域都需要解决运动载体与目标之间的相对位姿确定这一基本问题。Goddard[107]利用对偶四元数描述观测目标直线特征来确定目标相对于摄像机坐标系的位置、姿态，该算法将位姿计算统一到对偶四元数体系中，对于确定运动目标的位姿是一种很好的思路，但是存在只能在相对速度变化缓慢条件下应用的不足。

对单目视觉姿态和位置的可观性分析，Sun[108]等利用协方差分析方法给出了基于极大似然估计结果的可观性条件，其可观性条件遵循线性可观性。对于点特征，如果能够连续观测到四个及以上不共面的已知点特征，则摄像机的位置和姿态可观。观测的点特征数量越多，摄像机位置和姿态估计越准确。对于线特征，如果能够连续观测到三条及以上的相互不平行的已知线特征，摄像机的位置和姿态可观[109]。

7.3.1 图像坐标系、摄像机坐标系与世界坐标系

通常情况下，摄像机成像过程可以用小孔透视投影模型来描述，三维目标或场景通过透镜投影到成像平面上形成二维图像，这一过程可以用解析几何的方法来描述，建立三维空间和二维平面的几何关系。为此，首先介绍三种空间坐标系及其关系。

数字图像通常表示为具有一定大小的二维数组，数组的索引即为图像像素点坐标。在图像处理中，常取图像的左上角点为像素坐标系的原点，水平向右方向的轴为 u 轴，垂直向下的轴为 v 轴。

由于像素坐标为数组的索引值，没有物理单位，因此引入图像坐标系。图像坐标系的原点为摄像机光轴与图像平面的交点，通常为图像的中心处，图像坐标系的 x、y 轴的单位为mm，方向分别为水平向右和垂直向下。图像坐标与像素坐标的关系为

$$\begin{cases} u = \dfrac{x}{\mathrm{d}x} + u_0 \\ v = \dfrac{x}{\mathrm{d}y} + v_0 \end{cases} \quad (7\text{-}48)$$

其中，(u_0, v_0) 为图像像素坐标系下的中心坐标；$\mathrm{d}x, \mathrm{d}y$ 分别为图像在水平和垂直方向上的物理分辨率，单位为mm/像素，两种坐标系的关系如图7-1所示。

由图像坐标到像素坐标的变换关系用矩阵运算形式可表示为

$$\begin{bmatrix} u \\ v \\ 1 \end{bmatrix} = \begin{bmatrix} \dfrac{1}{\mathrm{d}x} & 0 & 0 \\ 0 & \dfrac{1}{\mathrm{d}y} & 0 \\ 0 & 0 & 1 \end{bmatrix} \begin{bmatrix} x \\ y \\ 1 \end{bmatrix} \quad (7\text{-}49)$$

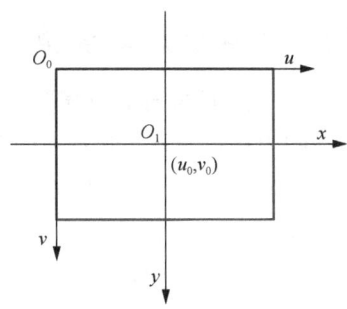

图 7-1 像素坐标系与图像坐标系的关系

图像坐标描述的是二维平面上像素点之间的关系,在成像时,三维空间中的点与摄像机之间的相对位置关系可以用摄像机坐标系描述。摄像机坐标系的原点位于摄像机光心 O 上,轴分别与图像坐标系的 x、y 轴平行,且方向一致,z 轴为 O 与图像坐标系原点 O_1 的连线,这样空间中的一点可以用 (x_c, y_c, z_c) 来表示。

在视点变化的情况下,摄像机的位置是不断改变的,用摄像机坐标系不能唯一表示出空间点与摄像机之间的位置关系,因此必须将摄像机和空间点置于同一个坐标系下,才能描述两者间的位置关系,此时可引入世界坐标系。在实际应用中可根据需要指定世界坐标系,一旦确定世界坐标系后,空间中所有的点,包括摄像机的位置都可用同一个坐标系表示。图像坐标系、摄像机坐标系及世界坐标系的关系如图 7-2 所示。

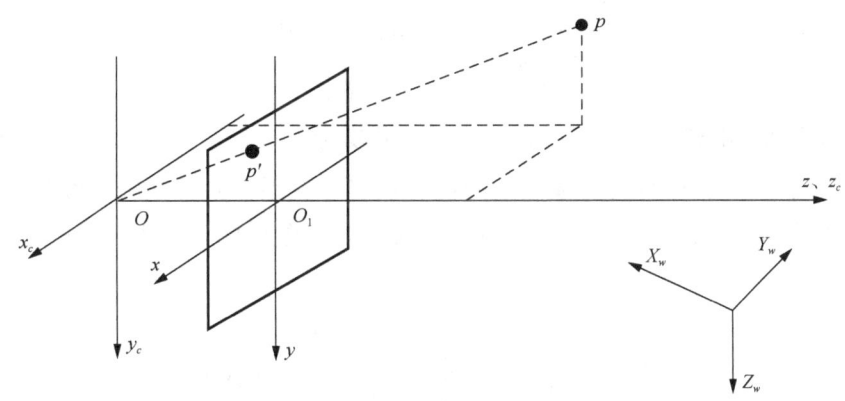

图 7-2 图像坐标系、摄像机坐标系与世界坐标系的关系

通过旋转和平移变换,可以建立世界坐标系与摄像机坐标系间的关系,用齐次坐标表示两者的关系为

$$\begin{bmatrix} x_c \\ y_c \\ z_c \\ 1 \end{bmatrix} = \begin{bmatrix} \boldsymbol{R} & \boldsymbol{T} \\ \boldsymbol{0}^{\mathrm{T}} & 1 \end{bmatrix} \begin{bmatrix} x_w \\ y_w \\ z_w \\ 1 \end{bmatrix} = \boldsymbol{M}_2 \begin{bmatrix} x_w \\ y_w \\ z_w \\ 1 \end{bmatrix} \quad (7\text{-}50)$$

其中,$\boldsymbol{R}$ 为 3×3 的旋转矩阵;$\boldsymbol{T}$ 为平移向量。

7.3.2 摄像机成像模型

1. 小孔透视投影成像模型

空间中任意一点与其对应的图像之间可以用小孔透视投影成像模型来表示，这种模型从解析几何的角度描述了三维空间中的点与二维平面上点的关系。空间中一点 p 在摄像机坐标系下为 $p(x_c, y_c, z_c)$，连接点 p 与光心 O 的直线交图像平面于 p'，p' 在图像坐标系下为 $p'(x, y)$，p' 即为空间点 p 在图像平面上成的像。在摄像机坐标系下，p 与 p' 之间的几何关系为

$$\begin{cases} x = \dfrac{x_c f}{z_c} \\ y = \dfrac{y_c f}{z_c} \end{cases} \tag{7-51}$$

其中，f 为摄像机的焦距。

式(7-51)表示空间点与对应的像点之间的几何关系，这是一种非线性的表示，为了利用坐标系间的线性变换关系，可将式(7-51)用齐次坐标表示为线性形式。由齐次坐标的定义及式(7-51)可知，图像坐标 (x, y) 的齐次坐标为 $p'(x_c f, y_c f, z_c)$，表示成矩阵形式为

$$\begin{bmatrix} x_c f \\ y_c f \\ z_c \end{bmatrix} = \begin{bmatrix} f & 0 & 0 & 0 \\ 0 & f & 0 & 0 \\ 0 & 0 & 1 & 0 \end{bmatrix} \begin{bmatrix} x_c \\ y_c \\ z_c \\ 1 \end{bmatrix} = \boldsymbol{P} \begin{bmatrix} x_c \\ y_c \\ z_c \\ 1 \end{bmatrix} \tag{7-52}$$

注意到式(7-52)中等式右侧的向量 $[x_c, y_c, z_c, 1]^\mathrm{T}$ 实际上表示空间点 p 的齐次坐标，因此式(7-52)表示了空间点与对应的像点之间的齐次坐标关系，并且是一种线性的关系，$\boldsymbol{P}$ 称为透视投影矩阵。由式(7-52)及式(7-50)可以建立图像坐标与世界坐标的齐次坐标表示形式：

$$\begin{bmatrix} x_c f \\ y_c f \\ z_c \end{bmatrix} = \begin{bmatrix} f & 0 & 0 & 0 \\ 0 & f & 0 & 0 \\ 0 & 0 & 1 & 0 \end{bmatrix} \begin{bmatrix} \boldsymbol{R} & \boldsymbol{T} \\ \boldsymbol{0}^\mathrm{T} & 1 \end{bmatrix} \begin{bmatrix} x_w \\ y_w \\ z_w \\ 1 \end{bmatrix} = \boldsymbol{P} \boldsymbol{M}_2 \begin{bmatrix} x_w \\ y_w \\ z_w \\ 1 \end{bmatrix} \tag{7-53}$$

又由于

$$\begin{bmatrix} x \\ y \\ 1 \end{bmatrix} = \begin{bmatrix} \dfrac{x_c f}{z_c} \\ \dfrac{y_c f}{z_c} \\ \dfrac{z_c}{z_c} \end{bmatrix} = \dfrac{1}{z_c} \begin{bmatrix} x_c f \\ y_c f \\ z_c \end{bmatrix} \tag{7-54}$$

将式(7-53)、式(7-54)代入式(7-49)中得到像素坐标与世界坐标的齐次表示形式：

$$z_c \begin{bmatrix} u \\ v \\ 1 \end{bmatrix} = \begin{bmatrix} \dfrac{1}{\mathrm{d}x} & 0 & u_0 \\ 0 & \dfrac{1}{\mathrm{d}y} & v_0 \\ 0 & 0 & 1 \end{bmatrix} \begin{bmatrix} f & 0 & 0 & 0 \\ 0 & f & 0 & 0 \\ 0 & 0 & 1 & 0 \end{bmatrix} \boldsymbol{M}_2 \begin{bmatrix} x_w \\ y_w \\ z_w \\ 1 \end{bmatrix} \tag{7-55}$$

由于齐次表示形式不唯一，因此令$s = z_c$，s表示比例因子。

$$\boldsymbol{M}_1 = \begin{bmatrix} \dfrac{1}{\mathrm{d}x} & 0 & u_0 \\ 0 & \dfrac{1}{\mathrm{d}y} & v_0 \\ 0 & 0 & 1 \end{bmatrix} \begin{bmatrix} f & 0 & 0 & 0 \\ 0 & f & 0 & 0 \\ 0 & 0 & 1 & 0 \end{bmatrix} = \begin{bmatrix} a_x & 0 & u_0 & 0 \\ 0 & a_y & v_0 & 0 \\ 0 & 0 & 1 & 0 \end{bmatrix} \tag{7-56}$$

其中，$a_x = f/\mathrm{d}x$，为u轴上的归一化焦距；$a_y = f/\mathrm{d}y$，为v轴上的归一化焦距；$\boldsymbol{M}_1$矩阵中共有4个变量，分别表示2个坐标轴上的归一化焦距和像平面偏移量，这些量只与摄像机的参数有关，称为摄像机的内部参数。式(7-55)中的$\boldsymbol{M}_2$矩阵表示摄像机坐标系与世界坐标系之间的旋转平移关系，称为摄像机的外部参数。图像上任意一点的像素坐标与世界坐标间的关系可表示为

$$s = \begin{bmatrix} u \\ v \\ 1 \end{bmatrix} = \boldsymbol{M}_1 \boldsymbol{M}_2 \begin{bmatrix} x_w \\ y_w \\ z_w \\ 1 \end{bmatrix} \tag{7-57}$$

由式(7-57)可知，对于世界坐标系中的一点，由摄像机的内、外部参数即可确定其在图像上的像素坐标。在世界坐标系中，摄像机从不同的角度和距离获取空间中同一点的图像时，可以用摄像机的成像模型确定该点在两幅图像上像素坐标之间的关系。

2. 摄像机参数标定

在计算机视觉系统中，摄像机参数标定是指获得摄像机几何参数和光学参数(内部参数)以及摄像机相对于某一世界坐标系的三维位置、方向关系(外部参数)近似值的过程，它通过二维图像坐标求取三维世界坐标的先决条件，也是实现视觉检测的必要条件之一。

从标定精度和速度等方面综合考虑，要求既要考虑摄像机的径向及切向畸变，又能实现线性求解。能达到此要求的算法很少，在现有的几种考虑摄像机畸变的线性算法中，一种算法[110]把摄像机标定分成两个独立的过程，首先利用网格板在像面的成像，求得像面畸变量分布(利用网格线弯曲变形的大小求得)，然后采用线性化方法求得摄像机的其他参数，由于在第一步求畸变分布的精度不是很高，因此整个标定精度也不是很高。另一种两平面算法是通过两平面点的成像坐标点，考虑摄像机各种畸变，采用线性化方法求解摄像机参数，但存在标定过程复杂、限制条件多等缺点。此外，采用奇异值分解方法[111]也能求解摄像机参数，只考虑摄像机的一项径向畸变误差，在小畸变场合，标定精度较高。

考虑透镜畸变的像点坐标为

$$\begin{bmatrix} x_i \\ y_i \end{bmatrix} = (1 + kc(1)r_i^2 + kc(2)r_i^4)\begin{bmatrix} x_{i0} \\ y_{i0} \end{bmatrix} + \begin{bmatrix} 2kc(3)x_{i0}y_{i0} + kc(4)(r_i^2 + 2x_{i0}^2) \\ kc(3)(r_i^2 + 2y_{i0}^2) + 2kc(4)x_{i0}y_{i0} \end{bmatrix} \tag{7-58}$$

其中，$[x_i, y_i]^T$ 为像点测量值；$[x_{i0}, y_{i0}]^T$ 为像点真实值；$r_i^2 = x_{i0}^2 + y_{i0}^2$。

畸变系数 kc 通过摄像机标定获得，迭代求解即可求得像点真实值。

7.3.3 基于点特征的单目视觉定位算法

在研究摄像机与目标之间的相对运动前，先引入坐标系：摄像机坐标系和目标坐标系。摄像机坐标系原点为光心，目标坐标系原点在观测目标上选取，以方便测量特征在目标坐标系的位置为宜。点特征在摄像机坐标系和目标坐标系之间的关系为

$$\boldsymbol{r}_i^c(t) = \boldsymbol{r}_R^c(t) + \boldsymbol{C}_m^c \boldsymbol{r}_{i0}^m \tag{7-59}$$

其中，$\boldsymbol{r}_i^c(t)$ 为 t 时刻摄像机坐标系下特征点 i 的坐标；$\boldsymbol{r}_{i0}^m = [x_i, y_i, z_i]^T$ 为目标坐标系下特征点 i 的坐标；$\boldsymbol{r}_R^c(t) = [x_R(t), y_R(t), z_R(t)]^T$ 为摄像机坐标系下目标坐标系原点的坐标；$\boldsymbol{C}_m^c$ 为目标坐标系到摄像机坐标系的转移矩阵，用四元数表示。

采用中心投影模型描述摄像机成像，特征点的测量为

$$\begin{aligned}\boldsymbol{P}_i(t_k) &= [X_i, Y_i]_k^T \left[f\frac{x_i}{z_i}, f\frac{y_i}{z_i} \right]_k^T + \boldsymbol{v}(t_k) \\ &= h(\boldsymbol{r}_R^c(t_k) + \boldsymbol{C}_m^c \boldsymbol{r}_{i0}^m) + \boldsymbol{v}(t_k)\end{aligned} \tag{7-60}$$

其中，h 为中心投影算子；$\boldsymbol{v}(t_k)$ 为噪声。

状态量选取为

$$\begin{aligned}\boldsymbol{s}(t) &= \left[\frac{x_R(t)}{z_R(t)} \quad \frac{y_R(t)}{z_R(t)} \quad \frac{\dot{x}_R(t)}{z_R(t)} \quad \frac{\dot{y}_R(t)}{z_R(t)} \quad \frac{\dot{z}_R(t)}{z_R(t)} \quad q_0(t) \quad q_1(t) \quad q_2(t) \quad q_3(t) \quad \omega_x \right. \\ &\qquad \left. \omega_y \quad \omega_z \quad \frac{x_1}{z_R(t)} \quad \frac{y_1}{z_R(t)} \quad \frac{z_1}{z_R(t)} \quad \cdots \quad \frac{x_M}{z_R(t)} \quad \frac{y_M}{z_R(t)} \quad \frac{z_M}{z_R(t)} \right]^T \\ &= [s_1 \quad s_2 \quad s_3 \quad s_4 \quad s_5 \quad s_6 \quad s_7 \quad s_8 \quad s_9 \quad s_{10} \quad s_{11} \quad s_{12} \quad s_{13} \quad s_{14} \quad s_{15} \\ &\qquad \cdots \quad s_{3M+10} \quad s_{3M+11} \quad s_{3M+12}]^T\end{aligned} \tag{7-61}$$

假设在滤波更新周期内，线速度和角速度为常数，则系统方程为

$$\begin{aligned}\dot{\boldsymbol{s}}(t) &= [s_3 - s_1 s_5 \quad s_4 - s_2 s_5 \quad -s_3 s_5 \quad -s_4 s_5 \quad -s_5^2 \quad 0.5(s_{12}s_7 - s_{11}s_8 + s_{10}s_9) \\ &\quad 0.5(-s_{12}s_6 + s_{10}s_8 + s_{11}s_9) \quad 0.5(s_{11}s_6 - s_{10}s_7 + s_{12}s_9) \quad 0.5(-s_{10}s_6 - s_{11}s_7 + s_{12}s_8) \\ &\quad -s_{13}s_5 \quad -s_{14}s_5 \quad -s_{15}s_5 \quad \cdots \quad -s_{3M+10}s_5 \quad -s_{3M+11}s_5 \quad -s_{3M+12}s_5]^T\end{aligned} \tag{7-62}$$

测量函数可以写成：

$$\begin{aligned}\boldsymbol{p}(t_k) &= h(\boldsymbol{r}_R^c(t_k) + \boldsymbol{C}_n^c \boldsymbol{r}_{i0}^m) + \boldsymbol{v}(t_k) \\ &= \left[\frac{s_1 + R_x(r,1,t_k)}{1 + R_z(r,1,t_k)} \quad \frac{s_2 + R_y(r,1,t_k)}{1 + R_z(r,1,t_k)} \quad \frac{s_1 + R_x(r,2,t_k)}{1 + R_z(r,2,t_k)} \quad \frac{s_2 + R_y(r,2,t_k)}{1 + R_z(r,2,t_k)} \right. \\ &\qquad \left. \cdots \quad \frac{s_1 + R_x(r,M,t_k)}{1 + R_z(r,M,t_k)} \quad \frac{s_2 + R_y(r,M,t_k)}{1 + R_z(r,M,t_k)} \right]^T\end{aligned} \tag{7-63}$$

其中，$R_x(r,i,t_k)$、$R_y(r,i,t_k)$ 和 $R_z(r,i,t_k)$ 分别是 $C_m^c r_{i0}^m / z_R(t)$ 的 x、y 和 z 方向分量。

将非线性的系统方程和测量方程线性化，构造迭代扩展卡尔曼滤波，即可估计目标的位置、姿态、线速度和角速度。从状态量的选取可以看出，目标位置和线速度估计存在比例误差 $1/z_R(t)$，这是由单目视觉投影过程中的深度信息缺失造成的，是单目视觉运动估计的固有缺陷。根据点特征的可观性条件，摄像机的位置和姿态可观需要至少观测四个不共面的已知点特征。对于未知环境下的导航，可观性条件难以满足。因此，基于点特征的单目视觉导航不适合在未知环境下使用。

7.4 双目视觉定位

双目立体视觉是基于视差原理，由多幅图像获取物体三维几何信息的方法。在机器视觉系统中，双目立体视觉一般由双摄像机从不同角度同时获取周围景物的两幅数字图像，或由单摄像机在不同时刻从不同角度获取周围景物的两幅数字图像，并基于视差原理恢复出物体三维几何信息，重建周围景物的三维形状与位置。

双目立体视觉有时简称体视，是人类利用双眼获取环境三维信息的主要途径。随着机器视觉理论的发展，双目立体视觉在机器视觉研究中发挥了越来越重要的作用，具有广泛的适用性。

7.4.1 双目立体视觉原理

双目立体视觉基于视差原理，根据三角法原理进行三维信息的获取，即由两台摄像机的图像平面(或单摄像机在不同位置的图像平面)和被测物体之间构成一个三角形。若已知两摄像机之间的位置关系，则可以获取两摄像机公共视场内物体的全三维尺寸及空间物体特征点的三维坐标。双目立体视觉系统一般由两台摄像机或者一个运动的摄像机构成。

1. 双目立体视觉三维测量原理

双目立体视觉三维测量基于视差原理，图 7-3 所示为简单的平视双目立体成像原理图，两摄像机的投影中心连线的距离，即基线距为 B。两摄像机在同一时刻观看空间物体的同一特征点 P，分别在"左眼"和"右眼"上获取了点 P 的图像，它们的图像坐标分别为 $p_{左}=(X_{左},Y_{左})$ 和 $p_{右}=(X_{右},Y_{右})$。假定两摄像机的图像在同一个平面上，则特征点 P 的图像坐标的 Y 坐标相同，即 $Y_{左}=Y_{右}=Y$，由三角形几何关系可得

$$\begin{cases} X_{左}=f\dfrac{x_c}{z_c} \\ X_{右}=f\dfrac{(x_c-B)}{z_c} \\ Y=f\dfrac{y_c}{z_c} \end{cases} \quad (7\text{-}64)$$

则视差 $\text{Disparity}=X_{左}-X_{右}$，由此可计算出特征点 P 在摄像机坐标系下的三维坐标分别为

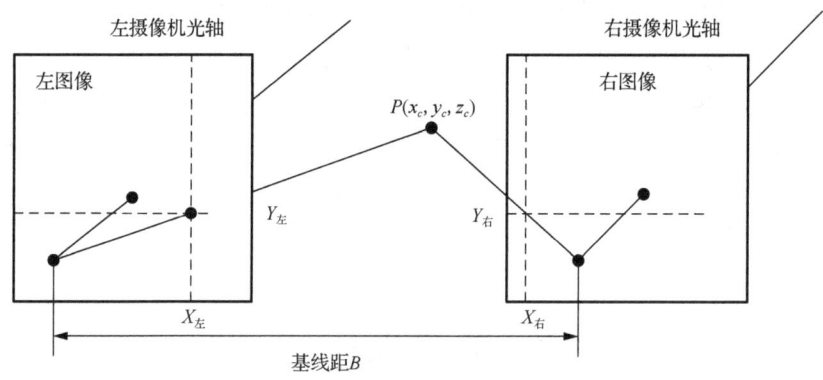

图 7-3 平视双目立体成像原理

$$\begin{cases} x_c = \dfrac{B \cdot X_{左}}{\text{Disparity}} \\ y_c = \dfrac{B \cdot y}{\text{Disparity}} \\ z_c = \dfrac{B \cdot f}{\text{Disparity}} \end{cases} \quad (7\text{-}65)$$

因此,左摄像机像面上的任意一点只要能在右摄像机像面上找到对应的匹配点(二者是空间同一点在左、右摄像机像面上的点),就可以确定出该点的三维坐标。这种方法是点对点的运算,像面上所有点只要存在相应的匹配点,就可以参与上述运算,从而获取其对应的三维坐标。

2. 双目立体视觉数学模型

在分析了最简单的平视双目立体视觉的三维测量原理的基础上,现考虑一般情况,对两台摄像机的摆放位置不做特别要求。如图 7-4 所示,设左摄像机 $O\text{-}xyz$ 位于世界坐标系的原点处且无旋转,图像坐标系为 $O_1\text{-}X_1Y_1$,有效焦距为 f_1;右摄像机坐标系为 $o_r\text{-}x_ry_rz_r$,图像坐标系为 $O_r\text{-}X_rY_r$,有效焦距为 f_r。

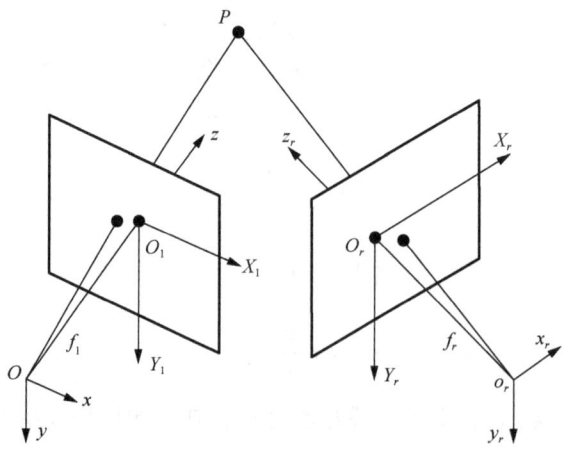

图 7-4 双目立体视觉中空间点三维重建

由摄像机透视变换模型可得

$$s_1 \begin{bmatrix} X_1 \\ Y_1 \\ 1 \end{bmatrix} = \begin{bmatrix} f_1 & 0 & 0 \\ 0 & f_1 & 0 \\ 0 & 0 & 1 \end{bmatrix} \begin{bmatrix} x \\ y \\ z \end{bmatrix} \quad (7\text{-}66)$$

$$s_r \begin{bmatrix} X_r \\ Y_r \\ 1 \end{bmatrix} = \begin{bmatrix} f_r & 0 & 0 \\ 0 & f_r & 0 \\ 0 & 0 & 1 \end{bmatrix} \begin{bmatrix} x_r \\ y_r \\ z_r \end{bmatrix} \quad (7\text{-}67)$$

$O\text{-}xyz$ 坐标系与 $o_r\text{-}x_r y_r z_r$ 坐标系之间的相互位置关系可通过空间转换矩阵 M_{1r} 表示为

$$\begin{bmatrix} x_r \\ y_r \\ z_r \end{bmatrix} = M_{1r} \begin{bmatrix} x \\ y \\ z \\ 1 \end{bmatrix} = \begin{bmatrix} r_1 & r_2 & r_3 & t_x \\ r_4 & r_5 & r_6 & t_y \\ r_7 & r_8 & r_9 & t_z \end{bmatrix} \begin{bmatrix} x \\ y \\ z \\ 1 \end{bmatrix}, \quad M_{1r} = [R | T] \quad (7\text{-}68)$$

其中，$R = \begin{bmatrix} r_1 & r_2 & r_3 \\ r_4 & r_5 & r_6 \\ r_7 & r_8 & r_9 \end{bmatrix}, T = \begin{bmatrix} t_x \\ t_y \\ t_z \end{bmatrix}$ 分别为 $O\text{-}xyz$ 坐标系与 $o_r\text{-}x_r y_r z_r$ 坐标系之间的旋转矩阵和原点之间的平移变换矢量。

由式(7-66)～式(7-68)可知，对于 $O\text{-}xyz$ 坐标系中的空间点，两摄像机像面点之间的对应关系为

$$\rho_r \begin{bmatrix} X_r \\ Y_r \\ 1 \end{bmatrix} = \begin{bmatrix} f_r r_1 & f_r r_2 & f_r r_3 & f_r r_x \\ f_r r_4 & f_r r_5 & f_r r_6 & f_r r_y \\ r_7 & r_8 & r_9 & t_z \end{bmatrix} \begin{bmatrix} zX_1/f_1 \\ zY_1/f1 \\ z \\ 1 \end{bmatrix} \quad (7\text{-}69)$$

于是，空间点三维坐标分别为

$$\begin{cases} x = zX_1/f_1 \\ y = zY_1/f_1 \\ z = \dfrac{f_1(f_r t_x - X_r t_z)}{X_r(r_7 X_1 + r_8 Y_1 + f_1 r_9) - f_r(r_1 X_1 + r_2 Y_1 + f_1 r_3)} \\ = \dfrac{f_1(f_r t_y - Y_r t_z)}{Y_r(r_7 X_1 + r_8 Y_1 + f_1 r_9) - f_r(r_4 X_1 + r_5 Y_1 + f_1 r_6)} \end{cases} \quad (7\text{-}70)$$

因此，已知焦距 f_1、f_r 和空间点在左右摄像机中的图像坐标，只要求出旋转矩阵 R 和平移矢量 T 就可以得到被测物体点的三维空间坐标。

如果用投影矩阵表示，空间点三维坐标可以由两台摄像机的投影模型表示，即

$$\begin{cases} s_1 p_1 = M_1 X_w \\ s_r p_r = M_r X_w \end{cases} \quad (7\text{-}71)$$

其中，p_1、p_r 分别为空间点在左右摄像机中的图像坐标；M_1、M_r 分别为左右摄像机的投影矩阵；X_w 为空间点在世界坐标系中的三维坐标。实际上，双目立体视觉是匹配左右图像平面上的特征点并生成共轭对集合 $\{(p_{1,i}, p_{r,i})\}$，$i = 1, 2, \cdots, n$。每一个共轭对定义的两条射线，相交于空间中某一场景点，求解关键点就是找到相交点的三维空间坐标。

7.4.2 双目立体视觉的精度分析

双目立体视觉是利用两台摄像机来模仿实现人眼的功能，利用空间点在两摄像机像面上的透视成像点坐标来求取空间点的三维坐标。为了分析双目视觉系统的结构参数对视觉精度的影响，建立如图 7-5 所示的精度分析模型。为简化分析，假设两台摄像机水平放置，视觉系统的坐标原点为其中一台摄像机的投影中心。设摄像机的有效焦距为 f_1、f_2，光轴与 x 轴的夹角为 α_1、α_2，ω_1、ω_2 为小于摄像机的视场角的投影角。

由几何关系得到 P 的三维坐标分别为

$$\begin{cases} x = \dfrac{B\cot(\omega_1+\alpha_1)}{\cot(\omega_1+\alpha_1)+\cot(\omega_2+\alpha_2)} \\ y = Y_1\dfrac{z\cdot\sin\omega_1}{f_1\sin(\omega_1+\alpha_1)} = Y_2\dfrac{z\cdot\sin\omega_2}{f_2\sin(\omega_2+\alpha_2)} \\ z = \dfrac{B}{\cot(\omega_1+\alpha_1)+\cot(\omega_2+\alpha_2)} \end{cases} \tag{7-72}$$

1. 系统结构参数对精度的影响

下面分析双目立体视觉系统的结构参数以及 P 点的位置对视觉系统视觉精度的影响。根据式(7-72)，有

$$\begin{cases} \dfrac{\partial x}{\partial X_1} = -\dfrac{z^2}{Bf_1}\cdot\dfrac{\cot(\omega_2+\alpha_2)}{\sin^2(\omega_1+\alpha_1)}\cdot\cos^2\omega_1 \\ \dfrac{\partial x}{\partial X_2} = -\dfrac{z^2}{Bf_2}\cdot\dfrac{\cot(\omega_1+\alpha_1)}{\sin^2(\omega_2+\alpha_2)}\cdot\cos^2\omega_2 \end{cases} \tag{7-73}$$

$$\begin{cases} \dfrac{\partial z}{\partial X_1} = \dfrac{z^2}{Bf_1}\cdot\dfrac{\cos^2\omega_1}{\sin^2(\omega_1+\alpha_1)} \\ \dfrac{\partial z}{\partial X_2} = \dfrac{z^2}{Bf_2}\cdot\dfrac{\cos^2\omega_2}{\sin^2(\omega_2+\alpha_2)} \end{cases} \tag{7-74}$$

$$\begin{cases} \dfrac{\partial y}{\partial X_1} = \dfrac{yz}{Bf_1}\cdot\dfrac{\cos^2\omega_1}{\sin^2(\omega_1+\alpha_1)} \\ \dfrac{\partial y}{\partial X_2} = \dfrac{yz}{Bf_2}\cdot\dfrac{\cos^2\omega_2}{\sin^2(\omega_2+\alpha_2)} \end{cases} \tag{7-75}$$

$$\begin{cases} \dfrac{\partial y}{\partial Y_1} = \dfrac{z}{f_1}\cdot\dfrac{\sin\omega_1}{\sin(\omega_1+\alpha_1)} \\ \dfrac{\partial y}{\partial Y_2} = \dfrac{z}{f_2}\cdot\dfrac{\sin\omega_2}{\sin(\omega_2+\alpha_2)} \end{cases} \tag{7-76}$$

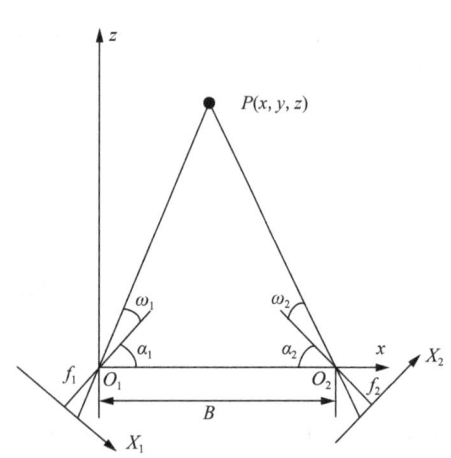

图 7-5 双目立体视觉系统精度分析模型

设两台摄像机 X 方向的提取精度分别为 δX_1、δX_2，Y 方向的提取精度分别为 δY_1、δY_2，则 P 点 x 方向的测量精度为

$$\Delta x = \sqrt{\left(\dfrac{\partial x}{\partial X_1}\delta X_1\right)^2 + \left(\dfrac{\partial x}{\partial X_2}\delta X_2\right)^2} \tag{7-77}$$

P 点 y 方向的测量精度为

$$\Delta y = \sqrt{\left(\frac{\partial y}{\partial X_1}\delta X_1\right)^2 + \left(\frac{\partial y}{\partial X_2}\delta X_2\right)^2 + \left(\frac{\partial y}{\partial Y_1}\delta Y_1\right)^2 + \left(\frac{\partial y}{\partial Y_2}\delta Y_2\right)^2} \tag{7-78}$$

P 点 z 方向的测量精度为

$$\Delta z = \sqrt{\left(\frac{\partial z}{\partial X_1}\delta X_1\right)^2 + \left(\frac{\partial z}{\partial X_2}\delta X_2\right)^2} \tag{7-79}$$

P 点的总体测量精度为

$$\Delta xyz = \sqrt{(\Delta x)^2 + (\Delta y)^2 + (\Delta z)^2} \tag{7-80}$$

根据以上分析，可以得出以下结论。

(1) 两台摄像机的有效焦距 f_1、f_2 越大，视觉系统的视觉精度越高，即采用长焦距镜头容易获得高的测量精度。

(2) 视觉系统的基线距 B 对视觉系统视觉精度的影响比较复杂，当 B 增大时，相应的测量角 $\alpha + \omega$ 变大，使得 B 对精度的影响是非线性的。

(3) 位于摄像机光轴上点的测量精度最低。

因此，在此通过研究两摄像机光轴的交点位置的视觉精度来分析基线距 B 对视觉精度的影响。假定两台摄像机对称放置，设 $\alpha_1 = \alpha_2 = \alpha$，$\omega_1 = \omega_2 = 0$，$k = B/z$，并令

$$e_1 = \frac{z}{B} \cdot \frac{\cot\alpha}{\sin^2\alpha} = \frac{1}{2} + \frac{1}{8}k^2 \tag{7-81}$$

$$e_2 = \frac{z}{B} \cdot \frac{1}{\sin^2\alpha} = \frac{1}{k} + \frac{1}{4}k \tag{7-82}$$

$$e_3 = \sqrt{e_1^2 + e_2^2} \tag{7-83}$$

则有

$$\frac{\partial x}{\partial X} = -\frac{z}{f}e_1 \tag{7-84}$$

$$\frac{\partial y}{\partial X} = -\frac{y}{f}e_1 \tag{7-85}$$

$$\frac{\partial z}{\partial X} = \frac{z}{f}e_2 \tag{7-86}$$

2. 摄像机焦距对精度的影响

为了获得合适的三维视觉精度，一方面要求两台摄像机焦点之间的距离尽可能远(即视觉系统的基线距离尽可能大)，另一方面，被测物体特征点的求取精度尽可能高(一般要求达到子像素精度)。采用长焦距摄像机(>25mm)和固定基线长，很容易达到 1/20000 的相对深度误差。

系统的深度视觉误差 $e_{\max}$ 主要与特征点的像面坐标的求取精度 δ 和两摄像机光轴之间的夹角 α 有关，同时也与摄像机的焦距有关。光路越长，深度误差越小，同时视场范围越小。要保持深度误差不变，且不增加系统的体积，必须采用短焦距摄像机，同时特征点的提取精度至少提高一倍。当摄像机的焦距增加到两倍时，要维持同样的深度误差和视场范围，摄像机的基线距必须增加两倍。

7.4.3 双目立体视觉系统标定

双目立体视觉系统的标定主要是指摄像机的内部参数标定后确定视觉系统的结构参数 R 和 T。一般方法是采用标准 2D 或 3D 精密靶标,通过摄像机的图像坐标与三维世界坐标的对应关系求得这些参数。

1. 双目立体视觉常规标定方法

通过摄像机标定过程,可以得到摄像机的内部参数。对特征对应点在视觉系统的左右摄像机的图像坐标进行归一化处理,设获得的理想图像坐标分别为 (X_l, Y_l) 和 (X_r, Y_r)。

双目立体视觉系统中左右摄像机的外部参数分别为 R_l、T_l 与 R_r、T_r,则 R_l、T_l 表示左摄像机与世界坐标系的相对位置,R_r、T_r 表示右摄像机与世界坐标系的相对位置。对于任意一点,若它在世界坐标系、左摄像机坐标系和右摄像机坐标系下的非齐次坐标分别为 x_w、x_l、H_r,则有

$$x_l = R_l x_w + T_l, \quad x_r = R_r x_w + T_r \tag{7-87}$$

因此,左右摄像机之间的几何变换关系 R,T 可以用以下关系式表示:

$$R = R_r R_l^{-1}, \quad T = T_r - R_r R_l^{-1} T_l \tag{7-88}$$

如果对双摄像机分别标定,得到 R_l、T_l 与 R_r、T_r,则双摄像机的相对几何位置就可以由式(7-88)计算。

实际上,在双目立体视觉系统的常规标定方法中,由标定靶标对两台摄像机同时进行摄像机摄像标定,以分别获得两个摄像机的内、外参数,从而不仅可以标定出摄像机的内部参数,还可以同时标定出双目立体视觉系统的结构参数。

2. 基于标准长度的标定方法

双目视觉系统标定还有各种各样方法,下面介绍一种基于标准长度的双目视觉系统标定方法。该方法简单、使用方便、标定精度高。

由双目立体视觉数学模型式可得到:

$$(f_2 t_x - X_2 t_z)(r_4 X_1 + r_5 Y_1 + f_1 r_6) - (f_2 t_y - X_2 t_z)(r_1 X_1 + r_2 Y_1 + f_1 r_3)$$
$$= (Y_2 t_x - X_2 t_y)(r_7 X_1 + r_8 Y_1 + f_1 r_9) \tag{7-89}$$

令 $T' = \alpha T$,因 $t_x \neq 0$,选择 $\alpha = 1/t_x$,则有 $T' = [1, t'_y, t'_z]^T$。式(7-89)是一个含有 11 个未知数 t'_y、t'_z、$r_1 \sim r_9$ 的非线性方程,用函数 $f(x) = 0$ 表示,其中有

$$x = [t'_y, t'_z, r_1, r_2, r_3, r_4, r_5, r_6, r_7, r_8, r_9] \tag{7-90}$$

另外,由 $r_1 \sim r_9$ 构成的旋转矩阵 R 是正交的,具有 6 个正交约束条件。由此构成如下函数:

$$\begin{cases} h_1(x) = M_1(r_1^2 + r_4^2 + r_7^2 - 1), & h_2(x) = M_2(r_2^2 + r_5^2 + r_8^2 - 1) \\ h_3(x) = M_3(r_3^2 + r_6^2 + r_9^2 - 1), & h_4(x) = M_4(r_1 r_2 + r_4 r_5 + r_7 r_8) \\ h_5(x) = M_5(r_1 r_3 + r_4 r_6 + r_7 r_9), & h_6(x) = M_6(r_2 r_3 + r_5 r_6 + r_8 r_9) \end{cases} \tag{7-91}$$

从而由所有观测点得到无约束最优目标函数为

$$\min F(x) = \sum_{i=1}^{n} f_i^2(x) + \sum_{i=1}^{6} M_i h_i^2(x) \tag{7-92}$$

最后由 Levenberg-Marquardt 法求得 $\boldsymbol{x}$，并求出带有比例因子的 z_i。

对于 P_i 点的空间位置为 (x_i, y_i, z_i)，对应的像面坐标分别为 (X_{1i}, Y_{1i})、(X_{ri}, Y_{ri})。空间点 P_i、P_j 的距离 D_{ij} 表示为

$$f_1^2 D_{ij}^2 = (z_i X_{1i} - z_j X_{1j})^2 + (z_i Y_{1i} - z_j Y_{1j})^2 + f_1^2 (z_i - z_j)^2 \tag{7-93}$$

因求得的 z_i 带有比例因子，即 $z_i' = \alpha z_i$，则式(7-93)变为

$$\alpha^2 f_1^2 D_{ij}^2 = (z_i' X_{1i} - z_j' X_{1j})^2 + (z_i' Y_{1i} - z_j' Y_{1j})^2 + f_1^2 (z_i' - z_j')^2 \tag{7-94}$$

由式(7-94)可求得

$$\alpha = \pm \frac{\sqrt{(z_i' X_{1i} - z_j' X_{1j})^2 + (z_i' Y_{1i} - z_j' Y_{1j})^2 + f_1^2 (z_i' - z_j')^2}}{f_1 D_{ij}} \tag{7-95}$$

其中，α 的符号由坐标选取法决定。

为了增大所建模型的内部强度，使算法有更高的精度，在式(7-92)的基础上又可引进距离的相对控制。在确定旋转矩阵 $\boldsymbol{R}$ 和平移矢量 $\boldsymbol{T}$ 后，用已知精确长度值为 D 的标准尺，将其摆放在测量空间的不同位置处，由经纬仪测量系统观测标尺上的两个目标点。设

$$L_k = D_k'^2 - D_1'^2 \tag{7-96}$$

其中，D_1' 为标尺位于位置 1 处时测得的含有比例因子的标尺长度；D_k' 为标尺位于位置 k 处时测得的含有比例因子的标尺长度；L_k 表征空间相对距离的分散性。

于是，目标函数为

$$\min F(\boldsymbol{x}) = \sum_{i=1}^{2n} f_i^2(\boldsymbol{x}) + \sum_{i=1}^{6} M_i h_i^2(\boldsymbol{x}) + \sum_{i=1}^{n} [m \cdot l_i(\boldsymbol{x})]^2 \tag{7-97}$$

其中，n 为标尺的摆放次数；m 为权因子，最后由 Levenberg-Marquardt 法求得 $\boldsymbol{x}$，至此获得了双目立体视觉传感器的结构参数。

本 章 小 结

海洋目标定位是检测、跟踪等任务的目标之一，主要目的是建立传感器坐标系与外部空间坐标系之间的空间变换关系的描述，并进一步获得部分目标在外部空间坐标系下的位置信息。本章介绍了海洋环境中主要的声学定位方法，包括侧扫声呐、多基地声呐，以及光学定位方法，包括单目、双目视觉定位方法，从不同定位方式的基本原理出发，推导出了相关定位算法，并进行了定位误差分析，介绍了光学定位的视觉标定原理，给出了影响定位精度的关键参数介绍。

第 8 章　多传感器信息融合方法

多传感器信息融合技术研究在海外开始较早，早在第二次世界大战时期就已经开始应用多传感器信息融合技术，在 20 世纪 70 年代美军就将多个水下声呐传感器采集到的信息进行融合，以此来获得更准确的水下敌方目标的坐标位置。1985 年，美军提出指挥(command)、控制(control)、通信(communication)和情报(intelligence)系统，并将其应用在海湾战争和科索沃战争中。80 年代末，美国国防部就将信息融合列为重点研究技术之一，在其系统的基础上加入计算机(computer)进而提出了 C4I 系统，后来又加入监视(surveillance)和侦查(reconnaissance)进一步演化成 C4ISR 系统。

我国的多传感器信息融合技术研究起步较晚，从 20 世纪 90 年代才有科研机构进行研究。在多部门的共同资助下，有一大批高校和科研院所将目光转向这一领域，并迅速涌现出许多科研成果。

信息融合是利用不同数据源之间的互补信息，以获得更完整和充分的表示，从而增强融合模型的性能和可解释性。现有的信息融合技术可根据融合水平分为三类，即数据级融合、特征级融合和决策级融合。

数据级融合是最低级别的融合，指对采集到的原始数据进行简单预处理后的融合，包括加权平均、小波变换、HIS 变换等。这种融合方法简单，易于处理大规模数据，其主要优点是数据损失较少且融合精度高。然而，由于处理的数据量大，算法存在明显的局限性，包括实时性差且需要处理同类型数据。

特征级融合方法是直接对所有数据源的特征进行串行融合。此类方法包括卡尔曼滤波、熵理论方法、人工神经网络方法、深度学习等。它的优点是能够实现数据压缩，便于实时数据处理，但会丢失一些低层次的数据信息，融合性能有所降低。不同数据源具有不同的表示、分布和密度，这导致出现了小样本数据的问题，使得构建融合模型变得困难，并且融合结果通常由数据量较多的数据源主导。

决策级融合起源于模式识别领域，也称为语义级融合。它使用不同算法对不同数据源构建识别模型，然后在决策级将识别结果结合得出结论。决策级融合的目的是克服原始数据中的冗余、缺失、干扰和不确定性问题。传统的融合方法包括贝叶斯推理、D-S 证据推理和模糊集理论等。在深度学习领域，决策级融合方法也被证明比特征级融合方法更具鲁棒性。

除上述算法外，近年来也涌现出越来越多优秀的多传感器信息融合方法。不同方法的适用性不同，无法一概而论地说明哪种算法最好，每种算法的好与坏都应在某种信息融合系统的背景中来讨论。可将多种算法同时用在某一个特定的观测系统背景下，比较不同算法的融合结果，得出当前观测系统的最优数据融合方案。

8.1 多传感器标定方法

8.1.1 多传感器标定原理

无人作业系统中包含各种各样的传感器，传感器是系统能感知周围环境的决定性因素。在无人系统搭载传感器之后，需要对传感器进行标定，获取各个传感器的安装位置，消除传感器安装误差，确保各个传感器能够准确地感知周围环境。

简单来讲，传感器标定需要告知自动驾驶系统传感器的准确位置。如果说定位是在地图坐标系确定运载器的位置，那么标定就是在运载器坐标系确定传感器的位置。

从性质上说，传感器标定可以分为内参标定与外参标定。

内参标定主要与传感器有关，它可以通过建立传感器误差模型，获得传感器特性参数、消除传感器本身测量误差。外参标定与安装位置有关，通过各种先验信息获取传感器在系统坐标系下的位姿。外参标定求解的主要问题取决于运载器坐标系的定义。

如果运载器坐标系为运载器上的某一点，将运载器看作刚体，传感器标定解决的问题即为固定载体坐标系下传感器的位置确定。进一步，如果载体坐标系为无人系统上的某个传感器坐标系，载体坐标系中的传感器外参标定问题可简化为传感器之间的外参标定问题。由于与安装位置无关，在无人作业系统中，传感器的内参标定一般在传感器安装于无人系统之前进行。

1. 几何成像模型

为了充分认识图像产生的原理，首先需要了解相机如何形成二位图像的成像几何模型。成像集合模型是相机标定的基础。下面主要介绍成像模型。

成像几何模型对如何提取蕴含在二维图像中的三维信息、图像几何畸变校正、三维物体的理解与估计等研究是十分重要的，它也是进行摄像机标定的基础。

1) 成像几何模型的概念

成像几何模型是光学成像几何的简化。以小孔透视成像几何模型为例，这是一种最常用的理想状态模型，其物理上相当于薄透镜成像，它的最大优点是成像关系为线性，简单实用且不失准确性。如图 8-1 所示，$O_c\text{-}X_cY_cZ_c$ 为摄像机坐标系，其原点 O_c 即为摄像机的光心，Z_c 轴与光轴重合。$O_w\text{-}X_wY_wZ_w$ 为世界坐标系，$o\text{-}xy$ 为图像物理坐标系，坐标原点在光轴与图像平面的交点为 o，其中 x,y 轴分别平行于摄像机坐标系的 X_c,Y_c 轴。$o'\text{-}uv$ 为图像像素坐标系。(X_w,Y_w,Z_w) 是三维世界坐标系中物体点 P 的三维坐标，(u,v) 是计算机图像坐标系中空间任意一点 P 的成像点 p 的实际图像坐标，单位是像素数(pixel)。焦距 f 为图像平面到光学中心的距离。

P 在图像上的成像位置 p 通过透视投影几何关系如下确定：

$$x_u = f\frac{X_c}{Z_c}, \quad y_u = f\frac{Y_c}{Z_c} \tag{8-1}$$

其中，(X_c,Y_c,Z_c) 是 P 在摄像机坐标系中的三维坐标；(x_u,y_u) 是理想小孔摄像机模型下 p 点的物理图像坐标，单位为 mm。

由于图像点的像素坐标 (u,v) 表示的是像素位于数字图像数组中的行数和列数，并没有用物理单位表示该像素在图像中的位置，因此建立了以物理单位 mm 来表示的图像物理坐标系 $o\text{-}xy$，它与 $o'\text{-}uv$ 图像像素坐标系的关系如图 8-2 所示。

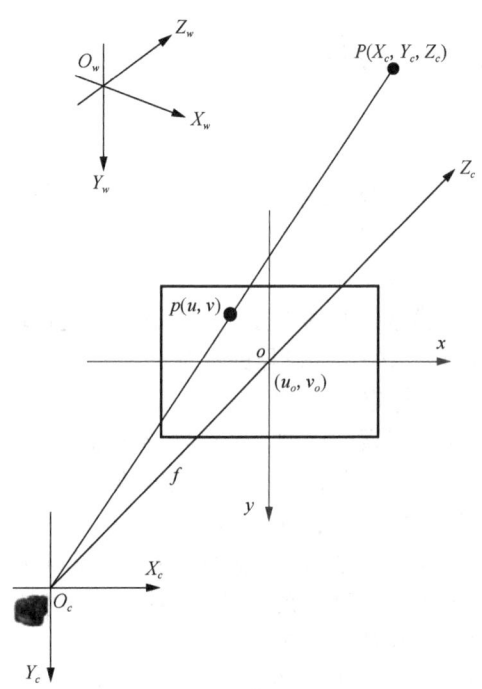
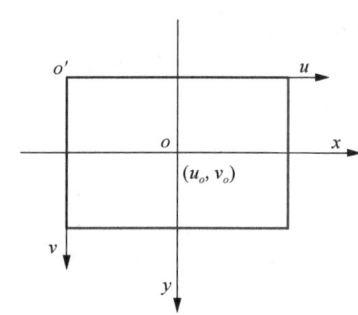

图 8-1 相机坐标系与世界坐标系　　　图 8-2 图像物理坐标系与图像像素标系之间的关系

对一台 CCD 摄像机来说，两个坐标系之间的关系依赖于像素的尺寸和形状以及 CCD 在摄像机中的位置，图像中任意一个像素在两个坐标系下有如下关系：

$$\begin{aligned} u &= s_x x_u + u_o \\ v &= s_y x_u + v_o \end{aligned} \tag{8-2}$$

其中，s_x、s_y 为图像平面单位距离上的像素数(pixels/mm)；(u_o, v_o) 为摄像机光轴与图像平面的交点，称为主点坐标。由式(8-1)、式(8-2)可得

$$\begin{bmatrix} u \\ v \\ 1 \end{bmatrix} = \begin{bmatrix} f_u & \tan\alpha & u_o \\ 0 & f_v & v_o \\ 0 & 0 & 1 \end{bmatrix} \begin{bmatrix} X_c/Z_c \\ Y_c/Z_c \\ 1 \end{bmatrix} = \begin{bmatrix} f_u & s & u_o \\ 0 & f_v & v_o \\ 0 & 0 & 1 \end{bmatrix} \begin{bmatrix} X_c/Z_c \\ Y_c/Z_c \\ 1 \end{bmatrix} \tag{8-3}$$

其中，$f_u = fs_x$、$f_v = fs_y$，分别称为 u 轴的尺度因子和 v 轴的尺度因子，由于摄像机制造及工艺等因素，像素点很可能发生畸变。如图 8-3 所示，$p_x = 1/s_x$，$p_y = 1/s_y$，p_x, p_y 分别为像素的宽和高，α 为像素点的倾斜角。$s = (\tan\alpha)f_v$，称为畸变因子，当像素点是矩形时，$\alpha = 0, s = 0$；当像素点不是矩形时，s 将不为 0。

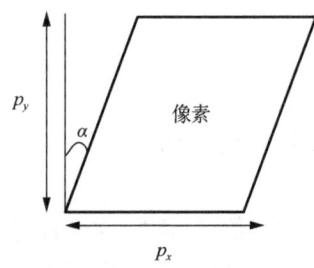

图 8-3 像素点倾斜角

令 p 为归一化的理想图像坐标，相当于假设摄像机焦距等于 1，其中 $x = X_c/Z_c$，$y = Y_c/Z_c$，则有

$$p = \begin{bmatrix} x \\ y \\ 1 \end{bmatrix} = \begin{bmatrix} X_c/Z_c \\ Y_c/Z_c \\ 1 \end{bmatrix} \tag{8-4}$$

则图像点的像素坐标 m 与归一化图像坐标 p 之间的关系以齐次坐标表示为

$$m = \begin{bmatrix} u \\ v \\ 1 \end{bmatrix} = \begin{bmatrix} f_u & s & u_o \\ 0 & f_v & v_o \\ 0 & 0 & 1 \end{bmatrix} \begin{bmatrix} X_c/Z_c \\ Y_c/Z_c \\ 1 \end{bmatrix} = Kp \tag{8-5}$$

其中，K 包含 5 个内参数，它反映的是摄像机内部的成像参数，所以称为内参数。

由于摄像机可安放在环境中的任何位置，可选择一个世界坐标系作为基准坐标系，世界坐标系与摄像机坐标系的转换关系为

$$\begin{bmatrix} X_c \\ Y_c \\ Z_c \\ 1 \end{bmatrix} = \begin{bmatrix} R & T \\ \mathbf{0}^T & 1 \end{bmatrix} \begin{bmatrix} X_w \\ Y_w \\ Z_w \\ 1 \end{bmatrix} \tag{8-6}$$

其中，R 和 T 分别为从世界坐标系到摄像机坐标系的旋转和平移变换，它们反映的是摄像机坐标系与世界坐标系之间的位置关系，因此称为外参数。R 是一个 3×3 的单位正交矩阵，它只有三个自由度，由 θ（俯仰角）、φ（旋转角）、ψ（侧倾角）三个角度决定。T 是 3×1 的平移向量。由式(8-5)、式(8-6)可得空间点的实际三维坐标与像素坐标之间的关系如下：

$$Z_c \begin{bmatrix} u \\ v \\ 1 \end{bmatrix} = \begin{bmatrix} f_u & s & u_o \\ 0 & f_v & v_o \\ 0 & 0 & 1 \end{bmatrix} \begin{bmatrix} 1 & 0 & 0 & 0 \\ 0 & 1 & 0 & 0 \\ 0 & 0 & 1 & 0 \end{bmatrix} \begin{bmatrix} X_c \\ Y_c \\ Z_c \\ 1 \end{bmatrix} = \begin{bmatrix} f_u & s & u_o & 0 \\ 0 & f_v & v_o & 0 \\ 0 & 0 & 1 & 0 \end{bmatrix} \begin{bmatrix} R & T \\ \mathbf{0}^T & 1 \end{bmatrix} \begin{bmatrix} X_w \\ Y_w \\ Z_w \\ 1 \end{bmatrix}$$

$$= M_1 M_2 X = MX \tag{8-7}$$

其中，M 为 3×4 矩阵，称为透视变换矩阵；M_1 只与摄像机内部结构有关，称为摄像机内部参数；M_2 只与摄像机相对于世界坐标系的方位有关，称为摄像机外部参数；X 为空间点在世界坐标系下的三维坐标向量，可表示为四维坐标下的齐次坐标。

2) 空间点与像点的非线性关系分析

在机器视觉的研究和应用中，将三维空间场景通过透视变换转换成二维图像，所使用的仪器或设备一般都为由多片透镜组成的光学镜头，如胶片相机、数码相机、摄像机等，以下统称为摄像机。它们都有着相同的成像模型，即小孔模型。由于摄像机的光学成像系统与理论模型之间的差异，二维图像存在着不同程度的非线性变形，通常把这种非线性变形称为几何畸变。除了这些几何畸变外，还有摄像机成像过程不稳定，以及图像分辨率低引起的量化误差等其他因素影响，因而物体点在摄像机像面上实际所成的像与空间点之间存在着复杂的非线性关系。

由于摄像机制造和工艺等因素，会存在入射光线在通过各个透镜时的折射误差和 CCD 点阵位置误差等，光学系统存在着非线性几何失真，使得目标像点与理论成像点相比存在着多种类型的几何畸变，其中主要包括径向畸变、偏心畸变、薄棱镜畸变等。

径向畸变主要是由镜头形状缺陷造成的，是关于摄像机镜头的主光轴对称的。正向畸变是枕形畸变，负向畸变是桶形畸变，其数学模型为

$$\begin{aligned} \delta_{xr} &= x(k_1 r^2 + k_2 r^4 + k_3 r^6 \cdots) \\ \delta_{yr} &= y(k_1 r^2 + k_2 r^4 + k_3 r^6 \cdots) \end{aligned} \tag{8-8}$$

其中，$r^2 = x^2 + y^2$；$k_i (i = 1, 2, 3, \cdots)$为畸变系数。

偏心畸变主要是由光学系统光心与几何中心不一致造成的，即各透镜的光轴中心不能严格共线。这类畸变既含有径向畸变，又含有切向畸变。切向畸变的数学模型为

$$\begin{aligned}\delta_{xd} &= 2p_1 xy + p_2(r^2 + 2x^2) + \cdots \\ \delta_{yd} &= 2p_1(r^2 + 2y^2) + 2p_2 xy + \cdots\end{aligned} \quad (8\text{-}9)$$

其中，$p_i (i = 1, 2, 3, \cdots)$为切向畸变系数。

薄棱镜畸变是由镜头设计、制造缺陷或加工安装误差所造成的，如镜头与摄像机像面有很小的倾角等。这类畸变相当于在光学系统中附加了一个薄棱镜，不仅会引起径向偏差，而且会引起切向误差，其数学模型为

$$\begin{aligned}\delta_{xp} &= s_1 r^2 + s_3 r^4 + \cdots \\ \delta_{yp} &= s_2 r^2 + s_4 r^4 + \cdots\end{aligned} \quad (8\text{-}10)$$

其中，s_1, s_2, s_3, s_4为薄棱镜畸变系数。如果考虑上述的几何畸变，需要对小孔成像模型进行相应的修正。对于考虑各种几何畸变的成像几何模型，摄像机标定所求取的结果实际上就是外参数 R、T 和内参数 f_u、f_v、u_o、v_o、s 以及各种畸变系数 k_i、p_i、$s_i (i = 1, 2, 3, \cdots)$ 等，其中较小的畸变系数可以忽略不计。

除上述因素造成的几何畸变误差外，还有其他因素引起的误差。例如，在标准曝光条件下，各个光敏元件的输出信号存在差别，使得在均匀光照条件下，每个像元的响应度不同，导致图像失真。综上所述，空间点与其图像对应点之间是一种复杂的非线性映射关系。要建立一个有效的摄像机模型，不可能囊括上面所有因素，只能选择几种主要的畸变，而忽略其他不确定因素。

2. 内参标定

由于与安装位置无关，在自动驾驶系统中，传感器的内参标定一般在安装前进行。下面以最常见的相机内参为例，介绍相机内参标定的原理与方法。

1) 基于标定参照物

最简单的标定方法是在摄像机前放置一个特制的标定参照物 (reference object)，通常是一个具有黑白相间图案的立方体。通过简单的图像处理就可以获得每个交点的图像坐标，标定物的尺寸是经过精确设计和加工的，因此选择标定块的一个顶点作为原点，几条边线作为 X、Y、Z 轴就可以建立世界坐标系并得到这些交点的世界坐标。

假设有一组对应坐标 (u_i, v_i) 和 (X_{wi}, Y_{wi}, Z_{wi})，$i = 1, \cdots, n$，则它们之间的关系为

$$Z_{ci} \begin{bmatrix} u_i \\ v_i \\ 1 \end{bmatrix} = \begin{bmatrix} m_{11} & m_{12} & m_{13} & m_{14} \\ m_{21} & m_{22} & m_{23} & m_{24} \\ m_{31} & m_{32} & m_{33} & m_{34} \end{bmatrix} \begin{bmatrix} X_{wi} \\ Y_{wi} \\ Z_{wi} \\ 1 \end{bmatrix} \quad (8\text{-}11)$$

其中，$m_{11}, m_{12}, \cdots, m_{34}$ 为投影矩阵 M（即前面的透视变换矩阵）的元素。

式 (8-11) 中的矩阵按行展开可以得到三个方程，第三个方程是关于 Z_{ci} 的，可以将其代入前两个方程，从而获得下列两个线性方程：

$$\begin{aligned}u_i m_{34} &= X_{wi} m_{11} + Y_{wi} m_{12} + Z_{wi} m_{13} + m_{14} - u_i X_{wi} m_{31} - u_i Y_{wi} m_{32} - u_i Z_{wi} m_{33} \\ v_i m_{34} &= X_{wi} m_{21} + Y_{wi} m_{22} + Z_{wi} m_{23} + m_{24} - v_i X_{wi} m_{31} - v_i Y_{wi} m_{32} - v_i Z_{wi} m_{33}\end{aligned} \quad (8\text{-}12)$$

对于 n 个点，共有 $2n$ 个线性方程，可以组织为如下矩阵形式：

$$\begin{bmatrix} u_1 \\ v_1 \\ \cdots \\ \cdots \\ u_n \\ v_n \end{bmatrix} = \begin{bmatrix} X_{w1} & Y_{w1} & Z_{w1} & 1 & 0 & 0 & 0 & 0 & -u_1 X_{w1} & -u_1 Y_{w1} & -u_1 Z_{w1} \\ 0 & 0 & 0 & 0 & X_{w1} & Y_{w1} & Z_{w1} & 1 & -v_1 X_{w1} & -v_1 Y_{w1} & -v_1 Z_{w1} \\ & & & & \cdots & \cdots & \cdots & & & & \\ & & & & \cdots & \cdots & \cdots & & & & \\ X_{wn} & Y_{wn} & Z_{wn} & 1 & 0 & 0 & 0 & 0 & -u_1 X_{wn} & -u_1 Y_{wn} & -u_1 Z_{wn} \\ 0 & 0 & 0 & 0 & X_{wn} & Y_{wn} & Z_{wn} & 1 & -v_1 X_{wn} & -v_1 Y_{wn} & -v_1 Z_{wn} \end{bmatrix} \tag{8-13}$$

$$\times \begin{bmatrix} m_{11} & m_{12} & m_{13} & m_{14} & m_{21} & m_{22} & m_{23} & m_{24} & m_{31} & m_{32} & m_{33} & m_{34} \end{bmatrix}^{\mathrm{T}} \times \frac{1}{m_{34}}$$

式(8-13)可以简写为

$$\boldsymbol{U} = \boldsymbol{Km} \tag{8-14}$$

系数 m_{34} 不能直接解出，故可先令其为1，从而问题转化为已知 $\boldsymbol{U}$ 与 $\boldsymbol{K}$ 两个矩阵，求向量 $\boldsymbol{m}$ 的值。当 $2n > 11$ 时，用最小二乘法求出上述线性方程的解为

$$\boldsymbol{m} = (\boldsymbol{K}^{\mathrm{T}} \boldsymbol{K}^{-1}) \boldsymbol{K}^{\mathrm{T}} \boldsymbol{U} \tag{8-15}$$

理论上只要 $2n > 11$，$\boldsymbol{m}$ 就可以被求出。一般实际标定中会多选取一些像素点，以降低图像处理时的误差造成的影响。求出 $\boldsymbol{M}$ 矩阵后，其可写为如下形式：

$$m_{34} \begin{bmatrix} \boldsymbol{m}_1^{\mathrm{T}} & m_{14} \\ \boldsymbol{m}_2^{\mathrm{T}} & m_{24} \\ \boldsymbol{m}_3^{\mathrm{T}} & 1 \end{bmatrix} = \begin{bmatrix} a_x & 0 & u_o & 0 \\ 0 & a_y & v_o & 0 \\ 0 & 0 & 1 & 0 \end{bmatrix} \begin{bmatrix} \boldsymbol{r}_1^{\mathrm{T}} & t_x \\ \boldsymbol{r}_2^{\mathrm{T}} & t_y \\ \boldsymbol{r}_3^{\mathrm{T}} & t_z \\ \boldsymbol{0}^{\mathrm{T}} & 1 \end{bmatrix} \tag{8-16}$$

其中，$\boldsymbol{m}_i^{\mathrm{T}}(i=1,2,3)$ 和 $\boldsymbol{r}_i^{\mathrm{T}}(i=1,2,3)$ 分别为 $\boldsymbol{M}$ 矩阵和 $\boldsymbol{R}$ 矩阵中的对应向量。

基于上述公式，下面可不需证明地给出通过上述表达式求取未知参数 a_x、a_y、u_o、v_o、r_1、r_2、r_3、t_x、t_x、t_z 的公式：

$$\begin{aligned} a_x &= m_{34}^2 |\boldsymbol{m}_1 \times \boldsymbol{m}_3|, \quad a_y = m_{34}^2 |\boldsymbol{m}_2 \times \boldsymbol{m}_3| \\ u_o &= m_{34}^2 \boldsymbol{m}_1^{\mathrm{T}} \boldsymbol{m}_3, \quad v_o = m_{34}^2 \boldsymbol{m}_2^{\mathrm{T}} \boldsymbol{m}_3 \\ \boldsymbol{r}_1 &= m_{34}(\boldsymbol{m}_1 - u_o \boldsymbol{m}_3)/a_x, \quad \boldsymbol{r}_2 = m_{34}(\boldsymbol{m}_2 - v_o \boldsymbol{m}_3)/a_y \\ t_x &= m_{34}(m_{14} - u_o)/a_x, \quad t_y = m_{34}(m_{24} - v_o)/a_y, \quad t_z = m_{34} \end{aligned} \tag{8-17}$$

综上所述，基于标定参照物可以计算出前面线性模型中的各个参数。但在一些应用，如立体视觉中，$\boldsymbol{M}$ 不需要被分解，该矩阵中的各个元素隐式地代表了摄像机参数，因此也称为隐参数(implicit parameter)。另外，分解 $\boldsymbol{M}$ 矩阵时，如果加以约束条件 $\|\boldsymbol{m}_3\| = 1$，所得结果将更为精确。

2) 基于单应矩阵

由于制作标准的标定块成本较高，所以有研究人员开始尝试更为简便的、能快速实现又易于执行的标定方法。OpenCV 函数库中提供了一种基于图像单应性(homograph)的标定算法，目前在机器视觉领域广泛使用。该方法基于张正友发表的相机标定柔性算法，是介于传统标定方法和自标定方法之间的一种方法。该方法要求使用一个精确定位点阵的平面模板，然后通过自由移动摄像机或标定模板，使得摄像机至少在三个不同的位置(相对标定模板)拍

摄模板图像，最后通过计算获取摄像机内部参数。

该方法利用了图像的单应性和旋转矩阵特性，具体如下。

对于位于平面模板上的点，其世界坐标为(X_w, Y_w, Z_w)，世界坐标系可以被建立在模板所在的平面上，这样$Z_w = 0$，从而有如下公式：

$$k \begin{bmatrix} u \\ v \\ 1 \end{bmatrix} = \boldsymbol{M}_1 \boldsymbol{M}_2 \begin{bmatrix} X_w \\ Y_w \\ 0 \\ 1 \end{bmatrix} = \boldsymbol{M}_1 [\boldsymbol{r}_1 \quad \boldsymbol{r}_2 \quad \boldsymbol{r}_3 \quad \boldsymbol{t}] \begin{bmatrix} X_w \\ Y_w \\ 0 \\ 1 \end{bmatrix} = \boldsymbol{M}_1 [\boldsymbol{r}_1 \quad \boldsymbol{r}_2 \quad \boldsymbol{t}] \begin{bmatrix} X_w \\ Y_w \\ 1 \end{bmatrix} \tag{8-18}$$

其中，沿用了上一小节中的符号，齐次系数由Z_c改为k表示，通过几组对应的(u,v)坐标和(X_w, Y_w)坐标，可以求得单应矩阵$\boldsymbol{H}$。根据式(8-18)，$\boldsymbol{H}$矩阵可表示为

$$\boldsymbol{H} = \boldsymbol{M}_1 [\boldsymbol{r}_1 \quad \boldsymbol{r}_2 \quad \boldsymbol{t}] / k \tag{8-19}$$

令$\boldsymbol{H} = [\boldsymbol{h}_1 \quad \boldsymbol{h}_2 \quad \boldsymbol{h}_3]$，其中$\boldsymbol{h}_1$、$\boldsymbol{h}_2$、$\boldsymbol{h}_3$是矩阵$\boldsymbol{H}$的列分量，基于该表达式，可以将$\boldsymbol{r}_1$和$\boldsymbol{r}_2$按如下公式表达：

$$\boldsymbol{r}_1 = k \boldsymbol{M}_1^{-1} \boldsymbol{h}_1, \quad \boldsymbol{r}_2 = k \boldsymbol{M}_1^{-1} \boldsymbol{h}_2 \tag{8-20}$$

根据旋转矩阵的性质，有

$$\boldsymbol{r}_1^\mathrm{T} \boldsymbol{r}_2 = 0, \quad \|\boldsymbol{r}_1\| = \|\boldsymbol{r}_2\| = 1 \tag{8-21}$$

将式(8-20)代入式(8-21)，获得对内参矩阵的基本约束公式：

$$\boldsymbol{h}_1^\mathrm{T} \boldsymbol{M}_1^{-\mathrm{T}} \boldsymbol{M}_1^{-1} \boldsymbol{h}_2 = 0, \quad \boldsymbol{h}_1^\mathrm{T} \boldsymbol{M}_1^{-\mathrm{T}} \boldsymbol{M}_1^{-1} \boldsymbol{h}_1 = \boldsymbol{h}_2^\mathrm{T} \boldsymbol{M}_1^{-\mathrm{T}} \boldsymbol{M}_1^{-1} \boldsymbol{h}_2 \tag{8-22}$$

每采集一次标定模板图案可以获得两个约束公式，由于内参矩阵$\boldsymbol{M}_1$有5个参数需要求解，因此采集3次获得6个公式后就可以求解内参矩阵。

基于以上方法求得的矩阵是不精确的，如前面成像几何模型小节内容所述，一般摄像头还存在一定程度的非线性畸变，因此还需要用Levenberg-Marquardt算法对图像点与再投影点间的距离之和进行非线性最小优化，可以得到畸变参数以及更精确的内参矩阵。

在OpenCV中，畸变校正函数为cvUndistort2(const CvArr*src, CvArr*dst, const CvMat* intrinsic_matrix, const CvMat*distortion_coeffs)，其中src和dst分别为原始图像和目标图像，后两个参数分别为内参矩阵和畸变系数：

$$\text{intrinsic\_matrix} = \begin{bmatrix} a_x & 0 & u_o \\ 0 & a_y & v_o \\ 0 & 0 & 1 \end{bmatrix}, \quad \text{distortion\_coeffs} = [k_1 \quad k_2 \quad p_1 \quad p_2] \tag{8-23}$$

8.1.2 多传感器联合标定方法

多传感器联合标定是多传感器融合的必要前提。单一传感器往往会存在覆盖范围不足和观测信息受限等局限与挑战，多传感器融合方案可以做到不同传感器间的取长补短。根据传感器特性与算法原理的不同，多传感器联合标定可分为基于共视特征信息的标定和基于运动轨迹的标定。根据传感器类型与组合方案的不同，多传感器联合标定包括多激光雷达之间的标定、相机与激光雷达的外参标定等方式。

1. 多激光雷达之间的标定

激光雷达可以直接测量周围环境的距离信息，因此多激光雷达间的标定方案较为成熟。对于有共视区域的激光雷达，可以通过场景的特征信息，运用 NDT 或 ICP 等配准方法实现点云特征匹配，从而完成多个激光雷达之间的外参标定。

2. 相机与激光雷达的外参标定

相机与激光雷达的观测信息表达方式是不一致的，那么如何进行二者之间的标定呢？目前业界比较成熟的方案是通过引入统一观测源建立约束。对于有共视区域的相机与激光雷达，可在共视区域内布置靶标作为统一观测源，分别获取靶标在相机坐标系和激光雷达坐标系下的特征。通过两种特征匹配，完成相机与激光雷达之间的外参标定。

8.2 多传感器信息数据融合

数据级融合也称为像素级融合，是对各传感器的原始观测数据进行统计分析。这种融合方式强调原始数据之间的关联性，能够尽可能地保留原始数据中的信息。在此过程中，各种传感器的原始数据未经预处理便传送至融合中心，以便进行数据的综合和分析，进而实现特征提取并对融合数据进行属性判决，如图 8-4 所示。

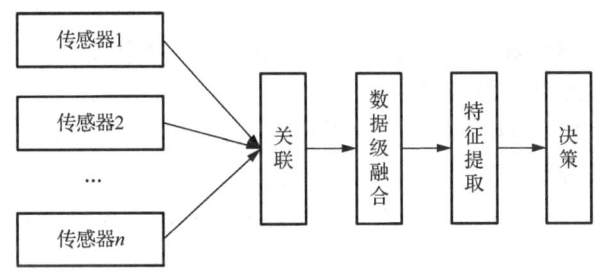

图 8-4 数据/像素级融合结构

数据级融合的优点在于其能够保持原始数据的完整性和真实性，从而使得融合后的数据对观测目标能有更加准确和全面的表示或估计。此外，这种方法运算量相对较小，有利于提高系统的实时性。

然而，这种方法也存在以下显著的局限性。

(1) 需要处理的传感器数据量巨大，导致处理成本高，时间长，实时性差。

(2) 数据级融合在信息最底层进行，传感器原始信息的不可确定性、不完整性和不稳定性对融合处理时的纠错能力提出了较高要求。

(3) 要求各传感器信息之间具有相同数量级的校准精度，并且传感器信息必须来自同质传感器。

(4) 数据通信量大，抗干扰能力较弱。

传感器数据融合要靠各种具体的融合方法来实现。在一个无线传感器网络中，各种数据融合方法将对系统所获得的各类信息进行有效的处理或推理，形成一致的结果。

融合方法有以下几种。

1. 加权平均法

加权平均法是最简单直观的实时处理信息的信号级融合方法，该方法将一组传感器提供的冗余信息进行加权平均，结果作为融合值，该方法是一种直接对数据源进行操作的方法。

其基本过程如下：设用 n 个传感器对某个物理量进行测量，第 i 个传感器输出的数据为 x，其中 $i=1,2,\cdots,n$，对每个传感器的输出测量值进行加权平均，得到的加权平均融合结果为

$$\overline{X} = \sum_{i=1}^{n} w_i x_i \tag{8-24}$$

加权平均法将来自不同传感器的冗余信息进行加权平均，输出作为融合结果。应用该方法必须先对系统和传感器进行详细的分析，以获得正确的权值。

2. 卡尔曼滤波法

卡尔曼滤波作为一种高效的实时动态数据融合工具，专为低层次多传感器冗余信息的整合而设计。它基于系统的线性动力学模型和传感器误差的高斯白噪声假设，通过递归迭代过程，可实现统计意义上的最优数据估计。

然而，尽管其递推性质降低了数据存储和计算的需求，但在处理多传感器组合系统时面临两个关键挑战：一是当传感器数据冗余度较高时，滤波器维数的增长会导致计算复杂度急剧上升，难以保证实时性；二是随着子系统增多，故障概率也随之增加，一旦某个子系统故障未及时发现，可能引发全局系统的污染，从而严重影响系统的可靠性。因此，对于多传感器系统，单纯依赖卡尔曼滤波需要权衡性能与复杂度，并考虑故障检测和容错机制的设计。

下面简要介绍常规卡尔曼滤波融合算法。

(1) 进行初始化过程。初始化目标的状态向量 $x_{k|k-1}$，并初始化目标的协方差矩阵 $p_{k|k-1}$，用于表示状态向量的不确定性，并设计时间步长 $k=0$。

(2) 进行预测过程。根据系统的动力学模型，通过状态转移矩阵 F_k 预测当前时刻的状态向量：

$$\hat{x}_{k|k-1} = F_k \hat{x}_{k-1|k-1} \tag{8-25}$$

其中，$\hat{x}_{k|k-1}$ 表示在时刻 k 基于过去观测值进行预测的状态向量。

预测当前时刻的协方差矩阵：

$$P_{k|k-1} = F_k P_{k-1|k-1} F_k^{\mathrm{T}} + Q_k \tag{8-26}$$

其中，$P_{k|k-1}$ 表示在时刻 k 基于过去观测值进行预测的状态协方差矩阵。

(3) 进行更新过程。获取当前时刻的测量值 z_k，并计算测量残差：

$$y_k = z_k - H_k \hat{x}_{k|k-1} \tag{8-27}$$

其中，y_k 为测量残差，表示观测值与预测值之间的差异；z_k 表示在时刻 k 的观测值。

计算卡尔曼增益：

$$K_k = P_{k|k-1} H_k^{\mathrm{T}} (H_k P_{k|k-1} H_k^{\mathrm{T}} + R_k)^{-1} \tag{8-28}$$

其中，K_k 为卡尔曼增益，用于将观测信息融合到状态估计中。

更新当前时刻的状态向量：

$$\hat{x}_{k|k} = \hat{x}_{k|k-1} + K_k y_k \tag{8-29}$$

其中，$\hat{x}_{k|k}$ 表示在时刻 k 的修正后的状态向量。

更新当前时刻的协方差矩阵：

$$P_{k|k} = (I - K_k H_k) P_{k|k-1} \tag{8-30}$$

其中，$P_{k|k}$ 表示在时刻 k 的状态协方差矩阵的更新值。

(4) 重复步骤前两步，进行下一时刻的预测更新，直至完成所有时刻状态估计。

3. 神经网络法

神经网络具有很强的容错性以及自学习、自组织及自适应能力，能够模拟复杂的非线性映射。神经网络的这些特性和强大的非线性处理能力，恰好满足了多传感器数据融合技术处理的要求。

在多传感器系统中，各信息/数据源所提供的环境信息都具有一定程度的不确定性，对这些不确定信息的融合过程实际上是一个不确定性推理过程。神经网络根据当前系统所学习到的样本相似性确定分类标准，这种确定方法主要表现在网络的权值分布上，同时可以采用神经网络特定的学习算法来获取知识，得到不确定性推理机制。利用神经网络的信号处理能力和自动推理功能，即可实现多传感器数据融合。

8.3 多传感器信息特征融合

特征级融合属于中间层次，先从每种传感器提供的原始观测数据中提取有代表性的特征，这些特征融合成单一的特征矢量，然后运用模式识别的方法进行处理，作为进一步决策的依据。特征级融合在处理过程中，对原始观测数据进行了特征提取和压缩，从而在减小原始数据处理量的同时，保留了重要的信息，如图 8-5 所示。

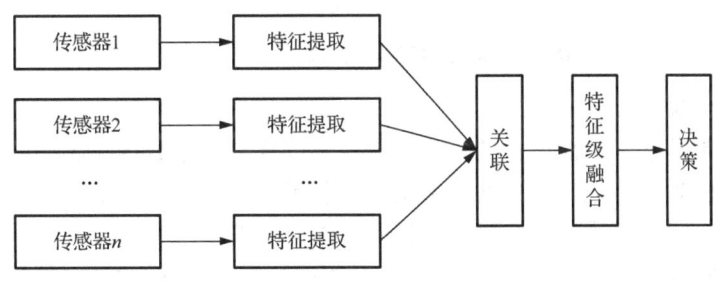

图 8-5 特征级融合结构

特征级融合的优点在于其减小了原始数据的处理量，提高了系统处理速度和实时性。同时，通过提取有代表性的特征，可以减小噪声和冗余信息对系统处理的影响；其缺点在于可能会丢失部分原始信息，从而降低系统的精度和鲁棒性。特征提取的方法和选择也需要根据具体的应用场景来确定，这会增加系统的复杂度和处理难度。

8.3.1 传感器特征融合

尽管基于可见光(RGB)的目标跟踪已经取得了重大进展，但纯粹依靠 RGB 进行目标跟踪的算法在环境发生光照变化、运动模糊或物体被严重遮挡、发生形变等影响目标外观的高难度场景下很难实现鲁棒跟踪。因此，多模态目标跟踪受到越来越多的关注和研究。

在此基础上，研究人员提出利用 RGB 与其他模态进行互补的方法，通过引入其他模态，包括深度信息(depth)、红外信息(thermal)、事件信息(event)和语言信息(language)，将这些不同模态的信息与 RGB 以特定的方式融合,更好地满足复杂环境下的鲁棒跟踪要求。接下来,以 RGB-D 和 RGB-T 举例介绍多模态特征融合。

1. 基于 RGB-D 的多模态特征融合

特征融合已经成为多模态信息聚合的重要手段之一。在多个模型给定不同属性的特征时,通过特征之间的互补性来融合不同特征的优点,从而提高模型性能。这也是多模态模型更为出色的根本原因。通过不同的特征融合范式,将 RGB-D 跟踪算法分为早期融合、晚期融合和混合融合 3 类,特征融合模式如图 8-6 所示。

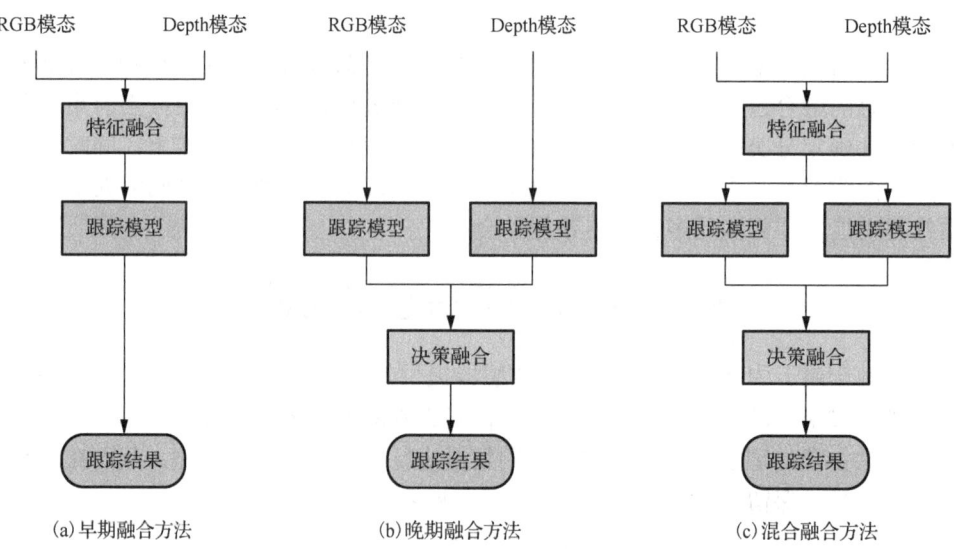

图 8-6　3 类 RGB-D 特征融合模式示意图

1)早期融合方法

早期融合通常是基于特征进行的。为了解决不同模态原始数据在表述方式上的差异,首先提取每个模态的独有特征,然后在特征层面进行整合。一般的方法是将不同模态的特征首先进行拼接,再将拼接好的融合特征输入到后续模型中进行训练。

特征层级的融合方式灵活多变,通常是在各模态特征提取的过程中(如多层神经网络提取特征的中间)进行不同方式的融合,如金字塔式多尺度融合。不同模态间存在紧密的相互联系,但这种联系要从特征和数据层面上提取,面临着巨大挑战,因为不同模态的信息通常只在更高的层面上显现出相互关联。

因此,许多研究者提出,过早地融合多模态数据可能非但无法有效呈现它们之间的互补特性,甚至会引起多余的向量输入问题。

2)晚期融合方法

晚期融合是指各个模态的初始特征在各自的模型中进行训练,而将模型输出的预测分数进行决策层面的融合。在决策层面上进行融合的优势在于,集成模型的错误源自各个独立的分类器,这些错误往往互不相关,有助于防止错误的累积。

一些常见的晚期融合方法包括选择最大值融合、平均值融合、加权平均融合以及集成学习等。例如,深度梯度一致性跟踪算法使用深度梯度信息提取深度运动模型,并对 RGB 跟踪模型结果和深度梯度信息进行加权,这是常见的晚期融合范式。

3) 混合融合方法

混合融合结合了早期融合和晚期融合两种方法，既有效吸收了两者的模型优势，也增加了整体算法的结构复杂度和训练难度。

在视频和音频信号的多模态融合处理中，初始阶段单独对视频信号和音频信号进行深度学习网络模型的训练，分别获取各自的模型预测成果；随后，将视频和音频信号的综合特征融合并输入到一个视听整合的深度学习网络模型中，以得出最终的模型预测结果；最终，通过加权合并的方法综合各个模型的预测输出，以实现更优的识别性能。

因此，要在 RGB-D 跟踪领域更好地使用这种特征融合方式，需要巧妙地设计混合融合方法的组合策略，发挥早期融合整合多模态特征关系的能力，展现晚期融合处理多模态过拟合的优势。

2. 基于 RGB-T 的多模态特征融合

早在 2000 年，RGB-T 融合方法就引起了研究人员的注意。当时，学者们广泛使用手工特征，如 HOG、SIFT 和 LBP，来处理不同模态的图像。

在跟踪技术方面，主要使用传统的跟踪方法，如卡尔曼滤波、粒子滤波、均值漂移和相关滤波进行跟踪。这些方法结构简单、易于实现，但缺乏有效的上下文信息且大多为计算密集型，无论在跟踪精度上和速度上都难以满足现实需求。

从融合角度出发，可以将现有的 RGB-T 跟踪方法分为四类：特征解耦、特征选择、协同图跟踪及传统融合四大类。

在深度学习兴起前，传统滤波技术如贝叶斯滤波、粒子滤波等主导了跟踪领域，它们依赖于手工特征，如 HOG、SIFT。基于特征解耦的方法尝试从不同模态中分离特征表示，通过建模每种模态的独特特征来增强跟踪性能。基于特征选择的方法则侧重于挖掘不同模态的区分信息，通过生成权重或采用独特策略来进行特征融合。基于协同图跟踪的方法以图像块的权重来构建图模型，优化 RGB-T 目标跟踪。

1) 特征解耦

在 RGB-T 跟踪的背景下，特征解耦的原理是学习目标模态的单独特征表示，然后将其组合以提高整体跟踪性能。目前主流的基于特征解耦的跟踪方法主要有稀疏表示、基于属性的特征解耦以及模态共享和特定特征解耦。

(1) 稀疏表示。

稀疏表示是一种数学技术，其将图像表示为几个基本构建块或单元的组合，目标是找到一组稀疏的系数，可以准确地表示信号或图像。在 RGB-T 跟踪早期，研究者通常将稀疏表示与粒子滤波、贝叶斯滤波框架等方法结合或将可见光和红外图像块的特征连接成一维向量，然后在目标模板空间中稀疏表示。这类方法具有一定创新性和实用性，但大多数都不能满足实时性要求，而且这种模型通常基于像素特征表示，对复杂场景和环境的鲁棒性比较差。

(2) 基于属性的特征解耦。

在视觉跟踪领域，研究人员面临着在各种困难条件下建模目标外观的挑战，如快速运动、尺度变化、光照变化等。为了应对这些挑战，研究人员专注于使用少量参数来表示复杂的目标变化。具体而言，如图 8-7 所示，许多研究者试图基于需要解决的特定挑战来解耦目标特征，并使用基于属性的多分支网络学习相应属性的表示。

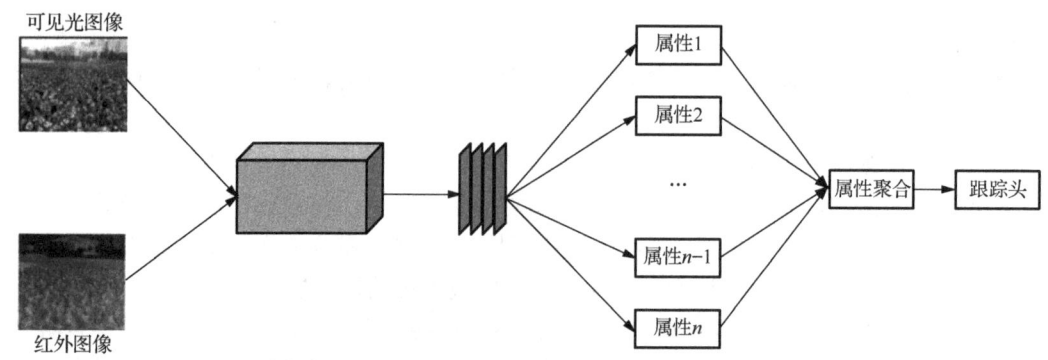

图 8-7 基于属性的特征解耦融合策略的流程图

ANT 网络是首次将属性解耦方法应用于视觉跟踪的方法。通过利用视频帧的属性信息，ANT 网络能够生成更具鉴别力的表示，从而能够更好地处理复杂的跟踪挑战。此外，ANT 网络的设计有助于减小目标在每个属性下的外观多样性，这意味着需要更少的数据来训练模型。

考虑到每个模态中存在的独特挑战以及模态之间共享的共同挑战，学者们提出了挑战感知跟踪算法(CAT)。在 CAT 中，光照变化(IV)和热交叉(TC)被视为模态特定的挑战，而快速运动(FM)、遮挡(OCC)和尺度变化(SV)则被视为模态共享的挑战。CAT 通过一些分支来解决模态共享的挑战，这些分支共享了部分参数，而其他具有独立参数的分支则专注于处理特定模态的挑战。

基于属性的特征解耦有效地解决了各种跟踪挑战，并且可以在有限的训练数据下克服这些挑战。然而，在实践中，可能存在各种未知的挑战。因此，仍然有必要探索如何设计合适的网络结构来应对未知的挑战，以及如何将特征完全解耦，以实现更加准确的目标表示。

(3) 基于模态共享与特定的解耦。

RGB-T 跟踪旨在通过整合红外(IR)和可见(VIS)图像的信息来提高目标跟踪的性能。虽然融合不同模态的数据可以提供更全面的信息，但融合过程可能会引入数据冗余，使得区分有用信息和无关信息变得更加困难。为了解决这一问题，一些方法采用了模态共享和特定解耦的策略，以减少冗余并改善特征表示。

多适配器卷积网络(MANet)是这方面的一种典型方法。它包含通用适配器、模态适配器和实例适配器三部分。通用适配器用于提取共享对象表示，模态适配器用于编码模态特定信息，而实例适配器则用于建模特定对象的外观和时间变化。MANet++引入了多层次发散损失函数，以增强模态特定和模态共享特征之间的差异，从而提高了跟踪性能。

SiamIVFN 采用了类似的思路，在孪生网络中设计了一个基于模态互补的特征融合子网络，该子网络使用不同耦合率的滤波器来学习可见光和红外图像之间的共同特征。受 MANet 启发，DMSTM 提出了双模态主干网络，通过元素相加实现了不同尺度特征的融合，并利用了浅层的空间信息和深层的语义信息来提高跟踪效果。

虽然模态共享和特定特征解耦简化了多模态融合问题，并提高了目标建模的精度，但由于不同模态特征之间缺乏交互，这些方法在多模态互补方面的能力仍然有限。

2) 特征选择

特征选择的目的在于从每种模态中选择信息量最大、最相关的特征，并将它们融合在一起。该方法可以有效地降低特征空间的维数，避免数据冗余，提高模型的泛化能力。根据特征选择方法的不同，基于特征选择的方法可分为两类：硬特征选择和软特征选择。

(1) 硬特征选择。

硬特征选择是指根据一定的规则或标准从提取的特征中选择最有价值的特征。这种选择过程通常可以通过手动方式或者使用预定义的规则或算法来完成。

在 RGB-T 跟踪的早期阶段，硬特征选择方法通常会使用手动设置的固定权重来整合可见光和红外特征。然而，这些方法的权重无法适应不同模态的动态变化，从而导致了跟踪性能不佳。

近年来，基于深度学习的硬特征选择方法已经开始应用于 RGB-T 跟踪领域。例如，将孪生网络结合到这类方法中，提出了一种动态模态交互和特征自适应融合的 RGB-T 跟踪方法。该网络由双流 ConvNet 和 FusionNet 组成。FusionNet 被设计成通过自适应地选择双流 ConvNet 输出中最具鉴别性的特征图来融合不同的模态。在在线跟踪过程中，FusionNet 会进行更新，以确保采用目标外观变化的最佳特征选择。

在此基础上，学者们还提出了密集特征聚合和修剪网络 DAPNet，该网络利用全局平均池化和加权随机选择算法来选择得分最高的信道，该方法结构如图 8-8 所示。

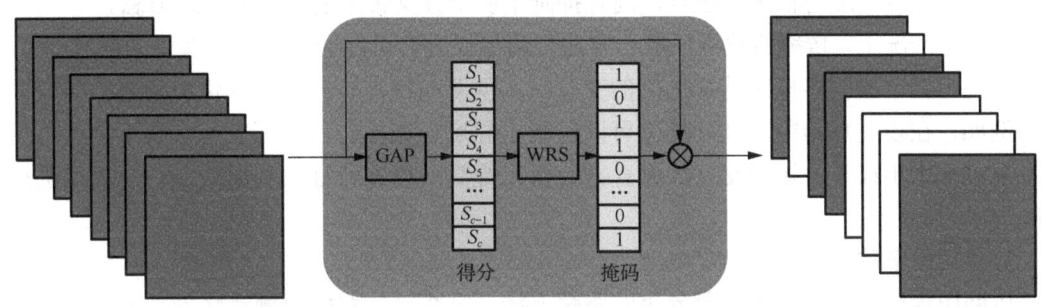

图 8-8 DAPNet 方法

硬特征选择方法在去除特征冗余和噪声方面显示出良好的效果。然而，这种方法在很大程度上依赖于手动设计的损失函数或修剪标准。使用硬选择可能会给有用的特征带来风险，错误地删除它们可能会大大降低算法的准确性。

(2) 软特征选择。

软特征选择是目前 RGB-T 融合方法中最为流行的方法，其核心在于动态调整各模态特征的权重，以优化模态间的协同效果，避免硬选择可能带来的信息丢失。这种方法能有效适应不同模态特征分布的异质性，提升融合性能。

SiamFT 是 SiamFC 模型的一种扩展，它针对模板和搜索特征采取差异化融合策略。模板特征采用级联方式处理，而搜索特征则通过学习模态可靠性权重实现融合。进一步发展，DSiamMFT 引入了动态孪生网络，利用注意力机制对多级特征和多模态特征进行自适应融合。DuSiamRT 则基于对偶连体网络，利用模态通道注意力机制评估特征通道的相对重要性。

MTNet 基于 TransT 架构，其融合架构类似于 FANet，设计有信道聚合和分发模块，以消除骨干网络中的冗余信道，同时通过可靠性学习和残差引导优化模态特征。另一方面，QAT 网络旨在获取更精确的模态权重，通过结合可靠性学习和残差引导强化特征表现。

相较于基于特征的软选择孪生网络，也有研究者探索了其他架构，例如，FANet 采用质量感知特征聚合，首先通过模态连接交互融合特征，随后独立计算模态权重，并考虑到不同层级特征的可靠性。DAFNet 则深度自适应融合网络，采用渐进式融合方式，逐层处理 RGB-T 特征。M5L 借助注意力机制确定每个模态的权重，并引入多模态多裕度结构损失来保持样本结构信息。

为了进一步探索注意力机制在 RGB-T 信息融合中的潜力，一些研究者提出了使用混合注意力机制来实现这一目标的方法。例如，CBPNet 采用通道注意力和空间注意力机制执行多模态跨层双线性池化跟踪算法。JMMAC 将模态权重划分为全局权重和局部权重，以实现更准确的融合响应图。具体来说，它通过全局权重来引入 RGB 和 T 模态的互补性，并获得整个上下文的权重。另一方面，局部权重用于抑制负样本的干扰并提高跟踪器的鲁棒性。

分层 RGB-T 融合跟踪器 HMFT 在图像、特征和决策三个级别集成了融合模块。在图像级别，HMFT 通过提取可见光和红外图像互补信息学习目标相关一致性信息。在特征级别，HMFT 引入了通道级模态权重来执行判别性特征融合。在决策级别，HMFT 根据它们的模态置信度采用自适应决策融合（ADF）来处理这两个响应图。

为了应对目标大小的变化，MSIFNet 算法设计了一个特征选择模块，通过通道感知机制自适应地选择多尺度特征进行融合，同时抑制了多个分支带来的噪声和冗余信息。

在某些情况下，传统的软特征融合方法使用加权融合可能会抑制一些有用的信息。因此，一些研究者尝试增强多模态特征之间的交互，实现双向特征软选择，以优势模态引导较弱模态。例如，在夜间场景中，红外模态可以用于引导可见光模态的特征表示，而不是将可见光模态乘以一个小权重。这种交互式融合方法可以提高多模态特征的利用效率，从而增强跟踪性能。

3）协同图跟踪

协同图跟踪方法是一种基于分类的跟踪方法，它将目标跟踪问题转化为二元分类问题。该方法使用分类器区分目标区域和背景区域，利用图来捕获目标区域的空间结构信息。

具体而言，该方法首先对图像进行分割，将样本区域划分为多个不重叠的块作为节点。然后，该方法为每个图像块分配一个权重，以指示该块是否属于前景或背景。两个图像块之间的边权重也被赋值，以表示它们之间的关系。最后，使用类似于 SVM 等分类方法对这些节点中的前景和背景进行分类，从而获得目标边界框。

8.3.2 融合特征处理方法

多模态融合是多模态研究中非常关键的研究点，它将抽取自不同模态的信息整合成一个稳定的多模态表征。多模态融合和表征有着明显的联系，如果一个过程是专注于使用某种架构来整合不同单模态的表征，那么就被归类于融合类。融合方法又可以根据它们出现的不同位置而分为早期和晚期融合。因为早期和晚期融合会抑制模内或者模间的交互作用，所以现在的研究主要集中于中期（intermediate）的融合方法，使得这些融合操作可以放置于深度学习模型的多个层之中。融合文本和图像的方法主要有三种：基于简单操作的、基于注意力机制的、基于双线性池化的融合方法。

1. 基于简单操作的融合办法

来自不同模态的特征向量可以通过简单的操作来实现整合，如拼接和加权求和。这样的简单操作使得参数之间几乎没有联系，但是后续的网络层会自动对这种操作进行自适应。

拼接操作可以用来把低层的输入特征[112,113]或者高层的特征(通过预训练模型提取出来的特征)[114-116]相互结合起来。

对于权重为标量的加权求和方法，要求预训练模型产生的向量要有确定的维度，并且要按一定顺序排列并适合 element-wise 加法[117]。为了满足这种要求，可以使用全连接层来控制维度和对每一维度进行重新排序。

最近的一项研究采用渐进探索的神经结构搜索[118-121]来为融合找到合适的设置。根据要融合的层以及是使用连接还是加权和作为融合操作，配置每个融合功能。

2. 基于注意力机制的融合办法

很多的注意力机制已经被应用于融合操作。注意力机制通常指的是一组"注意力"模型在每个时间步动态生成的一组标量权重向量的加权和[122,123]。这组注意力的多个输出头可以动态产生求和时要用到的权重，因此最终在拼接时可以保存额外的权重信息。在将注意力机制应用于图像时，对不同区域的图像特征向量进行不同的加权，最终得到一个整体的图像向量。

1) 图像注意力机制

图像注意力机制扩展了用于文本问题处理的 LSTM 模型，加入了基于先前 LSTM 隐藏状态的图像注意力模型，输入为当前嵌入的单词和参与的图像特征的拼接[124]。最终，LSTM 的隐藏状态被用于一种多模态融合的表征，从而被应用于 VQA 问题之中。

这种基于 RNN 的编码-解码模型被用来给图像特征分配权重从而执行图像描述生成(image caption)任务[125]。此外，对于 VQA 视觉问答任务，注意力模型还能通过文本查询来找到图像对应的位置[126]。同样，堆叠注意力网络(SANs)也被提出使用多层注意力模型对图像进行多次查询，逐步推断出答案，模拟了一个多步骤的推理过程[127]。通过多次迭代实现图像区域的注意力。首先根据图像特征和文本特征生成一个特征注意力分布，根据这个分布得到图像每个区域权重和 V_i，根据 $u=V_i+V_q$ 得到一个向量，将这个过程多次迭代最终注意力到问题相关区域[128,129]。

自下而上和自上而下的注意力方法(up-down)，顾名思义，通过结合两种视觉注意力机制来模拟人类的视觉系统[130]。自下而上的注意力机制是通过使用目标检测算法来首先挑选出一系列的图像候选区域，而自上而下的注意力机制则是要把视觉信息和语义特征拼接，从而生成一个带有注意力的图像特征向量，最终服务于图像描述和 VQA 任务。同时，带有注意力的图像特征向量还可以和文本向量进行点乘。来自不同模型的互补图像特征也可以被用于多种图像注意力机制[131]。更进一步，图像注意力机制的逆反应用，可以从输入的图像+文本来生成文本特征，还可以用于文本生成图像的任务[132]。

2) 共注意力机制

与上述图像注意力机制不同，共注意力机制使用对称注意力结构生成注意力加权图像特征向量和注意力加权语言向量。平行共注意力机制采用联合表示的方法模拟推导出图像和语言的注意力分布。交替共同注意力机制具有级联结构，首先使用语言特征生成含有注意力的图像向量，然后使用含有注意力的图像向量生成出含注意力的语言向量。二者流程如图 8-9 所示。

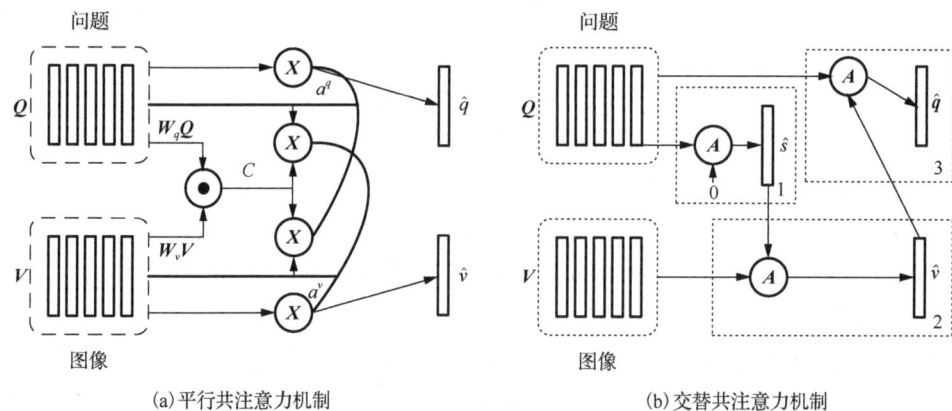

(a) 平行共注意力机制 (b) 交替共注意力机制

图 8-9　平行共注意力机制和交替共注意力机制

与平行共注意力机制类似，双注意力网络(DAN)同时估计图像和文本的注意力分布从而获得最后的注意力特征向量，这种注意力模型以特征和相关的记忆向量为条件，与共注意力相比，这是一个关键的区别，因为记忆向量可以使用重复的 DAN 结构在每个推理步骤中迭代更新，$k=2$ 时的 r-DAN 如图 8-10 所示。

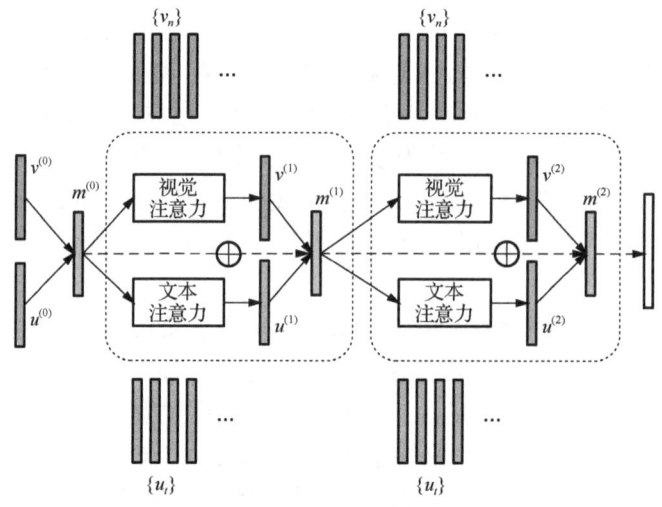

图 8-10　$k=2$ 时的 r-DAN

堆叠的 latent attention(SLA)改进了 SAN，它把图像的原始特征和网络浅层的向量相连接，以保存中间推理阶段的潜在信息，当然还包括一种类似双流的并行共注意力结构，用于同时注意力图像和语言特征，这便于使用多个 SLA 层进行迭代推理。双递归注意力单元利用文本和图像的 LSTM 模型实现了一个并行的共注意力结构，在使用 CNN 层堆栈卷积图像特征得到的表示中为每个输入位置分配注意力权值。为了模拟两种数据模式之间的高阶交互作用，可以将两种数据模式之间的高阶相关性作为两种特征向量的内积来计算，从而得到两种模式交互的注意力特征向量。

3) 双模的 Transformer 的注意力机制

这部分主要是基于 BERT 的变体，采用双流输入嵌入方法，然后在后续的共注意力层中进行交互。

4) 其他类似注意力的机制

门控多模态单元是一种基于门控的方法，可以看作为图像和文本分配注意力权重。该方法基于门控机制动态生成的维度特定标量权重，计算视觉特征向量和文本特征向量的加权和。类似地，向量按位乘法可以用于融合视觉和文本表达。然后，将这些融合的表示方法用于构建基于深度残差学习的多模态残差网络。另外，动态参数预测网络采用动态权值矩阵来变换视觉特征向量，其参数由文本特征向量哈希动态生成。

3. 基于双线性池化的融合办法

双线性池化主要用于融合视觉特征向量和文本特征向量来获得一个联合表征空间，方法是计算两者的外积，这种办法可以利用这两向量元素所有的交互作用，也称为二阶池化。和简单的向量组合操作(假设每个模态的特征向量有 n 个元素)不一样的是，简单操作(如加权求和、按位操作、拼接)都会生成一个 n 或者 $2n$ 维度的表征向量，而双线性池化则会产生一个 n^2 维度的表征。通过将外积生成的矩阵线性化成一个向量表示，这意味着这种方法更有表现力。

双线性表示方法常常通过一个二维权重矩阵来转化为相应的输出向量，也等价于使用一个三维的张量来融合两个输入向量。在计算外积时，每个特征向量可以加一个 1，以在双线性表示中保持单模态输入特征。

然而，由于它的高维数(通常是几十万到几百万维的数量级)，双线性池通常需要对权值张量进行分解，才可以适当和有效地训练相关的模型。

1) 双线性池化的因式分解

由于双线性池化的表征与多项式核密切相关，因此可以利用各种低维近似来获得近似双线性表示。Count sketch 和卷积能够用来近似多项式核，从而催生出了多模态紧凑双线性池化(multimodal compact bilinear pooling，MCB)。或者，通过对权值张量施加低秩控制，多模态低秩双线性池化(MLB)将双线性池的三维权值张量分解为三个二维权值矩阵。具体来说，视觉和文字特征向量通过两个输入因子矩阵线性投影到低维矩阵上。然后，利用按元素的乘法将这些因子融合，再使用第三个矩阵对输出因子进行线性投影。多模态因子分解双线性池化(multimodal factorized bilinear pooling，MFB)对 MLB 进行了修改，通过对每个非重叠的一维窗口内的值求和，将元素间的乘法结果集合在一起。多个 MFB 模型可以级联来建模输入特性之间的高阶交互，这称为多模态因数化高阶池化(MFH)。

MUTAN 是一种基于多模态张量的方法，利用 Tucker 分解将原始的三维权量张量算子分解为低维核心张量和 MLB 使用的三个二维权量矩阵。核心张量对不同形式的相互作用进行建模。MCB 可以看作一个具有固定对角输入因子矩阵和稀疏固定核张量的 MUTAN，MLB 可以看作一个核张量为单位张量的 MUTAN。

BLOCK 是一个基于块的超对角阵的融合框架，用于块项的消解和合成。BLOCK 将 MUTAN 泛化为多个 MUTAN 模型的总和，为模式之间的交互提供更丰富的建模。此外，双线性池化可以推广到两种以上的模态，例如，使用外积来建模视频、音频和语言表示之间的交互。

2) 双线性池化和注意力机制

双线性池化和注意力机制也可以进行结合。MCB、MLB 融合的双模态表示可以作为注意

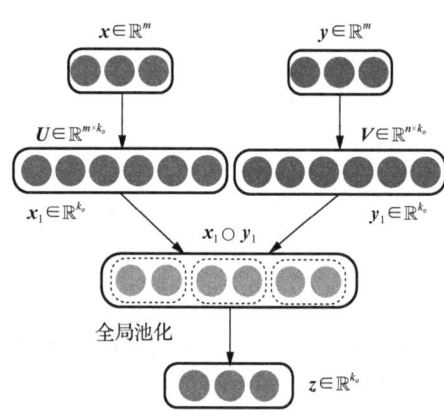

图 8-11 多模态分解双线性池化的流程图

力模型的输入特征,得到含有注意力的图像特征向量,然后再使用 MCB、MLB 与文本特征向量融合,形成最终的联合表示。MFB、MFH 可用于交替的共同注意力学习联合表示。多模态分解双线性池化的流程图如图 8-11 所示。

双线性注意力网络(BAN)利用 MLB 融合图像和文本,生成表示注意力分布的双线性注意力图,并将其作为权重张量进行双线性池化,再次融合图像和文本特征。

近年来最主要的多模态融合办法就是基于注意力机制和基于双线性池化的方法。其中,双线性池化的数学有效性方面还可以有很大的提升空间。

8.4 多传感器信息决策融合

决策级融合是在特征级融合之后,对提取出的特征矢量进行联合判断和处理,从而得出对观测目标的一致性结论,如图 8-12 所示。

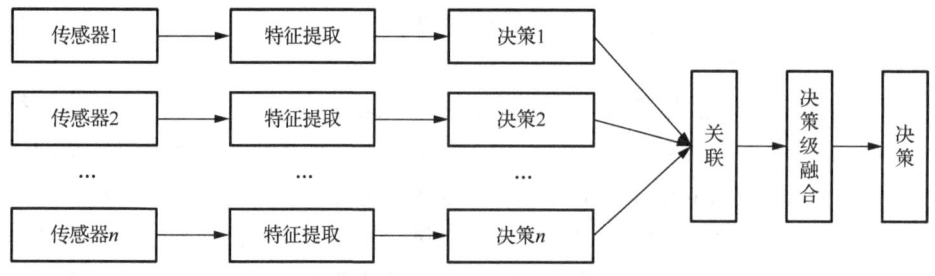

图 8-12 决策级融合结构

决策级融合的优点在于其可以灵活地选取传感器结果,提高了系统的容错能力,同时通过增强对多源异构传感器的容纳能力,可以实现更为复杂的决策过程。此外,决策级融合还可以降低数据传输量和存储量。其缺点在于其计算量较大,需要更多的计算资源和更高的计算处理能力。同时,由于涉及决策层的判断和处理过程,因此对于算法的设计和实现也有更高的要求。

基于多源决策的融合策略通过单传感器数据对目标的位置、属性和类别进行初步决策,然后采用特定的融合策略将多传感器获得的决策进行全面组合,并采用适当的方法实现最终的融合结果。

融合方法通常包括主观贝叶斯概率推理方法、Dempster-Shafer(D-S)方法和模糊子集方法等。

1. 主观贝叶斯概率推理方法

主观贝叶斯方法是 R.O.Duda 等于 1976 年提出的一种不确定性推理模型,并成功地应用于地质勘探专家系统 PROSPECTOR。它是以概率统计理论为基础,将贝叶斯公式与专家及用户的主观经验相结合而建立的一种推理模型。

1) 不确定性度量

主观贝叶斯方法的不确定性度量为概率 $P(x)$，另外还有三个辅助度量：LS、LN 和 $O(x)$，分别为充分似然性因子、必要似然性因子和概率函数。

在 PROSPECTOR 中，规则一般表示为

$$E \xrightarrow{(\text{LS,LN})} H(P(H)) \tag{8-31}$$

其中，E 为前提（称为证据）；H 为结论（称为假设）；$P(H)$ 为"H 是真"的先验概率；LS、LN 分别为充分似然性因子和必要似然性因子，其定义为

$$\text{LS} = \frac{P(E|H)}{P(E|\neg H)}$$
$$\text{LN} = \frac{P(\neg E|H)}{P(\neg E|\neg H)} \tag{8-32}$$

其中，LS 表示 E 为真时对 H 的影响程度；LN 表示 E 为假时对 H 的影响程度。

另外，概率函数 $O(x)$ 反映了一个命题为真的概率与其否定命题为真的概率之比，定义为

$$O(x) = \frac{P(x)}{P(\neg x)} = \frac{P(x)}{1 - P(x)} \tag{8-33}$$

下面介绍 LS、LN 的来历并讨论其取值范围和意义。

由概率论中的贝叶斯公式：

$$P(H|E) = \frac{P(H)P(E|H)}{P(E)} \tag{8-34}$$

和上述公式可以得到：

$$P(\neg H|E) = \frac{P(\neg H)P(E|\neg H)}{P(E)} \tag{8-35}$$

则有

$$\frac{P(H|E)}{P(\neg H|E)} = \frac{P(H)}{P(\neg H)} \cdot \text{LS} \tag{8-36}$$

即

$$O(H|E) = O(H) \cdot \text{LS} \tag{8-37}$$

从而有

$$\text{LS} = \frac{O(H|E)}{O(H)} \tag{8-38}$$

由式(8-38)不难看出：当且仅当 $O(H|E) > O(H)$ 时，LS>1，说明 E 以某种程度支持 H；当且仅当 $O(H|E) < O(H)$ 时，LS<1，说明 E 以某种程度不支持 H；当且仅当 $O(H|E) = O(H)$ 时，LS=1，说明 E 对 H 无影响。

需说明的是，在概率论中，一个事件的概率是在统计数据的基础上计算出来的，这通常需要大量的统计工作。为了避免大量的统计工作，在主观贝叶斯方法中，一个命题的概率可由领域专家根据经验直接给出，这种概率称为主观概率。

推理网络中每个陈述 H 的先验概率 $P(H)$ 都是由专家直接给出的主观概率。同时，推理网络中每条规则的 LS、LN 也需由专家指定。这就是说，虽然前面已有 LS、LN 的计算公式，

但实际上领域专家并不一定按公式计算规则的 LS、LN，而往往是凭经验得出。因此，领域专家根据经验所提供的 LS、LN 通常不满足这一理论上的限制，它们常常在承认 E 支持 H（即 LS>1）的同时否认 E 反对 H（即 LN<1）。

2) 推理中后验概率的计算

推理中后验概率的计算有以下几个公式。

$$P(H|E) = \frac{\mathrm{LS} \cdot P(H)}{1 + P(H)(\mathrm{LS}-1)} \tag{8-39}$$

这是当证据 E 肯定存在（即为真）时，求假设 H 的后验概率的计算公式，其中的 LS 和 $P(H)$ 由专家主观给出。

$$P(H|\neg E) = \frac{\mathrm{LS} \cdot P(H)}{1 + P(H)(\mathrm{LN}-1)} \tag{8-40}$$

这是当证据 E 肯定不存在（即为假）时，求假设 H 的后验概率的计算公式，其中的 LN 和 $P(H)$ 由专家主观给出。

$$P(H|S) = \begin{cases} P(H|\neg E) + \dfrac{P(H) - P(H|\neg E)}{P(E)} P(E|S), & 0 \leqslant P(E|S) \leqslant P(E) \\ P(H) + \dfrac{P(H|E) - P(H)}{1 - P(E)} [P(E|S) - P(E)], & P(E) < P(E|S) \leqslant 1 \end{cases} \tag{8-41}$$

这是当证据 E 自身不确定时，求假设 H 的后验概率的计算公式，其中的 S 为与 E 有关的观察，即能够影响 E 的事件。

式(8-41)是一个线性插值函数，其中 $P(H|E)$, $P(H|\neg E)$, $P(E)$, $P(H)$ 为公式中的已知值（前两个由式(8-39)、式(8-40)计算而得，后两个由专家给出）；$P(E|S)$ 为公式中的变量（其值由用户给出）。这个插值函数的几何解释如图 8-13 所示。

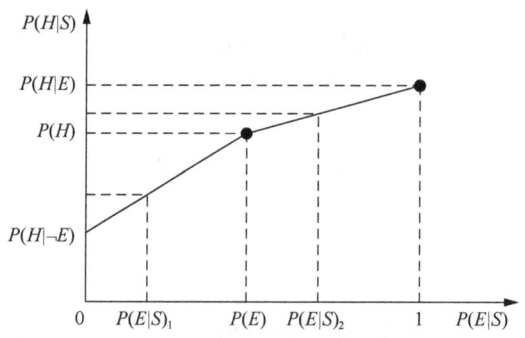

图 8-13 插值函数几何解释

3) 多证据的总概率合成

对于多条件前提的规则，应用式(8-39)～式(8-41)求结论的后验概率时，先要计算与其前提中对应证据事实的总概率。

假设已知 $P(E_1|S), P(E_2|S), \cdots, P(E_i|S)$，并且 E_i 是相互独立的，则根据概率的加法公式和乘法公式，应有

$$P(E_1 \vee E_2 \vee \cdots \vee E_n | S) = \sum_{i=1}^{n} P(E_i | S)$$
$$P(E_1 \wedge E_2 \wedge \cdots \wedge E_n | S) = \prod_{i=1}^{n} P(E_i | S)$$
(8-42)

但各条件 E_i 之间通常不满足独立要求,用这两个公式计算出的后验概率往往偏高或偏低。因此,主观贝叶斯方法中采用了如下公式:

$$P(E_1 \vee E_2 \vee \cdots \vee E_n | S) = \max_i P(E_i | S)$$
$$P(E_1 \wedge E_2 \wedge \cdots \wedge E_n | S) = \min_i P(E_i | S)$$
(8-43)

另外,根据全概率公式,有

$$P(\neg | S) = 1 - P(E | S)$$
(8-44)

这样,根据式(8-44)就可以计算由 $\neg$、$\wedge$、$\vee$ 任意连接起来的组合证据的后验概率。

4) 相同结论的后验概率合成

假设推理网络中有多条以 H 为结论的规则:

$$E_1 \xrightarrow{(LS_1, LN_1)} H$$
$$E_2 \xrightarrow{(LS_2, LN_2)} H$$
$$\cdots$$
$$E_n \xrightarrow{(LS_n, LN_n)} H$$
(8-45)

如果有证据 $E_1, E_2, \cdots, E_n$ 相互独立,它们的观察依次为 $S_1, S_2, \cdots, S_n$,则在这种情况下,H 的后验概率可视为在 $E_1, E_2, \cdots, E_n$ 的综合作用下的后验概率。

H 的后验概率求法是先用式(8-39)~式(8-41)分别求出在单个证据 E_i 的作用下 H 的后验概率 $P(H | S_i)$ ($1 \le i \le n$),再利用式(8-33)把概率 $P(H)$ 和 $P(H | S_i)$ 转换为概率 $O(H)$ 和 $O(H | S_i)$,或者直接运用公式

$$O(H | E) = O(H) \cdot LS$$
$$O(H | \neg E) = O(H) \cdot LN$$
(8-46)

得到概率 $O(H | S_i)$,然后用如下公式

$$O(H | S_1 \wedge S_2 \wedge \cdots \wedge S_n) = \frac{O(H | S_1)}{O(H)} \cdot \frac{O(H | S_2)}{O(H)} \cdot \cdots \cdot \frac{O(H | S_n)}{O(H)}$$
(8-47)

来计算 H 的综合后验概率 $O(H | S_1 \wedge S_2 \wedge \cdots \wedge S_n)$,最后用公式

$$P(x) = \frac{O(x)}{1 + O(x)}$$
(8-48)

将 $O(H | S_1 \wedge S_2 \wedge \cdots \wedge S_n)$ 转换为后验概率 $P(H | S_1 \wedge S_2 \wedge \cdots \wedge S_n)$。

2. Dempster-Shafer 方法

Dempster-Shafer(D-S)理论是贝叶斯主观概率理论的推广,如图 8-14 所示。D-S 理论将一个问题的信念程度(或信心或信任)建立在相关问题的主观概率上。置信度本身可能具有也可能不具有概率的数学性质;它们的差异取决于这两个问题的密切程度。换句话说,它是一种表示认识论合理性的方式,但它可以产生与使用概率论得出的答案相矛盾的结果。

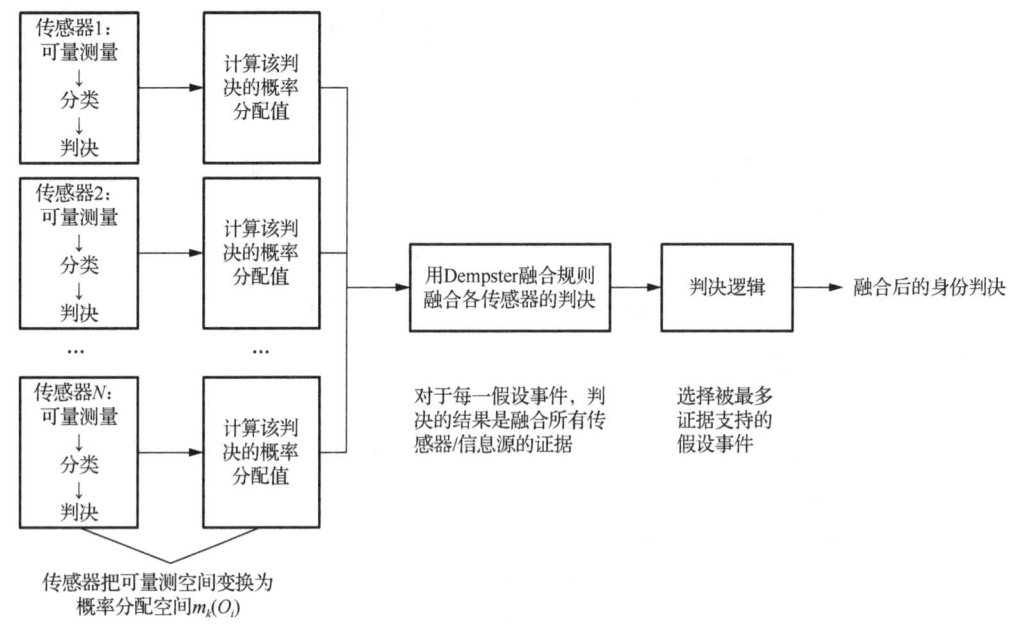

图 8-14 D-S 理论

D-S 理论通常被用作传感器融合的方法，它基于两个想法：从相关问题的主观概率中获得一个问题的置信度，以及 Dempster 规则，当它们基于独立的证据项目时，将这种置信度结合起来。从本质上讲，对一个命题的信念程度主要取决于包含该命题的答案(对相关问题的)数量，以及每个答案的主观概率。此外，反映数据一般假设的组合规则也有所贡献。在这种形式中，一定程度的置信度表示为置信函数而不是贝叶斯概率分布。概率值被分配给可能性的集合，而不是单个事件；它们的吸引力在于它们自然而然地对支持命题的证据进行编码。

D-S 理论将其权重分配给系统状态集合的所有子集，用集合论的术语来说，就是状态的幂集。例如，假设系统有两种可能的状态。对于这个系统，任何信念函数都将权重分配给任一种状态或不进行分配。

3. 模糊子集方法

模糊子集方法(fuzzy subset method)是一种基于模糊逻辑的技术，用于处理与融合不确定性和模糊性信息。该方法广泛应用于数据融合、模式识别和决策支持系统中，其核心思想是通过模糊集合来表示和处理数据的不确定性，从而实现更灵活和准确的决策。该理论由 L.A. Zadeh 于 1965 年提出，是对传统集合理论的扩展。

模糊集合的定义如下。

设有集合(或论域) $\mathbb{X}$ 和映射 $f: \mathbb{X} \to [0,1]$ 的组合，二元组 $\mathbb{A} = (\mathbb{X}, f)$ 确定了一个集合，称为模糊集合(fuzzy set)。函数 $f(x) = \mu_\mathbb{A}$ 称为模糊集 $\mathbb{A}$ 的隶属函数(membership function)。对于 $\forall x \in \mathbb{X}$，称 $f(x)$ 为元素 x 在模糊集 $\mathbb{A}$ 中的隶属度(membership degree/membership grade)。记 $F(\mathbb{X})$ 为集合 $\mathbb{X}$ 的全体模糊子集。

模糊子集方法具有显著的优点和缺点。它能够有效处理输入数据中的不确定性和模糊性，提供较强的灵活性，且模糊规则易于理解和解释，非常适用于专家系统和决策支持系统。然而，该方法在面对较多输入变量时，规则库可能变得非常复杂，同时模糊推理和去模糊化过程可能需要较大的计算量，对实时系统提出了挑战。

记模糊集 $\mathbb{A}$ 的隶属函数为 $\mu_{\mathbb{A}}$，元素 x 属于模糊集 $\mathbb{A}$ 的隶属度为 $\mu_{\mathbb{A}}(x)$，简称 $\mu(x)$，则有以下几种表示方法。

1) Zadeh 表示法

Zadeh 表示法如下：

$$\mathbb{A}=\frac{\mu(x_1)}{x_1}+\frac{\mu(x_2)}{x_2}+\cdots+\frac{\mu(x_n)}{x_n} \tag{8-49}$$

其中，$\frac{\mu(x_i)}{x_i}$ 表示元素 x_i 隶属于模糊集 $\mathbb{A}$ 的隶属度是 $\mu(x_i)$。

若集合 $\mathbb{A}$ 为无限集合，则有如下表示方法：

$$\mathbb{A}=\int\frac{\mu(x)}{x} \tag{8-50}$$

2) 序偶表示法

序偶表示法如下：

$$\mathbb{A}=\{(x_1,\mu(x_1)),(x_2,\mu(x_2)),\cdots,(x_n,\mu(x_n))\} \tag{8-51}$$

3) 向量表示法

向量表示法如下：

$$\mathbb{A}=[\mu(x_1),\mu(x_2),\cdots,\mu(x_n)] \tag{8-52}$$

本 章 小 结

本章深入剖析了多传感器信息融合的多元维度，涵盖了关键步骤，如多传感器标定方法、信息数据融合、特征提取与融合以及决策融合。其中，将特征融合和决策级融合作为核心内容，详尽解读了它们的主要策略与方法。特征级融合注重在原始数据特征层面的综合，通过挖掘各传感器数据的独特性，实现深层次的信息互补；而决策级融合则聚焦于基于融合信息的最终决策，其优势在于能提升整体系统的鲁棒性和准确性。这些方法的对比与应用，为实际应用中的多传感器系统设计提供了有力支持。

第 9 章 海洋环境建模与态势感知方法

在海洋机器人领域,环境建模与态势感知技术是确保机器人在复杂多变的海洋环境中安全、高效作业的关键。海洋环境具有动态性、多样性和不确定性,这对环境建模和态势感知提出了高要求。本章将详细探讨海洋环境模型构建方法、目标状态分析判别方法、局部环境态势分析方法以及态势推演预测方法。

9.1 海洋环境模型构建方法

海洋环境模型是对真实海洋环境的抽象和简化,用于帮助海洋机器人理解和适应其作业环境。通过建立精确的环境模型,机器人能够更好地进行路径规划、导航避障以及任务执行。环境模型的构建需要综合考虑环境的多维特征、动态变化以及各种不确定因素。根据模型的维度和动态性,主要分为三维静态模型、三维动态模型、二维栅格地图和二维拓扑地图。

9.1.1 三维静态模型

三维静态模型用于详细描述海洋环境中的固定特征,如海底地形、固定设施和障碍物等。这类模型的构建通常依赖于高精度测绘数据,以确保其具有较高的空间分辨率和精确度。通过使用多种先进的测量设备和技术,如多波束声呐和激光雷达,可以获取丰富的环境数据,图 9-1 所示为多波束声呐三维静态模型。

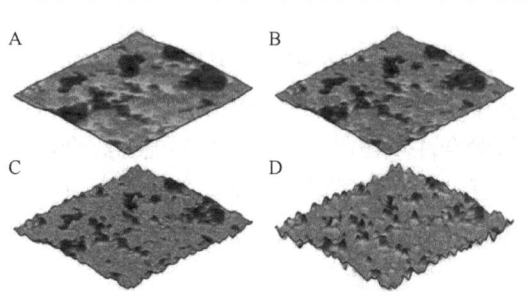

图 9-1 多波束声呐三维静态模型

数据融合是构建高精度三维静态模型的关键步骤。通过融合来自不同传感器的数据,可以综合利用每种传感器的优势,弥补单一传感器的不足。数据融合过程通常包括坐标变换、数据对齐和误差修正等步骤,以确保不同数据源之间的兼容性和一致性。最终,通过数据融合和处理,生成的三维静态模型可以提供详尽的地形信息。

高精度的三维静态模型在海洋机器人任务中发挥着重要作用。首先,这些模型为路径规划提供了重要的基础数据。机器人可以根据地形信息,规划出最优的路径,避开障碍物和危险区域,从而提高任务的安全性和效率。其次,三维静态模型为避障提供了实时参考。当机器人在海底执行任务时,可以依靠模型中的详细地形信息,实时调整航向和速度,避免与障碍物发生碰撞。此外,这些模型还可以用于环境监测和评估,帮助科学家和工程师更好地理解海洋环境的变化和特征。

例如,在海底资源勘探任务中,机器人需要在复杂的海底地形中移动。高精度的三维静态模型可以帮助机器人识别并避开海底的岩石、珊瑚礁和沉船等障碍物,确保勘探设备的安全运行。在海洋工程建设中,如海底管道铺设和海洋平台安装,三维静态模型也提供了关键的地形信息，指导工程设计和施工。

总体来说，三维静态模型通过详细描述海洋环境中的固定特征，为海洋机器人提供了可靠的环境数据支持。这些模型不仅提高了路径规划和避障的精度与可靠性，还为各种海洋任务的顺利进行奠定了基础。随着测绘技术和数据处理能力的不断提升，三维静态模型的应用前景将更加广泛和深入，为海洋科学研究和工程应用提供更加坚实的保障。

9.1.2 三维动态模型

三维动态模型不仅描述海洋环境中的静态特征，还包括环境中的动态变化因素，如洋流、海浪和移动物体等。这些动态变化因素对海洋机器人在执行任务时的影响极为重要，因此构建能够反映这些动态因素的模型至关重要。

动态模型的构建通常依赖于时间序列数据，这些数据可以通过各种传感器在不同时间点采集。例如，洋流的速度和方向、海浪的高度和频率，以及移动物体的位置和速度等信息，都可以通过安装在海洋机器人或固定监测站上的传感器持续采集。这些传感器包括但不限于声呐、雷达、浮标、海底电缆传感器和卫星遥感设备。

通过对这些多时刻环境数据进行分析和预测，可以构建出时间动态模型。时间动态模型是一种描述环境随时间变化规律的数学模型，能够反映环境的动态特性。为了构建这样的模型，需要使用复杂的数据处理和分析方法，包括时间序列分析、数值模拟、机器学习和深度学习等技术。时间序列分析可以用于识别和提取数据中的周期性和趋势性变化，数值模拟基于物理机制的建模和多过程耦合分析，用于复杂系统动态推演、多情景预测及模型验证，并与数据驱动方法深度融合，提升时空演化规律的解析与预测能力。而机器学习和深度学习技术则可以用于从大量数据中自动提取特征，并建立复杂的预测模型。

这种三维动态模型能够实时更新环境信息，通过不断地获取新的传感器数据并进行实时处理和分析，动态模型可以随时反映当前的环境状态，这对海洋机器人在执行任务时应对环境变化至关重要。例如，在进行深海探索任务时，海洋机器人可能会遇到洋流的突然变化，如果没有实时更新的动态模型，机器人可能会偏离预定路线甚至遭遇危险。而有了实时更新的动态模型，机器人可以及时调整其运动路径和速度，避免潜在的危险，并确保任务顺利进行。

此外，三维动态模型在提高任务执行的鲁棒性和安全性方面也具有显著优势。鲁棒性指的是系统在面对各种不确定性和干扰时仍能正常运行的能力。海洋环境中的不确定性和干扰因素很多，包括突发的海浪、漂浮的海洋垃圾以及移动的船只等。动态模型能够提供关于这些因素的实时信息，使得海洋机器人可以根据最新的环境变化做出快速反应和调整，从而提高任务执行的鲁棒性。例如，在海上救援任务中，机器人需要在复杂多变的环境中快速找到并救援遇险人员，动态模型可以提供实时的环境信息，帮助机器人快速制定最优的行动方案，提高救援效率和成功率。

总体来说，三维动态模型通过描述海洋环境中的静态特征和动态变化因素，提供了一个全面而精确的环境描述工具。通过时间序列数据的分析和预测，动态模型能够实时更新环境信息，帮助海洋机器人在复杂多变的海洋环境中高效、安全地执行各种任务。随着传感器技术、数据处理技术和预测算法的不断进步，三维动态模型将变得更加精确和智能，为海洋机器人提供更加可靠的环境数据支持，助力其在海洋科学研究、资源勘探、环境监测和海上救援等领域的应用。

9.1.3 二维栅格地图

二维栅格地图是一种常见且有效的环境建模方法,其基本原理是将连续的环境空间离散为规则的网格,每个网格单元(称为栅格)记录该位置的环境信息。每个栅格单元可以表示是否存在障碍物、地形高度、水深、物体的属性等多种信息。这种方法通过将复杂的环境信息离散化和结构化,极大地简化了环境建模的过程和后续的计算操作。

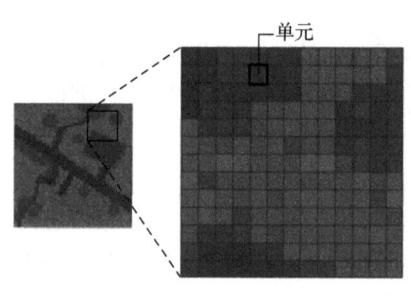

图 9-2　水下二维栅格地图

栅格地图的生成过程相对简便且快速,特别适用于对实时性要求高的任务。生成栅格地图的第一步是获取环境数据,这可以通过多种传感器完成。例如,声呐(声波探测与测距)可以探测到水下环境中的障碍物和地形信息,而视觉传感器(如摄像头和立体视觉系统)可以获取水面和水下的图像信息。这些传感器会持续不断地扫描环境,将收集到的原始数据传输至处理单元进行分析和处理。水下二维栅格地图示例如图 9-2 所示。

在数据处理阶段,传感器获取的原始数据需要经过预处理、滤波和转换等步骤,以确保数据的准确性和有效性。之后,这些数据会被映射到栅格地图中。每个传感器的数据都有其独特的空间分辨率和误差特性,因此数据融合技术常常用于将多种传感器的数据整合在一起,从而提高环境信息的完整性和准确性。

一旦数据被映射到栅格地图中,每个栅格单元将包含具体的环境信息,如是否被障碍物占据、当前水深、海床类型等。通过这种方式,栅格地图可以实时反映环境的变化情况。由于每个栅格单元只需要记录基本的环境状态(例如,0 表示空闲,1 表示被障碍物占据),栅格地图的数据结构相对简单,存储和处理效率较高,非常适合实时更新和动态调整。

二维栅格地图在路径规划和局部避障中有着广泛的应用。在路径规划中,栅格地图可以帮助海洋机器人在环境中找到一条从起点到终点的最优路径。常见的路径规划算法,如 A^* 算法和 Dijkstra 算法,可以利用栅格地图快速计算出避开障碍物的安全路径。在局部避障方面,栅格地图可以实时更新环境中的障碍物信息,帮助机器人在前进过程中动态调整路线,避免碰撞。

此外,栅格地图在环境监测、导航和定位等任务中也发挥着重要作用。通过不断更新栅格地图,海洋机器人可以保持对周围环境的最新理解,及时发现和应对潜在的风险和变化。例如,在海洋污染监测任务中,栅格地图可以记录污染物的分布情况,帮助机器人确定污染源和扩散路径,从而进行有效的监测和处理。

总之,二维栅格地图通过将环境空间离散化和结构化,为海洋机器人提供了一种高效、简便的环境建模方法,其生成和更新过程简便快捷,适合对实时性要求高的任务。通过声呐、视觉传感器等设备获取环境信息,并将其映射到栅格地图中,机器人能够实现环境的快速建模和动态更新。栅格地图广泛应用于路径规划、局部避障、环境监测、导航和定位等领域,为海洋机器人的智能决策和高效作业提供了坚实的基础。

9.1.4 二维拓扑地图

二维拓扑地图是一种注重环境中拓扑关系的环境建模方法,通过抽象出关键节点和路径,将复杂环境简化为一个由节点和边构成的网络结构。这种地图类型特别适用于较大尺度的环境建模和导航任务，其核心优势在于能够显著简化环境表示和路径搜索过程。

拓扑地图的构建首先需要识别和提取环境中的显著特征点。这些特征点可以是海洋中的地标性结构，如海底山脉、沉船、固定浮标、海洋平台等。这些特征点被视为拓扑图中的节点。然后，通过分析这些节点之间的可达性和连接关系，构建出节点之间的路径，这些路径则称为拓扑图中的边。这样，整个环境被简化为一个由节点和边构成的图结构，每个节点代表一个重要的环境特征，每条边代表节点之间的可通行路径。

这种节点-边结构极大地简化了环境表示，相对于传统的栅格地图或三维模型，拓扑地图仅需记录关键的环境信息，大大减少了数据存储和计算的负担。这种简化不仅提高了数据处理的效率，还使得路径规划和搜索变得更加高效。在拓扑地图上，路径搜索算法（如 Dijkstra 算法或 A^* 算法）可以快速计算出从一个节点到另一个节点的最优路径，因为搜索空间被限制在少数关键节点和路径之间，所以不必遍历整个连续的空间。

在应用层面，海洋机器人可以基于拓扑地图进行高效的全局导航和定位。全局导航是指机器人在大范围内规划和执行从起点到终点的路径，而拓扑地图特别适合这种任务，这是因为拓扑地图能够清晰地展示全局的拓扑结构，机器人可以在地图上快速找到最短路径或最安全的路径，避免复杂和不必要的路径计算。同时，拓扑地图能够帮助机器人在复杂环境中进行高效定位。通过识别当前所在的特征节点，机器人可以迅速确定自己的位置，并根据拓扑地图进行导航。

拓扑地图在复杂环境和长距离任务中尤为适用。在复杂环境中，如海底峡谷、珊瑚礁区域、沉船遗址等，传统的栅格地图可能由于过于细致的环境变化而变得难以处理，而拓扑地图通过抽象关键节点和路径，可以有效地简化环境表示，使得导航和避障更加直观和高效。对于长距离任务，如跨越大洋进行资源勘探或进行海底电缆巡检，拓扑地图能够提供简洁明了的路径规划方案，减少导航过程中的计算量，提高任务执行的效率和可靠性。

此外，拓扑地图还具有良好的可扩展性和适应性。在新的环境特征被识别后，拓扑地图可以通过添加新的节点和边来进行更新，保持地图的准确性和实用性。这种灵活性使得拓扑地图能够适应不断变化的海洋环境，保持对环境的准确建模和有效导航。

总之，二维拓扑地图通过抽象出环境中的关键节点和路径，构建出简洁高效的节点-边结构，为海洋机器人提供了一种适用于大尺度环境建模和导航的有效方法。其优势在于能够显著简化环境表示和路径搜索，特别适用于复杂环境和长距离任务中的全局导航和定位。通过利用拓扑地图，海洋机器人可以实现高效、可靠的路径规划和导航，为在复杂多变的海洋环境中执行各种任务提供坚实的技术支持。

9.2 目标状态分析判别方法

目标状态分析判别方法是海洋机器人在执行任务中识别和理解周围海洋环境中各种目标状态的关键技术。目标状态包括目标的类型、位置、姿态和运动轨迹等多个方面，这些信息对海洋机器人执行路径规划、避障、环境监测等任务至关重要。通过准确的目标状态分析，海洋机器人能够在复杂的海洋环境中更高效地完成任务，并提高其自主性和安全性。

9.2.1 特征提取方法

特征提取是目标状态分析的关键环节,通过从图像或传感器数据中提取有用信息来描述和识别目标,其流程如图 9-3 所示。常用的特征包括几何特征、纹理特征和运动特征等。每种特征类型都有其独特的提取方法和应用场景,能够提供不同层次的信息,帮助我们更全面地了解和分析目标状态。

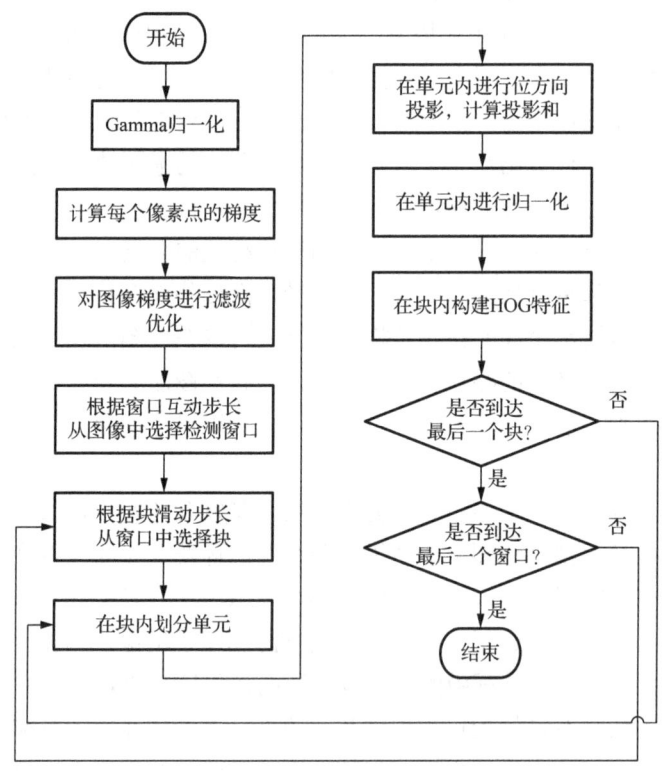

图 9-3 特征提取方法

首先,几何特征是描述物体形状、大小和边界的重要特征。这些特征可以通过各种图像处理技术获取。例如,边缘检测技术可以识别图像中的显著边缘,从而定义物体的轮廓。常见的边缘检测算法包括 Canny、Sobel 和 Laplacian 等。形状匹配技术则利用物体的几何形状特征进行识别和分类,如 Hu 矩和傅里叶描述子等方法。此外,三维重建技术通过立体视觉或激光扫描等手段获取物体的三维结构信息,从而精确地描述其几何特征。这些几何特征在物体识别、分类和定位等应用中起到至关重要的作用。

其次,纹理特征通过分析图像中的表面纹理和颜色来描述物体的表面特性。表面纹理反映了物体表面的粗糙度、图案和结构等微观特征。常见的纹理分析方法包括灰度共生矩阵(GLCM)、局部二值模式(LBP)和小波变换等。GLCM 通过计算像素对的灰度值共现频率来描述纹理的统计特性,LBP 通过编码局部纹理模式来捕捉微观纹理信息,小波变换则通过多分辨率分析来提取不同尺度的纹理特征。颜色特征通过颜色直方图、颜色矩等方法来描述图像中的颜色分布和特性。纹理和颜色特征在物体识别、图像检索和表面缺陷检测等应用中具有重要作用。

另外，运动特征通过分析多帧图像序列中的目标运动信息来描述物体的动态行为。运动特征包括目标的速度和方向，常用于跟踪和预测目标的运动轨迹。常见的运动特征提取方法包括光流法、帧间差分法和运动估计等。光流法通过计算图像序列中像素的运动矢量场来描述目标的运动，常见的光流算法包括 Lucas-Kanade 和 Horn-Schunck 等，帧间差分法通过计算相邻帧之间的像素差异来检测运动区域，运动估计方法则通过匹配特征点来估算目标的运动参数。运动特征在视频监控、运动分析和机器人导航等应用中具有重要意义。

综合利用几何特征、纹理特征和运动特征，可以提高目标识别和状态分析的准确性和鲁棒性。在实际应用中，不同特征的选择和提取方法需要根据具体任务的需求进行调整和优化。例如，在图像分类任务中，几何特征和纹理特征的结合可以提供更丰富的物体描述信息，而在视频跟踪任务中，运动特征则是关键的分析要素。此外，特征提取方法的发展也得益于机器学习和深度学习技术的进步。通过训练神经网络模型，可以自动学习和提取复杂的特征，从而提升目标状态分析的效果。

综上所述，特征提取是目标状态分析中不可或缺的环节，不同类型的特征能够提供多层次的信息，帮助我们更全面地理解和分析目标的状态和行为。随着技术的不断发展，特征提取方法将变得更加多样和智能，为各类应用场景提供更加精准和高效的解决方案。

9.2.2 数据融合技术

数据融合技术用于整合来自不同传感器的数据，提供更全面和准确的目标信息。在图像数据融合领域，这项技术尤为重要，它通过融合来自多种图像传感器的数据，如可见光相机、红外相机、雷达成像设备等，来提高图像分析和目标识别的精度和可靠性，如图 9-4 所示。这些技术在无人驾驶、医学成像、安防监控、遥感等领域具有广泛的应用。

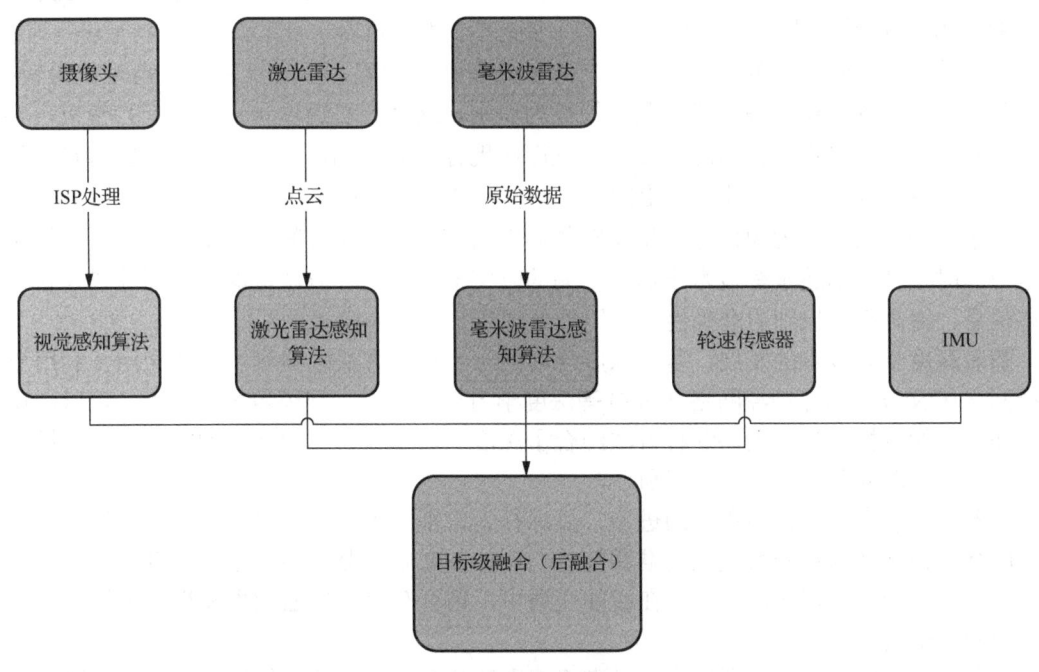

图 9-4　数据融合技术

常见的图像数据融合方法包括多尺度融合、图像配准、特征级融合和决策级融合等。多尺度融合利用图像的多尺度特性,将不同分辨率下的图像信息进行融合,以提高图像的细节表现力和对比度。图像配准是图像数据融合中的关键步骤,通过将不同传感器获取的图像对齐,使得它们在空间上对应一致。特征级融合通过提取和组合不同传感器图像中的特征信息,如边缘、纹理、形状等,来生成综合的特征描述。决策级融合是在各个传感器独立处理和分析后,将各自的检测结果进行综合,形成最终的决策。

另外,还有其他先进的方法,如基于深度学习的图像数据融合。利用卷积神经网络(CNN)和生成对抗网络(GAN)等深度学习模型,可以在大规模数据训练下,实现更加智能和高效的图像融合。

图像数据融合在无人驾驶汽车中尤为重要,通过融合摄像头、激光雷达和毫米波雷达图像数据,可以实现精准的环境感知和障碍物检测,提升自动驾驶的安全性和可靠性。在医学成像中,融合 CT、MRI 和超声图像数据,可以提供更全面的病灶信息,辅助医生做出更准确的诊断。在安防监控中,融合可见光和红外图像,可以在各种光照条件下实现全天候监控。

总之,图像数据融合技术通过整合多源图像信息,显著提升了图像分析和目标识别的能力,为各类应用领域提供了强有力的技术支持。随着传感器技术、计算能力和算法的发展,图像数据融合技术将在未来展现出更加广阔的应用前景和创新潜力。

9.2.3 目标行为识别

目标行为识别是一项在计算机视觉领域中至关重要的技术,其示例如图 9-5 所示。它通过分析和理解图像或视频中目标对象的动作和行为,提供准确的行为描述和分类。这一技术在各个领域都有广泛的应用,包括安全监控、智能交通、运动分析和人机交互等。

在目标行为识别的方法中,基于特征的行为识别是一种常见且有效的方法。它通过提取视频帧中的关键特征,如运动轨迹、关节点、姿态等,利用机器学习算法对这些特征进行训练和分类,从而识别不同的行为模式。这种方法在处理动作明确、特征显著的行为时效果较好。

另一种常见的方法是基于模板匹配的行为识别。这种方法通过预定义的行为模板,将视频中的目标行为与模板进行匹配和比较,从而实现行为的识别,尤其适用于一些特定、重复性较高的行为模式,如工厂流水线上的机械动作或特定的手势动作。

基于时空特征的行为识别方法将视频数据中的空间特征和时间特征结合起来,利用时空兴趣点、时空特征描述子等技术来捕捉行为的时空变化。这种方法能够更全面地描述目标的动态信息,提高行为识别的准确性,适用于处理复杂的行为模式。

随着深度学习技术的发展,基于深度学习的行为识别方法也得到了广泛应用。利用卷积神经网络(CNN)和循环神经网络(RNN)等深度学习模型,在大规模数据训练下,可以实现更智能和高效的目标行为识别。这种方法结合了深度学习模型对图像和视频的高级特征提取能力,能够实现对复杂行为的准确识别。

随着计算能力的提升和算法的进步,目标行为识别技术将持续发展。未来,结合多模态数据的行为识别技术将变得更加精准和智能。例如,在安全监控中,结合声音检测和视频分析,可以更准确地识别异常行为;在智能交通中,结合车辆传感器数据和视频数据,可以实现更智能的交通管理。

综上所述,目标行为识别技术通过准确识别和分类目标对象的行为,为各个领域的应用提供了重要支持,并具有广阔的发展前景和应用潜力。

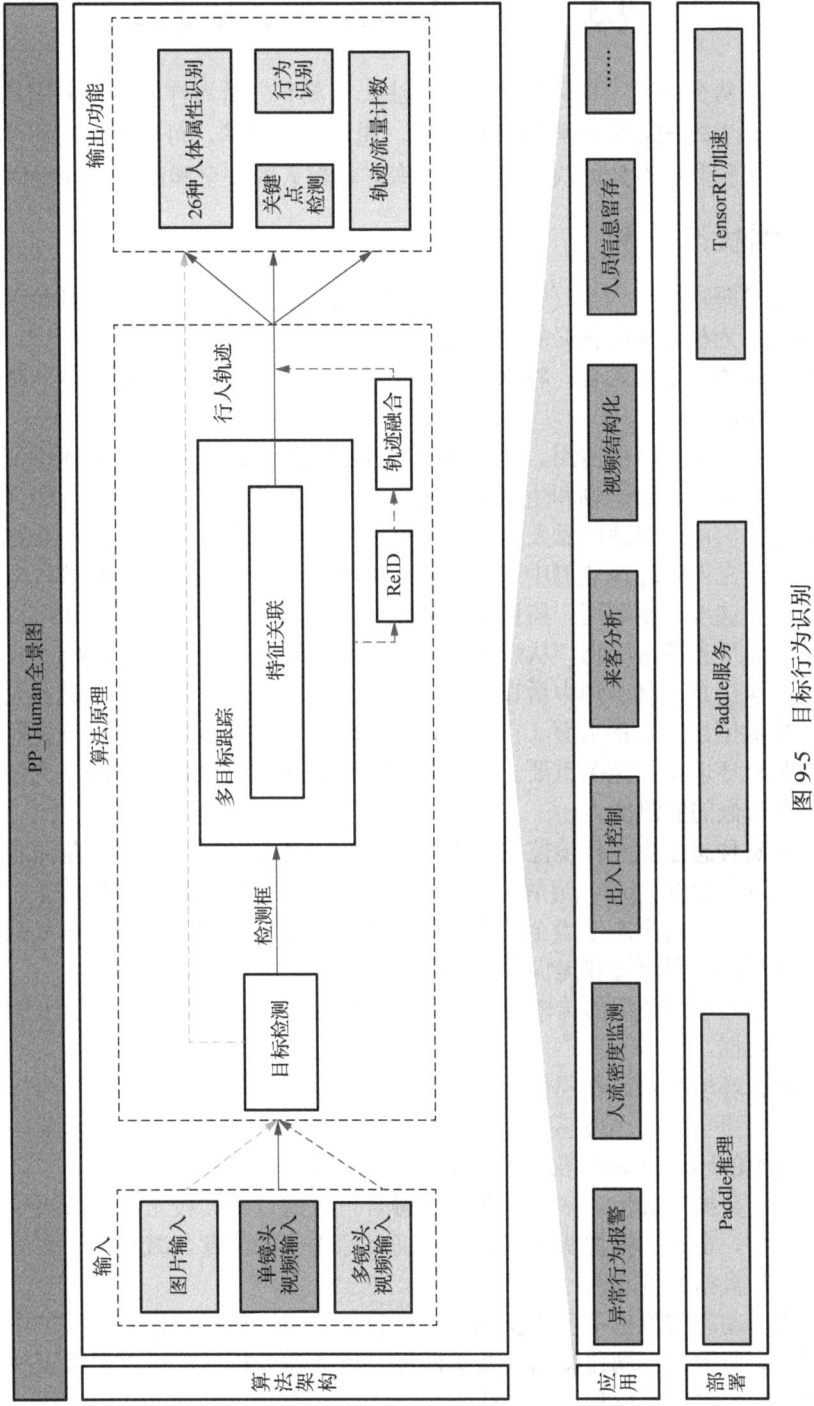

图 9-5 目标行为识别

9.3 局部环境态势分析方法

局部环境态势分析是一项关键技术，专注于监测和分析海洋机器人周围局部环境的动态变化，旨在提供实时的环境态势感知和预测。通过这一技术，可以实现对海洋环境的全面监测、潜在危险的预测和有效的决策支持，为海洋机器人的安全和高效运行提供保障。

9.3.1 环境状态监测

环境监测是海洋机器人执行任务时至关重要的一环。它通过使用各种传感器实时获取周围环境的数据，为机器人提供必要的信息，以确保其能够安全、高效地运行。这项技术的核心在于通过多传感器数据融合，将来自不同传感器的信息整合在一起，从而提供更加全面和准确的环境认知。

首先，可以考虑声呐的应用。声呐是一种能够利用声波进行水下物体探测的设备。它可以提供关于海底地形、障碍物和生物群体的位置和形态信息。这些数据对海洋机器人而言至关重要，因为它们可以帮助机器人规避障碍物、规划安全路径，并确保任务的顺利执行。

其次，雷达在海洋环境监测中也发挥着重要作用。雷达通过发射和接收电磁波来探测目标物体的位置和速度，主要用于监测水面和空中的情况。在海洋中，雷达可以监测到其他船只、浮标、海洋平台等目标物，从而帮助机器人避免碰撞并规划安全路径。

此外，摄像头是环境监测中最直观的数据来源之一。通过摄像头，机器人可以实时获取周围环境的视觉信息，包括水面、空中和水下的情况。这种视觉信息对于机器人识别和分析目标物体、判断环境特征至关重要。特别是红外摄像头，可以在夜间或低光条件下工作，为机器人提供全天候的监测能力。

另外，水质传感器也是环境监测中不可或缺的设备之一。它们用于监测水体的化学和物理参数，如温度、盐度、pH、溶解氧、浊度、污染物浓度等。这些数据对于了解海洋环境状况、检测污染源和评估生态健康至关重要。水质传感器可以帮助机器人在复杂水域中安全运行，并为环境保护和资源管理提供科学依据。

综合利用这些不同类型的传感器，并通过多传感器数据融合技术将它们的数据综合处理，可以实现以下目标。

首先，增强环境感知。不同传感器的数据具有互补性，融合后的数据可以弥补单一传感器的不足，提供更全面的环境感知。例如，结合声呐、雷达、摄像头和水质传感器的数据，可以实现全方位的环境监测，帮助机器人全面了解周围环境的状态。

其次，提高数据准确性。多传感器数据融合可以通过数据校正和冗余机制提高环境监测的准确性。例如，雷达和摄像头可以相互验证目标物体的位置，减小单一传感器数据误差带来的影响，提高数据的可靠性。

此外，实时动态监测也是环境监测的重要目标。通过多传感器的协同工作，可以实现对环境的实时动态监测。不同传感器的数据流经过融合和分析后，可以及时反映环境变化，为机器人提供实时的态势感知和决策支持。

另外，多传感器数据融合可以提供丰富的环境描述信息。结合声呐的地形数据、摄像头的视觉图像和水质传感器的化学数据，可以全面了解海洋环境的物理、化学和生物特性，为科学研究和环境保护提供全面的数据支持。

综上所述，环境监测通过实时获取和融合多传感器数据，为局部态势分析提供全面的数据支持，为海洋探索和利用开辟新的前景。

9.3.2 危险预测

危险预测旨在识别和预测潜在的环境威胁，如障碍物、恶劣天气和其他移动物体等，以确保海洋机器人在复杂多变的环境中安全、高效地运行。这一过程通过分析环境数据和历史记录，采用机器学习和统计分析方法，实现对潜在危险的预测，并提供及时的预警信息。

在识别和预测潜在环境威胁方面，首先是障碍物检测。海洋环境中存在各种障碍物，如暗礁、沉船、浮标和渔网等，这些都可能对机器人的导航和操作造成影响。利用声呐和雷达传感器，结合机器学习算法，可以准确地检测和分类障碍物，为机器人提供关键的导航数据。

其次是恶劣天气预警。恶劣天气，如风暴、强降雨和海浪等对海洋机器人的运行构成重大威胁。通过集成气象传感器和外部气象数据源，系统可以实时监控天气变化，并利用统计分析和时间序列预测模型，如自回归积分滑动平均模型(ARIMA)和长短期记忆网络(LSTM)，预测未来的天气状况，并提前发出预警信息。

除此之外，还需要识别和预测其他移动物体的行为。在海洋环境中，其他移动物体，如船只、潜水器和海洋生物等也可能对机器人构成威胁。通过多传感器数据融合和目标跟踪算法，系统可以实时追踪这些移动物体的轨迹，并预测它们的运动趋势。结合机器学习方法，可以分类和识别不同类型的移动物体，并评估其威胁等级。

在数据分析与预测方法方面，环境数据分析是危险预测的基础。通过收集和处理各种传感器数据，构建环境感知模型，并通过历史记录分析，发现潜在威胁的模式和规律。机器学习方法和统计分析方法在危险预测中扮演着重要角色，能够处理大量复杂的环境数据，提高预测的准确性和鲁棒性。

在提供预警信息方面，实时预警系统起着关键作用。它通过监控环境数据和模型输出，及时发现潜在威胁，并发出警报，同时提供相应的决策支持和应急响应机制。综上所述，危险预测通过识别和预测潜在环境威胁，为海洋机器人的安全运行提供了重要保障。结合先进的数据分析方法和智能算法，可以实现高效、准确的环境威胁预测和预警系统，显著提升海洋机器人的运行安全性和任务成功率。随着技术的不断发展，危险预测将继续在更多领域展现其重要价值和应用前景。

9.3.3 决策支持

决策支持系统通过综合分析环境态势和任务需求，为海洋机器人提供最优的行动方案。这一过程基于环境模型和态势分析结果，采用优化算法和智能决策技术，生成机器人在复杂环境中的最优路径和操作策略，确保任务的高效和安全执行。

综合分析环境态势和任务需求是决策支持的基础。环境态势分析包括对海洋机器人周围环境的全面感知和理解，通过多传感器数据融合和实时监测，系统获取当前环境的详细信息，包括水下地形、障碍物分布、海洋生物活动和气象条件等。任务需求分析涉及对机器人任务目标和约束条件的理解，包括任务目标的定义、关键操作步骤的确定和资源分配的优化。

决策支持系统采用优化算法和智能决策技术来生成最优行动方案。路径优化是决策支持系统的重要组成部分，利用优化算法，如 Dijkstra 算法、A^* 算法和蚁群算法，在复杂的环境中找到最短路径或代价最小的路径。操作策略生成涉及对机器人具体行动的规划和安排，系统采用智能决策技术如强化学习、遗传算法和模糊逻辑控制，生成机器人在不同情境下的最优操作策略。

确保任务的高效和安全执行需要系统具备实时调整和优化能力，能够应对环境的动态变化和任务需求的变动。此外，决策支持系统应该具备风险评估与管理功能，能够识别和评估潜在的环境和操作风险，并制定相应的应对策略。多任务协同与调度也是重要的，系统需要协调和调度多个任务的执行，优化资源分配和任务顺序。

总之，决策支持系统通过多源环境感知与任务需求解析构建动态决策框架，集成智能算法实现路径与操作策略的全局优化。其核心依托实时环境态势分析，融合多传感器数据精准识别水下地形、障碍物及动态风险，采用优化算法与智能决策技术生成多层次行动方案，并嵌入动态调整机制，通过风险预测模型和任务优先级评估实现闭环优化，确保复杂环境下安全高效的任务执行与自主适应性。随着技术的不断进步，决策支持系统将变得更加智能和精准，为海洋机器人提供更为强大的支持。

9.4 态势推演预测方法

态势推演预测方法用于预估未来环境的变化趋势，帮助海洋机器人提前规划和调整任务策略。通过态势推演，系统能够在复杂和多变的海洋环境中，提前识别潜在的风险和机会，确保机器人能够高效、安全地完成任务。态势推演预测主要包括动态模型建立、态势推演算法和预测结果验证等方面。

9.4.1 动态模型建立

动态模型建立是态势推演的基础，通过分析环境中的时间序列数据，构建描述环境动态变化的数学模型。准确的动态模型能够反映环境的复杂性和变化规律，为态势推演提供坚实的理论基础，进而帮助海洋机器人实现高效、安全的任务执行。常用的动态模型包括马尔可夫模型、动态贝叶斯网络和递归神经网络等。

在分析环境中的时间序列数据过程中，首先进行数据收集与预处理。动态模型建立的第一步是收集环境中的时间序列数据，这些数据可以来自声呐、雷达、摄像头、气象传感器等多种传感器。随后对收集到的数据进行预处理，包括去噪、插补缺失数据、归一化处理等，以保证数据的质量和一致性。

然后，进行特征提取。通过对时间序列数据进行特征提取，可以提取出关键的特征变量，如波高、流速、温度、盐度等。这些特征变量能够更有效地反映环境的动态变化，为模型的构建提供重要的输入数据。

接着，构建数学模型。常用的动态模型包括马尔可夫模型、动态贝叶斯网络和递归神经网络等。马尔可夫模型适用于描述状态转移过程，如不同天气状态之间的转变；动态贝叶斯网络能够处理时间序列数据中的不确定性和依赖关系；递归神经网络擅长捕捉时间序列数据中的时间依赖性。

最后，捕捉环境中的动态变化规律。这一过程包括模型训练、模型验证和模型优化。通过大量的历史数据进行训练，调整模型参数以提高预测精度；对训练好的模型进行严格的验证，评估其泛化能力和预测精度；根据验证结果对模型进行优化和改进，提高模型的性能和可靠性。

综上所述，动态模型通过量化环境动态特征与演化逻辑，为海洋机器人构建了从数据感知到自主决策的闭环认知链路，其持续优化将加速海洋智能装备在复杂场景中的自主性与适应性突破。随着数据采集和处理技术的不断进步，动态模型的精度和应用范围将进一步拓展，为海洋科学研究和应用带来更多机遇和挑战。

9.4.2 态势推演算法

态势推演算法通过对动态模型进行求解和模拟，预测未来环境的变化趋势，如图 9-6 所示。这些算法的设计和实现是态势推演的核心，能够处理复杂和不确定的环境数据，提供高精度的态势预测结果。常用的推演算法包括蒙特卡罗模拟、粒子滤波和时序预测模型等。

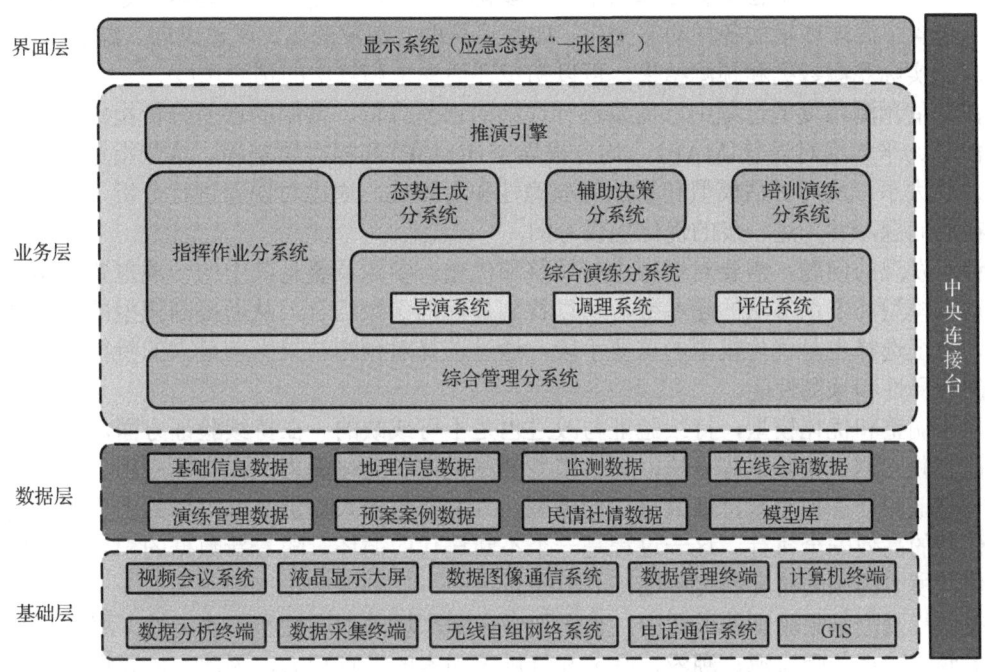

图 9-6 态势推演算法

蒙特卡罗模拟（Monte Carlo simulation）是一种基于随机采样的数值计算方法，广泛用于解决复杂系统的预测和优化问题。它通过生成大量随机样本，模拟环境中各种不确定因素的影响，来估计系统的未来状态。其过程包括随机采样、模拟运行和结果统计。在海洋环境预测中，蒙特卡罗模拟能够处理系统中的不确定性因素，提供可靠的预测结果和风险评估。

粒子滤波是一种基于贝叶斯推理的递推估计方法，特别适用于非线性、非高斯系统的状态估计和预测。粒子滤波通过维护和更新一组离散的"粒子"来表示系统的状态分布，逐步逼近真实的状态分布。其过程包括粒子初始化、状态预测、权重更新和粒子重采样。在海洋机器人导航和目标跟踪中，粒子滤波能够实时估计机器人位置和轨迹，并对环境中的动态目标进行精确跟踪。

时序预测模型通过分析时间序列数据中的模式和趋势，预测系统的未来状态。常用的时序预测模型包括自回归积分滑动平均模型、长短期记忆网络等。其过程包括模型选择、参数估计和预测输出。时序预测模型在气象预报、海洋环境监测和资源管理中应用广泛，可以有效预测未来的天气变化、海洋生态状况和资源利用情况。

综上所述，态势推演算法通过动态建模与多维仿真构建智能分析框架，有效应对海洋数据的高维、时变与随机特性，其高精度推演结果为机器人任务规划与风险防控提供关键决策支撑。随着边缘计算、物理信息融合等技术的发展，算法将深度融合环境感知与自主推理能力，通过多源异构数据协同计算提升推演时效性，拓展至极端环境监测与生态演化模拟等深度应用场景。未来技术演进在推动海洋科学探索迈向动态耦合与智能协同的同时，也面临复杂系统建模可信度验证及实时性与准确性平衡等新挑战。

9.4.3　预测结果验证

预测结果验证是态势推演过程中至关重要的一环。这一步骤通过对比预测结果与实际观测数据，来评估推演算法的精度和可靠性。实际观测数据来自多种传感器、遥感设备和监测系统，包含了海洋环境的各种动态变化，如海浪高度、潮汐变化、风速风向、温度和盐度等。通过对比实际观测数据和预测结果，可以初步评估模型和算法的预测精度。

在评估预测精度的过程中，需要进行详细的误差分析。常用的误差分析指标包括均方误差（MSE）、平均绝对误差（MAE）、均方根误差（RMSE）和相对误差等。这些指标可以量化预测误差的大小，从而评估模型和算法的准确性和可靠性。通过对误差进行分析，可以发现模型存在的问题，并为进一步的优化提供方向。

针对发现的问题，需要对模型进行调整和优化。参数调整是其中的一项重要工作，通过调整动态模型和推演算法的超参数，可以找到最优的参数组合，从而提高模型的预测精度。此外，特征选择也是优化模型的重要手段，通过选择对预测结果影响最大的特征，可以提高模型的解释性和预测性能。

除了调整和优化模型，持续验证与改进也是不可或缺的。在持续验证方面，可以采用交叉验证和独立测试集验证等方法，评估模型的稳健性和泛化能力。在实际应用中，还需要通过实时验证和动态调整来持续改进预测模型，为海洋机器人提供准确可靠的态势预测支持，确保任务的高效安全执行。这一过程是一个不断迭代的循环，随着新数据的积累和模型的不断优化，模型的预测精度和实用性将不断提高。

在进行预测结果验证的过程中，也需要考虑到环境的动态性和不确定性。海洋环境具有复杂多变的特点，受海流、潮汐、季节和气候等因素的影响较大。因此，需要设计灵活且鲁棒的算法，以有效应对不同环境条件下的态势推演需求。同时，还需要密切关注新技术和数据源的发展，不断更新和完善模型，以应对日益复杂的海洋环境挑战。

本 章 小 结

随着传感器技术、数据处理技术和智能算法的发展，海洋环境建模与态势感知技术将不断提升。未来，更多先进的传感器设备、更高效的数据处理方法和更智能的算法将被引入到海洋环境建模与态势感知领域。这将使海洋机器人能够在更复杂和多变的海洋环境中执行更加复杂和多样的任务，从而为海洋科学研究、资源开发、环境保护和安全保障等领域提供更有力的支持。

本章系统介绍了海洋环境建模与态势感知的关键技术和方法，通过高精度环境模型的构建、目标状态的精准分析、局部环境的实时态势分析以及未来环境变化的准确预测，为海洋机器人在复杂海洋环境中的高效、安全作业提供了全面的理论和技术支持。这些技术的不断发展和完善，将为海洋机器人在各类应用场景中的成功应用奠定坚实基础。

参 考 文 献

[1] 陈应珍. 国外海洋机器人技术发展动态[J]. 海洋信息, 2001, 16(4): 21.
[2] 蒋新松. 国外机器人的发展及我们的对策研究[J]. 机器人, 1987, 9(1): 3-10.
[3] 韩超. 海底翱翔者——遥控潜水器[J]. 知识就是力量, 2023(11): 30-33.
[4] 苏玉民, 张磊, 庄佳园, 等. 无人水面机器人[M]. 北京: 科学出版社, 2020.
[5] 石恒源, 王仁杰, 云晨, 等. 水下军事救援装备现状及发展建议[J]. 医疗卫生装备, 2020, 41(5): 93-98.
[6] 喻俊志, 孔诗涵, 孟岩. 水下视觉环境感知方法与技术[J]. 机器人, 2022, 44(2): 224-235.
[7] 王磊, 任国征. 新时代海洋机器人助推海洋强国战略[C]//第九届海洋强国战略论坛论文集, 北京, 2018.
[8] GOMEZ CHAVEZ A, RANIERI A, CHIARELLA D, et al. Underwater vision-based gesture recognition: a robustness validation for safe human–robot interaction[J]. IEEE robotics & automation magazine, 2021, 28(3): 67-78.
[9] ZHANG C. Binocular vision navigation method of marine garbage cleaning robot in unknown dynamic scene[J]. Journal of coastal research, 2020, 103(sp1): 864-867.
[10] YAO H F, WANG H J, LV H L, et al. Research on situation awareness based on ontology for UUV[C]//2016 IEEE international conference on mechatronics and automation, Harbin, 2016: 2500-2506.
[11] YAO H F, HAN C S, XU F X. Reasoning methods of unmanned underwater vehicle situation awareness based on ontology and bayesian network[J]. Complexity, 2022(1): 1-10.
[12] KOSCHMIEDER H. Theorie der horizontalen Sichtweite: kontrast und sichtweite[M]. Munich: Keim & Nemnich, 1925.
[13] MCCARTNEY E J. Optics of the atmosphere: scattering by molecules and particles[J]. New York: John Wiley & Sons, Inc., 1976.
[14] NAYAR S K, NARASIMHAN S G. Vision in bad weather[C]//Proceedings of the seventh IEEE international conference on computer vision, Kerkyra, 1999.
[15] MCGLAMERY B L. A computer model for underwater camera systems[J]. Proc Spie, 1980, 208(208): 221-231.
[16] JAFFE J S. Computer modeling and the design of optimal underwater imaging systems[J]. IEEE journal of oceanic engineering, 1990, 15(2): 101-111.
[17] SCHECHNER Y Y, KARPEL N. Clear underwater vision[C]//Proceedings of the 2004 IEEE computer society conference on computer vision and pattern recognition, Washington, 2004.
[18] AKKAYNAK D, TREIBITZ T. A revised underwater image formation model[C]//Proceedings of the IEEE conference on computer vision and pattern recognition, Salt Lake City, 2018.
[19] PRYCE J D. Numerical solution of Sturm-Liouville problems[M]. Oxford: Clarendon Press, 1993.
[20] RODEAN H C. Stochastic Lagrangian models of turbulent diffusion[J]. Meteorological monographs, 1996, 48: 1-84.
[21] SANGWINE S J, HORNE R E N. The colour image processing handbook[M]. Berlin: Springer science & business media, 1998.
[22] TOMASI C, MANDUCHI R. Bilateral filtering for gray and color images[C]//Sixth international conference on computer vision(IEEE Cat. No. 98CH36271), Bombay, 1998: 839-846.
[23] SAYED A H. Fundamentals of adaptive filtering[M]. New York: John Wiley & Sons, Inc., 2003.
[24] AL-AMEEN Z, AL-AMEEN S, AL-OTHMAN A. Improving the sharpness of digital images using a modified Laplacian sharpening technique[J]. IPTEK the journal for technology and science, 2019, 29(2): 44-48.
[25] KANOPOULOS N, VASANTHAVADA N, BAKER R L. Design of an image edge detection filter using the Sobel operator[J]. IEEE journal of solid-state circuits, 1988, 23(2): 358-367.
[26] 朱秀昌, 唐贵进. 现代数字图像处理[M]. 北京: 人民邮电出版社, 2020.
[27] SELESNICK I W, BURRUS C S. Generalized digital butterworth filter design[J]. IEEE transactions on signal processing, 1998, 46(6): 1688-1694.
[28] FAN C N, ZHANG F Y. Homomorphic filtering based illumination normalization method for face recognition[J]. Pattern recognition letters, 2011, 32(10): 1468-1479.
[29] CHEN J D, BENESTY J, HUANG Y T, et al. New insights into the noise reduction Wiener filter[J]. IEEE transactions on audio, speech, and language processing, 2006, 14(4): 1218-1234.
[30] 李海东, 李青. 基于阈值法的小波去噪算法研究[J]. 计算机技术与发展, 2009, 19(7): 56-58.

[31] KANG L, YE P, LI Y, et al. Convolutional neural networks for no-reference image quality assessment[C]//2014 IEEE conference on computer vision and pattern recognition, Columbus, 2014: 1733-1740.

[32] HUFNAGEL R E, STANLEY N R. Modulation transfer function associated with image transmission through turbulent media[J]. JOSA, 1964, 54(1): 52-61.

[33] MCCARTNEY E J, HALL F F. Optics of the atmosphere: scattering by molecules and particles[J]. Physics today, 1977, 30(5): 76-77.

[34] SUGANYA R, SHANTHI R. Fuzzy c-means algorithm-a review[J]. International journal of scientific and research publications, 2012, 2(11): 2250-3153.

[35] RASMUSSEN C E. The infinite Gaussian mixture model[C]//Advances in neural information processing systems 12, Cambridge, 2000.

[36] GEBEJES A, HUERTAS R. Texture characterization based on grey-level co-occurrence matrix[J]. Databases, 2013, 9(10): 375-378.

[37] GUO Z H, ZHANG L, ZHANG D. A completed modeling of local binary pattern operator for texture classification[J]. IEEE transactions on image processing, 2010, 19(6): 1657-1663.

[38] GAO W S, ZHANG X G, YANG L, et al. An improved Sobel edge detection[C]//2010 3rd international conference on computer science and information technology, Chengdu, 2010.

[39] DING L, GOSHTASBY A. On the Canny edge detector[J]. Pattern recognition, 2001, 34(3): 721-725.

[40] KIM K S, ZHANG D N, KANG M C, et al. Improved simple linear iterative clustering superpixels[C]//2013 IEEE international symposium on consumer electronics(ISCE), Hsinchu, 2013.

[41] GUIMARÃES S, KENMOCHI Y, COUSTY J, et al. Hierarchizing graph-based image segmentation algorithms relying on region dissimilarity: the case of the felzenszwalb-huttenlocher method[J]. Mathematical morphology-theory and applications, 2017, 2(1): 55-75.

[42] DANIEL E B, CAMP J V, LEBOEUF E J, et al. Watershed modeling and its applications: a state-of-the-art review[J]. The open hydrology journal, 2011, 5(1): 26-50.

[43] HARRIS R. Models of regional growth: past, present and future[J]. Journal of economic surveys, 2011, 25(5): 913-951.

[44] SMITH J, CHANG S F. Quad-tree segmentation for texture-based image query[C]//Proceedings of the second ACM international conference on multimedia - MULTIMEDIA '94, San Francisco, 1994: 279-286.

[45] MEHROTRA R, NAMUDURI K R, RANGANATHAN N. Gabor filter-based edge detection[J]. Pattern recognition, 1992, 25(12): 1479-1494.

[46] HARRIS C, STEPHENS M. A combined corner and edge detector[C]/Alvey vision conference, Manchester, 1988.

[47] LOWE D G. Object recognition from local scale-invariant features[C]//Proceedings of the seventh IEEE international conference on computer vision, Kerkyra, 1999.

[48] YANG J, JIANG Y G, HAUPTMANN A G, et al. Evaluating bag-of-visual-words representations in scene classification[C]//Proceedings of the international workshop on workshop on multimedia information retrieval, Augsburg, 2007.

[49] HE K M, ZHANG X Y, REN S Q, et al. Deep residual learning for image recognition[C]//2016 IEEE conference on computer vision and pattern recognition(CVPR), Las Vegas, 2016.

[50] VASWANI A, SHAZEER N, PARMAR N, et al. Attention is all you need[C]//31st conference on neural information processing systems(NIPS 2017), Long Beach, 2017.

[51] HARIHARAN B, ARBELÁEZ P, GIRSHICK R, et al. Simultaneous detection and segmentation[C]//Computer vision–ECCV 2014: 13th European conference, Zurich, 2014.

[52] DAI J F, HE K M, SUN J. Instance-aware semantic segmentation via multi-task network cascades[C]//2016 IEEE conference on computer vision and pattern recognition(CVPR), Las Vegas, 2016: 3150-3158.

[53] GIRSHICK R. Fast r-cnn[C]//2015 IEEE international conference on computer vision (ICCV), Santiago, 2015.

[54] HE K M, GKIOXARI G, DOLLÁR P, et al. Mask R-CNN[C]//2017 IEEE international conference on computer vision (ICCV), Venice, 2017.

[55] LIN T Y, DOLLÁR P, GIRSHICK R, et al. Feature pyramid networks for object detection[C]//2017 IEEE conference on computer vision and pattern recognition(CVPR), Honolulu, 2017.

[56] LONG J, SHELHAMER E, DARRELL T. Fully convolutional networks for semantic segmentation[C]//Proceedings of the IEEE conference on computer vision and pattern recognition, Boston, 2015.

[57] DAI J F, HE K M, LI Y, et al. Instance-sensitive fully convolutional networks[C]//Computer vision–ECCV 2016: 14th European

conference, Amsterdam, 2016.

[58] LI Y, QI H Z, DAI J, et al. Fully convolutional instance-aware semantic segmentation[C]//Proceedings of the IEEE conference on computer vision and pattern recognition, Honolulu, 2017.

[59] BOLYA D, ZHOU C, XIAO F Y, et al. YOLACT: real-time instance segmentation[C]//2019 IEEE/CVF international conference on computer vision(ICCV), Seoul, 2019.

[60] TIAN Z, SHEN C H, CHEN H. Conditional convolutions for instance segmentation[C]//Computer Vision–ECCV 2020: 16th European conference, Glasgow, 2020.

[61] WANG X L, KONG T, SHEN C H, et al. Solo: segmenting objects by locations[C]//Computer vision–ECCV 2020: 16th European conference, Glasgow, 2020.

[62] QI L, WANG Y, CHEN Y K, et al. PointINS: point-based instance segmentation[J]. IEEE Transactions on Pattern Analysis and Machine Intelligence, 2022, 44(10): 6377-6392.

[63] WANG Y Q, XU Z L, SHEN H, et al. Centermask: single shot instance segmentation with point representation[C]//2020 IEEE/CVF conference on computer vision and pattern recognition(CVPR), Seattle, 2020.

[64] CHEN X L, GIRSHICK R, HE K M, et al. Tensormask: a foundation for dense object segmentation[C]//2019 IEEE/CVF international conference on computer vision(ICCV), Seoul, 2019.

[65] XIE E Z, SUN P Z, SONG X G, et al. Polarmask: single shot instance segmentation with polar representation[C]//2020 IEEE/CVF conference on computer vision and pattern recognition (CVPR), Seattle, 2020.

[66] SHENG P P, SHI Y L, LIU X, et al. Lsnet: real-time attention semantic segmentation network with linear complexity[J]. Neurocomputing, 2022, 509: 94-101.

[67] HU J, CAO L J, LU Y, et al. Istr: end-to-end instance segmentation with transformers[J]. ArXiv:2105.00637, 2021.

[68] GUO R H, NIU D T, QU L, et al. SOTR: segmenting objects with transformers[C]//2021 IEEE/CVF international conference on computer vision(ICCV), Montreal, 2021.

[69] ZHANG H Y, CISSE M, DAUPHIN Y N, et al. Mixup: beyond empirical risk minimization[C]//6th international conference on learning representations(ICLR 2018), Vancouver, 2018.

[70] ZHONG Z, ZHENG L, KANG G L, et al. Random erasing data augmentation[J]. Proceedings of the AAAI conference on artificial intelligence, 2020, 34(7): 13001-13008.

[71] KOONCE B, KOONCE B. MobileNetV3[J]. Convolutional neural networks with swift for tensorflow: image recognition and dataset categorization, 2021: 125-144.

[72] 焦建彬, 叶齐祥, 韩振军, 等. 视觉目标检测与跟踪[M]. 北京: 科学出版社, 2016.

[73] DALAL N, TRIGGS B. Histograms of oriented gradients for human detection[C]//2005 IEEE computer society conference on computer vision and pattern recognition(CVPR'05), San Diego, 2005.

[74] LOWE D G. Distinctive image features from scale-invariant keypoints[J]. International journal of computer vision, 2004, 60(2): 91-110.

[75] JAIN S, SUNIL KUMAR B L, SHETTIGAR R. Comparative study on SIFT and SURF face feature descriptors[C]//2017 International conference on inventive communication and computational technologies(ICICCT), Coimbatore, 2017.

[76] VIOLA P, JONES M. Rapid object detection using a boosted cascade of simple features[C]//Proceedings of the 2001 IEEE computer society conference on computer vision and pattern recognition(CVPR), Kauai, 2001.

[77] 刘利琴. 图像特征提取的基础研究[J]. 计算机产品与流通, 2020(7): 78, 92.

[78] 莫宏伟. 人工智能导论[M]. 北京: 人民邮电出版社, 2020.

[79] 黄晓斌, 万建伟, 王展. 基于改进K-L变换的特征提取技术[J]. 国防科技大学学报, 2005, 27(1): 84-88.

[80] 王文杰, 石竞琛, 姜念祖, 等. 主成分分析在模式识别领域中的研究进展[J]. 白城师范学院学报, 2023, 37(5): 18-25, 42.

[81] RASAMOELINA A D, ADJAILIA F, SINČÁK P. A review of activation function for artificial neural network[C]//2020 IEEE 18th world symposium on applied machine intelligence and informatics (SAMI), Herlany, 2020.

[82] 王万森. 人工智能原理及其应用[M]. 2版. 北京: 电子工业出版社, 2007.

[83] HUBEL D H, Wiesel T N. Receptive fields, binocular interaction and functional architecture in the cat's visual cortex[J]. Journal of physiology, 1962, 160(1): 106-154.

[84] 王万良. 人工智能及其应用[M]. 3版. 北京: 高等教育出版社, 2016.

[85] DANELLJAN M, SHAHBAZ KHAN F, FELSBERG M, et al. Adaptive color attributes for real-time visual tracking[C]//Proceedings

of the IEEE conference on computer vision and pattern recognition, Columbus, 2014.

[86] ZHANG Z K, ZHONG B N, ZHANG S P, et al. Distractor-aware fast tracking via dynamic convolutions and MOT philosophy[C]//2021 IEEE/CVF conference on computer vision and pattern recognition(CVPR), Nashville, 2021.

[87] ILLINGWORTH J, KITTLER J. A survey of the Hough transform[J]. Computer vision, graphics, and image processing, 1988, 44(1): 87-116.

[88] CANNY J. A computational approach to edge detection[J]. IEEE Transactions on pattern analysis and machine intelligence, 1986, PAMI-8(6): 679-698.

[89] OJALA T, PIETIKAINEN M, HARWOOD D. Performance evaluation of texture measures with classification based on Kullback discrimination of distributions[C]//Proceedings of 12th international conference on pattern recognition, Jerusalem, 1994.

[90] DALAL N, TRIGGS B. Histograms of oriented gradients for human detection[C]//2005 IEEE computer society conference on computer vision and pattern recognition(CVPR'05), San Diego, 2005.

[91] KHAN A, SOHAIL A, ZAHOORA U, et al. A survey of the recent architectures of deep convolutional neural networks[J]. Artificial intelligence review, 2020, 53(8): 5455-5516.

[92] REITBLATT M, FOSTER N, REXFORD J, et al. Abstractions for network update[J]. ACM SIGCOMM computer communication review, 2012, 42(4): 323-334.

[93] HE X R, PAN J F, JIN O, et al. Practical lessons from predicting clicks on ads at facebook[C]//Proceedings of the eighth international workshop on data mining for online advertising, New York, 2014.

[94] CHENG H T, KOC L, HARMSEN J, et al. Wide & deep learning for recommender systems[C]//Proceedings of the 1st workshop on deep learning for recommender system, Boston, 2016.

[95] MARVASTI-ZADEH S M, CHENG L, GHANEI-YAKHDAN H, et al. Deep learning for visual tracking: a comprehensive survey[J]. IEEE transactions on intelligent transportation systems, 2021, 23(5): 3943-3968.

[96] NAWARATNE R, ALAHAKOON D, DE SILVA D, et al. Spatiotemporal anomaly detection using deep learning for real-time video surveillance[J]. IEEE transactions on industrial informatics, 2019, 16(1): 393-402.

[97] ZUO Y M, QIU W C, XIE L X, et al. CRAVES: controlling robotic arm with a vision-based economic system[C]//Proceedings of the IEEE/CVF conference on computer vision and pattern recognition(CVPR), Long Beach, 2019.

[98] 周欣, 黄席樾, 樊友平, 等. 汽车智能辅助驾驶系统中的单目视觉导航技术[J]. 机器人, 2003, 25(4): 289-295.

[99] FENG D, HAASE-SCHÜTZ C, ROSENBAUM L, et al. Deep multi-modal object detection and semantic segmentation for autonomous driving: datasets, methods, and challenges[J]. IEEE transactions on intelligent transportation systems, 2020, 22(3): 1341-1360.

[100] DJURIC P M, KOTECHA J H, ZHANG J, et al. Particle filtering[J]. IEEE signal processing magazine, 2003, 20(5): 19-38.

[101] CHEN Y S, JIANG H L, LI C Y, et al. Deep feature extraction and classification of hyperspectral images based on convolutional neural networks[J]. IEEE transactions on geoscience and remote sensing, 2016, 54(10): 6232-6251.

[102] LOWE D G. Distinctive image features from scale-invariant keypoints[J]. International journal of computer vision, 2004, 60(2): 91-110.

[103] 彭建盛, 许恒铭, 李涛涛, 等. 生成式与判别式视觉目标跟踪算法综述[J]. 科学技术与工程, 2021, 21(35): 14871-14881.

[104] GIBSON J J. The perception of the visual world[M]. Boston: Houghton Mifflin Harcourt, 1950.

[105] COMANICIU D, RAMESH V, MEER P. Real-time tracking of non-rigid objects using mean shift[C]//Proceedings IEEE conference on computer vision and pattern recognition. CVPR 2000(Cat. No. PR00662), Hilton Head Island, 2000.

[106] HENRIQUES J F, CASEIRO R, MARTINS P, et al. High-speed tracking with kernelized correlation filters[J]. IEEE transactions on pattern analysis and machine intelligence, 2014, 37(3): 583-596.

[107] GODDARD J S, ABIDI M A. Pose and motion estimation using dual quaternion-based extended Kalman filtering[C]//Three-dimensional image capture and applications, San Jose, 1998.

[108] SUN D B, CRASSIDIS J L. Observability analysis of six-degree-of-freedom configuration determination using vector observations[J]. Journal of guidance, control, and dynamics, 2002, 25(6): 1149-1157.

[109] CHEN H H. Pose determination from line-to-plane correspondences: existence condition and closed-form solutions[J]. IEEE transactions on pattern analysis and machine intelligence, 1991, 13(6): 530-541.

[110] GROSKY W I, TAMBURINO L A. A unified approach to the linear camera calibration problem[J]. IEEE transactions on pattern analysis and machine intelligence, 1990, 12(7): 663-671.

[111] SHIN S S, HUNG Y P, LIN W. Accurate linear technique for camera calibration considering lens distortion by solving an eigenvalue problem[J]. Optical engineering, 1993, 32(1): 138-149.

[112] NOJAVANASGHARI B, GOPINATH D, KOUSHIK J, et al. Deep multimodal fusion for persuasiveness prediction[C]//Proceedings of the 18th ACM international conference on multimodal interaction, Tokyo, 2016.

[113] WANG H H, MEGHAWAT A, MORENCY L P, et al. Select-additive learning: Improving generalization in multimodal sentiment analysis[C]//2017 IEEE international conference on multimedia and expo (ICME), Hong Kong, 2017.

[114] ANASTASOPOULOS A, KUMAR S, LIAO H. Neural language modeling with visual features[J]. ArXiv:1903.02930, 2019.

[115] VIELZEUF V, LECHERVY A, PATEUX S, et al. Centralnet: a multilayer approach for multimodal fusion[C]//Proceedings of the European conference on computer vision (ECCV), Munich, 2018.

[116] ZHOU B L, TIAN Y D, SUKHBAATAR S, et al. Simple baseline for visual question answering[J]. ArXiv:1512.02167, 2015.

[117] PEREZ-RUA J M, VIELZEUF V, PATEUX S, et al. Mfas: multimodal fusion architecture search[C]//Proceedings of the IEEE/CVF conference on computer vision and pattern recognition, Long Beach, 2019.

[118] ZOPH B, LE Q V MATHUR V, et al. Neural architecture search with reinforcement learning[J]. ArXiv:1611.01578, 2016.

[119] LIU C X, ZOPH B, NEUMANN M, et al. Progressive neural architecture search[C]//Proceedings of the European conference on computer vision(ECCV), Munich, 2018.

[120] PEREZ-RUA J M, BACCOUCHE M, PATEUX S. Efficient progressive neural architecture search[C]//29th British machine vision conference(BMVC 2018), Newcastle, 2018.

[121] YANG X D, MOLCHANOV P, KAUTZ J. Multilayer and multimodal fusion of deep neural networks for video classification[C]//Proceedings of the 24th ACM international conference on multimedia, Amsterdam, 2016.

[122] BAHDANAU D, CHO K, BENGIO Y. Neural machine translation by jointly learning to align and translate[C]//3rd international conference on learning representations(ICLR 2015), San Diego, 2015.

[123] GRAVES A, WAYNE G, DANIHELKA I. Neural turing machines[J]. ArXiv:1410.5401, 2014.

[124] ZHU Y K, GROTH O, BERNSTEIN M, et al. Visual7W: Grounded question answering in images[C]//2016 IEEE conference on computer vision and pattern recognition(CVPR), Las Vegas, 2016.

[125] XU K, BA J L, KIROS R, et al. Show, attend and tell: neural image caption generation with visual attention[C]//International conference on machine learning, Palo Alto, 2015.

[126] SHIH K J, SINGH S, HOIEM D. Where to look: focus regions for visual question answering[C]//Proceedings of the IEEE conference on computer vision and pattern recognition(CVPR), Las Vegas, 2016.

[127] YANG Z C, HE X D, GAO J F, et al. Stacked attention networks for image question answering[C]//Proceedings of the IEEE conference on computer vision and pattern recognition(CVPR), Las Vegas, 2016.

[128] XU H J, SAENKO K. Ask, attend and answer: exploring question-guided spatial attention for visual question answering[C]//Computer vision–ECCV 2016: 14th European conference, amsterdam, Amsterdam, 2016.

[129] XIONG C M, MERITY S, SOCHER R. Dynamic memory networks for visual and textual question answering[C]//International conference on machine learning, Palo Alto, 2016.

[130] ANDERSON P, HE X D, BUEHLER C, et al. Bottom-up and top-down attention for image captioning and visual question answering[C]//Proceedings of the IEEE/CVF conference on computer vision and pattern recognition, Salt Lake City, 2018.

[131] LU P, LI H S, ZHANG W, et al. Co-attending free-form regions and detections with multi-modal multiplicative feature embedding for visual question answering[C]//Proceedings of the AAAI conference on artificial intelligence, New Orleans, 2018.

[132] LI W B, ZHANG P C, ZHANG L, et al. Object-driven text-to-image synthesis via adversarial training[C]//Proceedings of the IEEE/CVF conference on computer vision and pattern recognition, Long Beach, 2019.